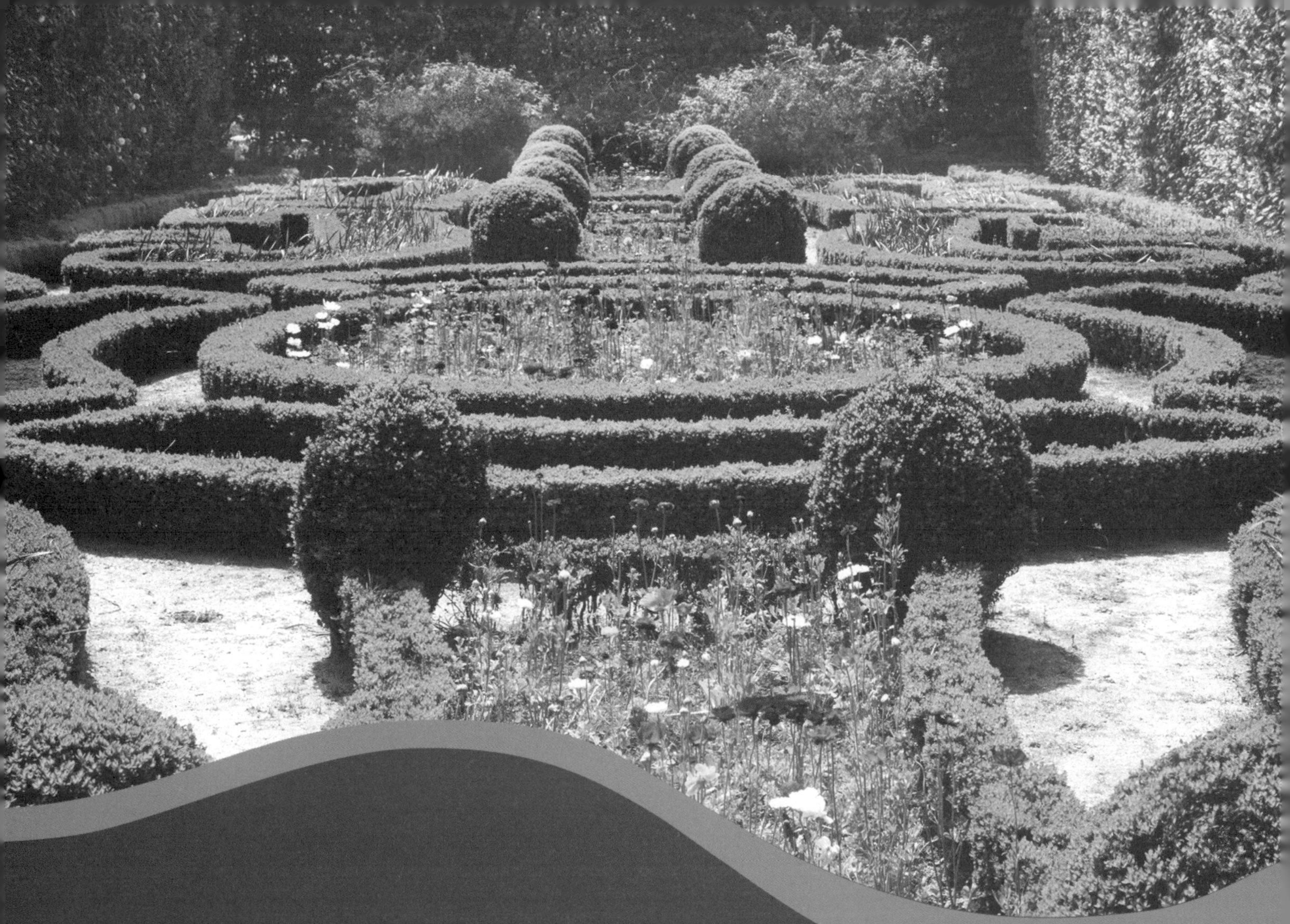

한/국/산/업/인/력/공/단/출/제/기/준

조경
기능사 실기

저자 **김진성**

조경기술(造景技術)이란 인간의 공적 생활환경을 아름답게 꾸미고 자연환경을 보호하기 위한 국토개발 분야의 종합예술에 해당하는 기술로, 산업화와 도시화에 따른 환경파괴로 인한 환경문제에 대한 관심과 그 중요성이 부각됨으로 전문인력을 통해 생활공간을 아름답게 꾸미고 자연환경을 보호하고자 하는 것이다.

Preface

    자연과 인간이 공존하는 공간을 설계하고 구현하는 일, 그 중심에는 '조경'이 있습니다.
조경기능사는 이러한 공간을 실제로 만들어내는 실무의 최전선에서 활동하는 기술자이며, 조경 산업의 현장을 움직이는 핵심 인재입니다.

필기 시험이 조경의 이론적 기반을 다지는 과정이라면, 실기 시험은 그 지식을 실제 현장에 적용하는 능력을 검증하는 단계입니다.
최근 조경기능사 실기 시험은 단순한 작업숙련도를 넘어서 창의성과 현장 이해력, 문제 해결 능력까지 요구하는 방향으로 변화하고 있습니다. 이는 곧, 실기시험이 단순한 자격 취득을 넘어 '진짜 조경인'으로 성장하기 위한 관문이 되었음을 의미합니다.

저자는 지난 25년간 조경 현장에서 다양한 프로젝트를 수행하며, 조경의 기술과 철학을 몸소 체득해 왔습니다. 또한 15년 이상 조경기능사 및 기사 자격시험 강의를 통해 수많은 수험생들과 함께 호흡하며 그들의 합격과 실무 역량 향상을 도왔습니다.

이 교재는 그러한 현장 경험과 교육 노하우를 바탕으로 수험생 여러분이 실기 시험을 철저히 준비할 수 있도록 구성되었습니다. 단순한 작업 순서 암기에서 벗어나 실제 조경 현장에서 요구되는 감각과 판단력을 함께 키울 수 있도록 실습 중심의 내용과 핵심 포인트를 담았습니다.

조경은 기술이자 예술이며, 동시에 철학입니다.
조경기능사 실기 시험은 그 철학을 손끝으로 구현하는 과정이며, 여러분의 조경인으로서의 첫 발걸음을 증명하는 무대입니다.

이 교재가 여러분의 든든한 동반자가 되어, 자격증 취득은 물론 실무 현장에서 빛나는 조경인으로 성장하는 데 의미 있는 디딤돌이 되기를 바랍니다.

2025년 9월
김진성 올림

Contents

Part I. 조경설계

1. 조경 제도 ·· 2
   1. 조경 제도 일반 ··· 2
   2. 선 긋기 ··· 3
2. 조경 설계 ·· 7
   1. 평면도 그리기 ··· 7
   2. 단면도 그리기 ··· 10
   3. 경계석 ··· 11
   4. 휴게공간 및 시설물 ·· 12
   5. 놀이공간 및 놀이시설물 ·· 14
   6. 운동공간 및 운동시설물 ·· 16
   7. 관리·편익공간 및 관리시설물 ·································· 18
   8. 수경공간 및 수경시설물 ·· 19
   9. 계단, 경사로 설계 ·· 22
   10. 토공사 ··· 24
   11. 포장 ··· 25
   12. 주요 시설물 상세 ·· 28
3. 식재 설계 ·· 29
   1. 식재 설계의 기초 ·· 29
   2. 수목의 표현 ·· 31
   3. 수목의 배식 ·· 33
   4. 공간별 식재 ·· 34
   5. 인출선, 치수선 ··· 36

Part II. 조경설계도면 작성

1. 실기 시험 개요 ·· 38
    1. 시험 수행 방법 ·· 38
● 기출문제 ··· 39
    1. 2005년 어린이공원 ··· 39
    2. 2006년 도로변 소공원 ··· 44
    3. 2006년 도로변 소공원 ··· 49
    4. 2006년 도로변 소공원 ··· 54
    5. 2011년 도로변 소공원 ··· 59
    6. 2011년 도로변 소공원 ··· 64
    7. 2012년 도로변 소공원 ··· 69
    8. 2013년 도로변 소공원 ··· 74
    9. 2013년 도로변 소공원 ··· 79
    10. 2014년 도로변 소공원 ··· 84
    11. 2014년 도로변 소공원 ··· 89
    12. 2015년 도로변 소공원 ··· 94
    13. 2016년 도로변 소공원 ··· 99
    14. 2017년 도로변 소공원 ··· 104
    15. 2019년 옥상정원 ·· 109
    16. 2020년 도로변 소공원 ··· 114
    17. 2020년 생태공원 ·· 119
    18. 2021년 옥상정원 ·· 124
    19. 2022년 도로변 소공원 ··· 129
    20. 2023년 어린이공원 ·· 134

Part III. 수목감별

1. 시험 개요 ··· 140
   1. 시험 수행 방법 ·· 140
2. 수목의 분류 ·· 142
   1. 조경수목 ··· 142
3. 상록침엽교목 ·· 144
   1. 소나무 ·· 144
   2. 반송 ·· 144
   3. 곰솔 ·· 145
   4. 백송 ·· 145
   5. 잣나무 ·· 146
   6. 스트로브잣나무 ·· 146
   7. 구상나무 ··· 147
   8. 독일가문비 ··· 147
   9. 전나무 ·· 148
   10. 주목 ··· 148
   11. 측백나무 ·· 149
   12. 향나무 ·· 149
   13. 금송 ··· 150
4. 상록활엽교목 ·· 151
   1. 가시나무 ··· 151
   2. 붉가시나무 ··· 151
   3. 감탕나무 ··· 152
   4. 먼나무 ·· 152
   5. 금목서 ·· 153
   6. 녹나무 ·· 153
   7. 후박나무 ··· 154
   8. 동백나무 ··· 154
   9. 태산목 ·· 155
5. 낙엽침엽교목 ·· 156
   1. 메타세쿼이아 ··· 156
   2. 은행나무 ··· 156

6. 낙엽활엽교목 ··· 157
    1. 감나무 ··· 157
    2. 갈참나무 ··· 157
    3. 떡갈나무 ··· 158
    4. 상수리나무 ·· 158
    5. 신갈나무 ··· 159
    6. 졸참나무 ··· 159
    7. 개오동 ·· 160
    8. 오동나무 ··· 160
    9. 벽오동 ·· 161
    10. 계수나무 ··· 161
    11. 노각나무 ··· 162
    12. 느티나무 ··· 162
    13. 참느릅나무 ··· 163
    14. 팽나무 ·· 163
    15. 단풍나무 ··· 164
    16. 복자기 ·· 164
    17. 신나무 ·· 165
    18. 중국단풍 ··· 165
    19. 대추나무 ··· 166
    20. 때죽나무 ··· 166
    21. 쪽동백나무 ··· 167
    22. 말채나무 ··· 167
    23. 산딸나무 ··· 168
    24. 산수유 ·· 168
    25. 층층나무 ··· 169
    26. 마가목 ·· 169
    27. 매화나무(매실나무) ··· 170
    28. 모과나무 ··· 170
    29. 복사나무 ··· 171
    30. 산벚나무 ··· 171
    31. 왕벚나무 ··· 172
    32. 산사나무 ··· 172
    33. 살구나무 ··· 173
    34. 팥배나무 ··· 173

35. 모감주나무 ··174
36. 물푸레나무 ··174
37. 이팝나무 ··175
38. 배롱나무 ··175
39. 백목련 ··176
40. 일본목련 ··176
41. 백합나무 ··177
42. 버드나무 ··177
43. 서어나무 ··178
44. 자작나무 ··178
45. 석류나무 ··179
46. 아까시나무 ··179
47. 자귀나무 ··180
48. 회화나무 ··180
49. 칠엽수 ··181
50. 피나무 ··181
51. 호두나무 ··182

7. 상록관목 ··183
1. 개비자나무 ··183
2. 금식나무 ··183
3. 광나무 ··184
4. 사철나무 ··184
5. 꽝꽝나무 ··185
6. 회양목 ··185
7. 호랑가시나무 ··186
8. 남천 ··186
9. 눈향나무 ··187
10. 돈나무 ··187
11. 팔손이 ··188
12. 피라칸다 ··188
13. 조릿대 ··189

8. 낙엽관목 ··190
1. 가막살나무 ··190
2. 백당나무 ··190
3. 병꽃나무 ··191

4. 개나리 ·· 191
5. 미선나무 ··· 192
6. 수수꽃다리 ·· 192
7. 쥐똥나무 ··· 193
8. 골담초 ·· 193
9. 박태기나무 ·· 194
10. 낙상홍 ·· 194
11. 노랑말채나무 ·· 195
12. 흰말채나무 ·· 195
13. 당매자나무 ·· 196
14. 무궁화 ·· 196
15. 보리수나무 ·· 197
16. 진달래 ·· 197
17. 산철쭉 ·· 198
18. 철쭉 ·· 198
19. 생강나무 ··· 199
20. 수국 ·· 199
21. 쉬땅나무 ··· 200
22. 앵도나무 ··· 200
23. 해당화 ·· 201
24. 작살나무 ··· 201
25. 탱자나무 ··· 202
26. 풍년화 ·· 202
27. 화살나무 ··· 203
28. 히어리 ·· 203

9. 덩굴식물 ·· **204**

1. 능소화 ·· 204
2. 담쟁이덩굴 ·· 204
3. 등 ··· 205
4. 인동덩굴 ··· 205

Part IV. 작업형 실기

1. 시험 개요 ·· 208
    1. 시험 수행 방법 ··208
2. 조경 시공 ·· 209
    1. 교목 식재 ···209
    2. 관목 식재 ···211
    3. 잔디 식재 ···212
    4. 잔디 파종 ···213
    5. 삼발이 지주목 ··214
    6. 삼각 지주목 ···215
    7. 판석 깔기 ···216
    8. 벽돌 깔기(모로세워깔기, 평깔기) ······························217
    9. 수간 주사 ···218

조경기능사 검정 안내 및 출제기준

조경기능사 검정에 대한 안내를 드리겠습니다.
조경기능사는 한국산업인력공단에서 주관하는 자격시험으로, 조경 관련 기초 지식과 실무 능력을 평가합니다.

◆ 시험 개요
① 응시자격 : 특별한 제한 없음. 누구나 응시 가능
② 시험 과목
　㉠ 필기 시험 : 조경 계획 및 설계, 조경 시공, 조경 관리
　㉡ 실기 시험 : 조경 실무(작업형)
③ 시험 방법
　㉠ 필기 시험 : 객관식 4지 선다형, 총 60문항(60분)
　㉡ 실기 시험 : 작업형(3시간 30분 정도)
④ 합격 기준
　㉠ 필기 시험 : 100점 만점에 60점 이상(36문제 이상)
　㉡ 실기 시험 : 100점 만점에 60점 이상
⑤ 실기 시험 검정 방법

순서	과목	배점	시간	내용	비고
1과제	조경설계	50점	09시~11시 30분 (2시간 30분 소요)	평면도 1매 단면도 1매	
2과제	수목감별	10점	11시 40분~12시 (10~20분 소요)	문항수 20종	
3과제	조경시공	40점	12~13시 (1시간 소요)	작업형 10가지 중 2가지 선정	

◆ 시험 일정
① 시험 시행
　㉠ 필기 시험과 실기 시험은 연중 여러 차례 시행됩니다.
　㉡ 정확한 시험 일정은 한국산업인력공단(Q-Net) 홈페이지에서 확인 가능합니다.
② 시험 장소
　■ 전국 각지의 시험장에서 시행됩니다.
③ 원서 접수
　■ 인터넷 접수 : 한국산업인력공단 (Q-Net) 홈페이지에서 접수

◆ 조경기능사 합격률 현황

연 도	필 기			실 기		
	응시(명)	합격(명)	합격률(%)	응시(명)	합격(명)	합격률(%)
2014년	10,166	3,441	33.8	4,718	4,211	89.3
2015년	9,844	3,967	40.3	4,985	4,180	83.9
2016년	9,222	3,979	43.1	4,922	4,334	88.1
2017년	8,951	4,359	48.7	5,063	4,460	88.1
2018년	10,656	4,480	42.0	5,383	5,006	93.0
2019년	12,842	5,229	40.7	5,692	5,194	91.3
2020년	13,443	6,241	46.4	6,235	5,659	90.8
2021년	18,092	8,401	46.4	8,537	7,431	87.0
2022년	16,486	8,681	52.7	8,705	7,474	85.9
2023년	17,970	9,282	51.7	8,846	7,762	87.7
2024년	17,243	8,260	47.9	8,598	6,441	74.9
평 균	13,174.09	6,029.09	44.88	6,516.73	5,650.18	87.27

◆ 실기시험 출제 기준

| 직무분야 | 건설 | 중직무분야 | 조경 | 자격종목 | 조경기능사 | 적용기간 | 25.01.01 ~27.12.31 |

◎ **직무내용**

조경 실시설계도면을 이해하고 현장여건을 고려하여 시공을 통해 조경 결과물을 도출하여 이를 관리하는 직무이다.

◎ **수행준거**

1. 개인주택, 주거단지의 소정원, 공원의 커뮤니티정원 등을 대상으로 대상지 조사를 통해 공간을 구상하여 기본계획안을 수립하고 기반설계, 식재설계, 시설설계 등에 관한 설계업무를 수행할 수 있다.
2. 조경설계를 효율적으로 수행하기 위해서 기초적으로 갖추어야 할 조경재료에 대한 이해를 토대로 도서와 전산응용도면을 활용할 수 있다.
3. 설계도서에 따라 시공계획을 수립한 후 현장여건을 고려하여 기반을 조성하고, 잔디를 식재하고 파종할 수 있다.
4. 설계도서에 따라 시공계획을 수립한 후 현장여건을 고려하여 기능적·심미적으로 조경포장 공사를 할 수 있다.
5. 설계도서에 따라 시공계획을 수립한 후 실내여건을 고려하여 식물과 조경시설물을 생태적·기능적·심미적으로 식재하고 설치할 수 있다.
6. 식물을 굴취, 운반하여 생태적·기능적·심미적으로 식재할 수 있다.
7. 연간 정지전정 관리계획을 수립하여 낙엽·상록 교목, 관목류에 있어 가지치기, 수관다듬기를 수행할 수 있다.
8. 관수, 지주목 관리, 멀칭관리, 월동관리, 장비 유지 관리, 청결 유지 관리, 실내 식물 관리를 수행할 수 있다.
9. 설계도서에 따라 필요한 자재와 시설물을 구입하여 조경시설물을 기능적·심리적으로 배치하고 설치할 수 있다.
10. 완성된 공사목적물을 발주처의 준공 승인 및 지자체 인수인계 전까지 식물의 생장과 조경시설의 기능을 유지시키기 위한 업무를 수행할 수 있다.

| 검정방법 | 작업형 | 시험시간 | 3시간 |

실기과목	주요 항목	세부 항목	
조경 기초 실무	1. 조경기초설계	1. 조경 디자인요소 표현하기	2. 조경식물재료 파악하기
		3. 조경인공재료 파악하기	4. 전산응용도면(CAD) 작성하기
	2. 조경설계	1. 대상지 조사하기	2. 관련분야 설계 검토하기
		3. 기본계획안 작성하기	4. 조경기반 설계하기
		5. 조경식재 설계하기	6. 조경시설 설계하기
		7. 조경설계도서 작성하기	
	3. 기초식재 공사	1. 굴취하기	2. 수목 운반하기
		3. 교목 식재하기	4. 관목식재하기
		5. 지피 초화류 식재하기	
	4. 조경 시설물 공사	1. 시설물 설치 전 작업하기	2. 안내시설물 설치하기
		3. 옥외시설물 설치하기	4. 놀이시설 설치하기
		5. 운동시설 설치하기	6. 경관조명시설 설치하기
		7. 환경조형물 설치하기	8. 데크시설 설치하기
		9. 펜스 설치하기	
	5. 조경포장 공사	1. 조경 포장기반 조성하기	2. 조경 포장경계 조성하기
		3. 친환경흙포장 공사하기	4. 탄성포장 공사하기
		5. 조립블록 포장 공사하기	6. 조경 투수포장 공사하기
		7. 조경 콘크리트포장 공사하기	
	6. 잔디식재 공사	1. 잔디 기반 조성하기	2. 잔디 식재하기
		3. 잔디 파종하기	
	7. 실내조경 공사	1. 실내조경기반 조성하기	2. 실내녹화기반 조성하기
		3. 실내조경시설·점경물 설치하기	4. 실내식물 식재하기
	8. 조경공사 준공전 관리	1. 병해충 방제하기	2. 관배수 관리하기
		3. 시비 관리하기	4. 제초 관리하기
		5. 전정 관리하기	6. 수목 보호 조치하기
		7. 시설물 보수 관리하기	
	9. 일반 정지전정 관리	1. 연간 정지전정 관리계획 수립하기	2. 굵은 가지치기
		3. 가지 길이 줄이기	4. 가지 솎기
		5. 생울타리 다듬기	6. 가로수 가지치기
		7. 상록교목 수관 다듬기	8. 화목류 정지전정하기
		9. 소나무류 순 자르기	
	10. 관수 및 기타 조경 관리	1. 관수하기	2. 지주목 관리하기
		3. 멀칭 관리하기	4. 월동 관리하기
		5. 장비 유지 관리하기	6. 청결 유지 관리하기
		7. 실내 식물 관리하기	

PART I

조경기능사 실기

조경설계

Part 1 조경설계

chapter 1 조경 제도

1. 조경 제도 일반

1) 제도 용구

구 분	내 용
제도판	• 제도용지를 올려놓고 그리는 판. 평행자가 부착된 제품이 사용하기 편리하다.
T자, 삼각자	• T자를 이용하여 평행선을 긋거나, 삼각자와 조합하여 수직선과 사선을 긋는다.
템플릿	• 원형 템플릿은 수목을 표현할 때 사용하고, 종합 템플릿은 시설물을 표현할 때 사용한다.
운형자	• 여러 가지 곡선 모양을 본떠 만든 것으로 불규칙한 곡선을 그을 때 사용한다.
삼각축척	• 실물의 크기를 도면 내 축소한 치수로 표시하는데 사용한다.
컴퍼스	• 원 또는 원호를 그릴 때 사용한다.
빗자루	• 지우개로 지운 후 손으로 도면을 쓸게 되면 지저분해지므로 빗자루를 이용해 깨끗이 쓸어낸다.
종이테이프	• 용지를 제도판에 고정시킬 때 사용하며, 테이프를 붙였다 떼어내도 자국이 남지 않는다.
홀더	• 굵은 선(2.0mm)을 그을 수 있는 필기 도구이다.
샤프	• 굵기와 진한 정도에 따라 여러 종류로 나뉘는데 일반적으로 0.5mm, HB를 가장 많이 이용한다.
지우개	• 말랑말랑한 고무지우개를 사용하는 것이 좋다.
지우개판	• 얇은 철판에 새겨진 구멍을 이용하여 지우고자 하는 부분을 세밀하게 지우는데 사용한다.

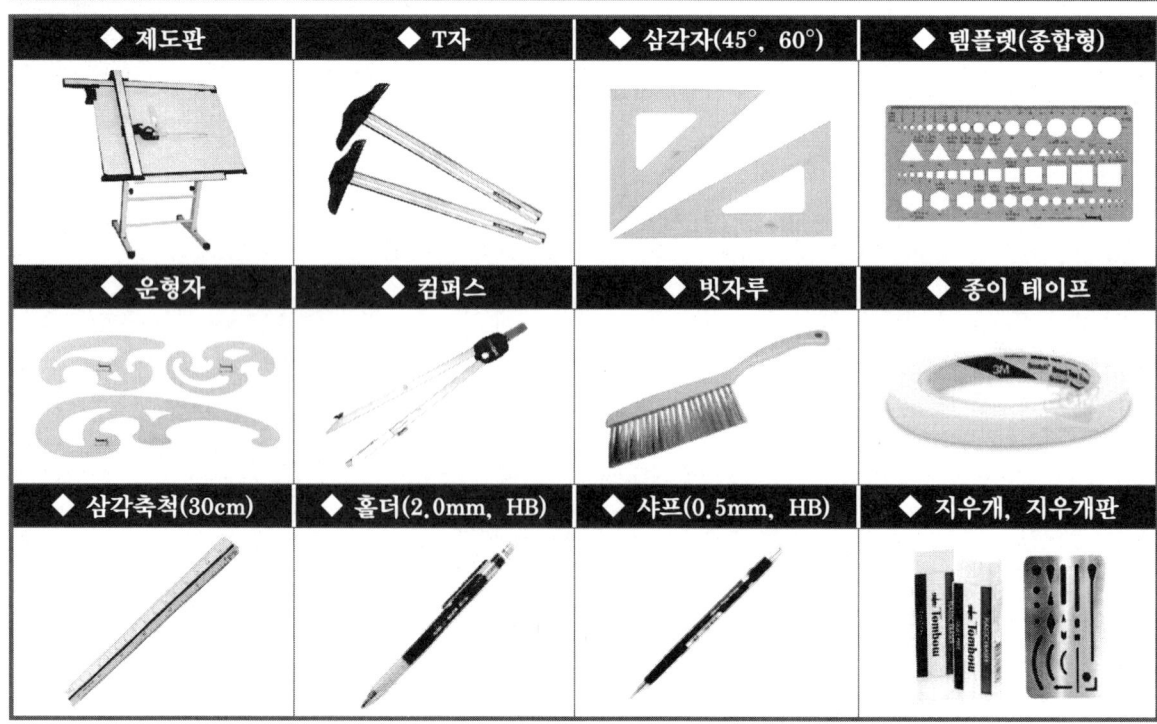

2. 선 긋기

1) 선 긋기 요령

① 수평선 긋기 : 좌에서 우로 너무 힘을 주지 말고 일정한 힘으로 한 번에 돌리면서 긋는다.
② 수직선 긋기 : 아래에서 위로 긋는다. 선을 그을 때 자세는 상체를 우측으로 돌린 상태에서 팔꿈치를 위로 끌어올리면서 긋는다.
③ 사선 긋기 : 사선은 좌에서 우로 일정한 힘으로 긋는다. 삼각자가 흔들리지 않도록 주의한다.
④ 한 도면에 같은 목적으로 사용하는 선의 굵기는 동일해야 한다.
⑤ 자와 종이를 밀착시킨 후 샤프를 기울여서 긋는다.

2) 선의 종류와 용도

구분	굵 기	용 도	비 고
굵은선	———————	도면의 외곽선, 건축물 외관선, 단면선, 개념도	홀더
중간선	———————	물체의 외형선, 경계석, 계단, 시설물, 수목	샤프(강한 세기)
가는선	———————	주차선, 인출선, 치수선, 해칭선, 운동공간	샤프(약한 세기)
파선	— — — — —	숨은선, 등고선	
일점쇄선	— · — · — · —	부지경계선, 물체의 중심선	
이점쇄선	— · · — · · —	가상선, 1점 쇄선과 구분할 필요가 있을 때	

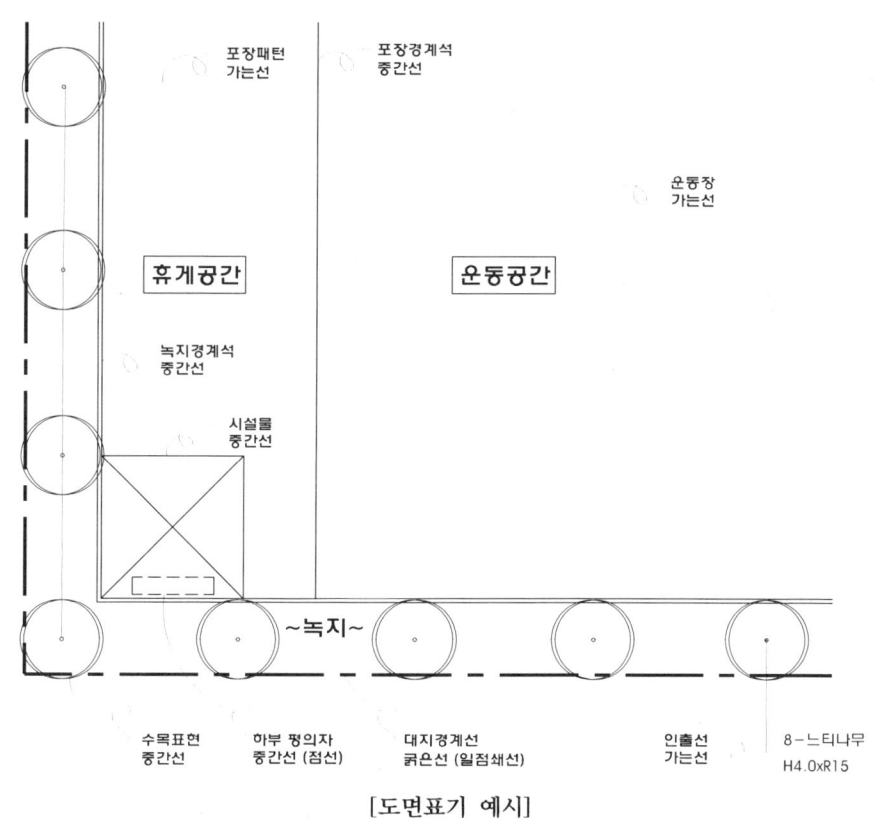

[도면표기 예시]

3) 자를 이용한 선 긋기 - 평행자, 삼각자 사용법

① 평행자, 삼각자 사용법

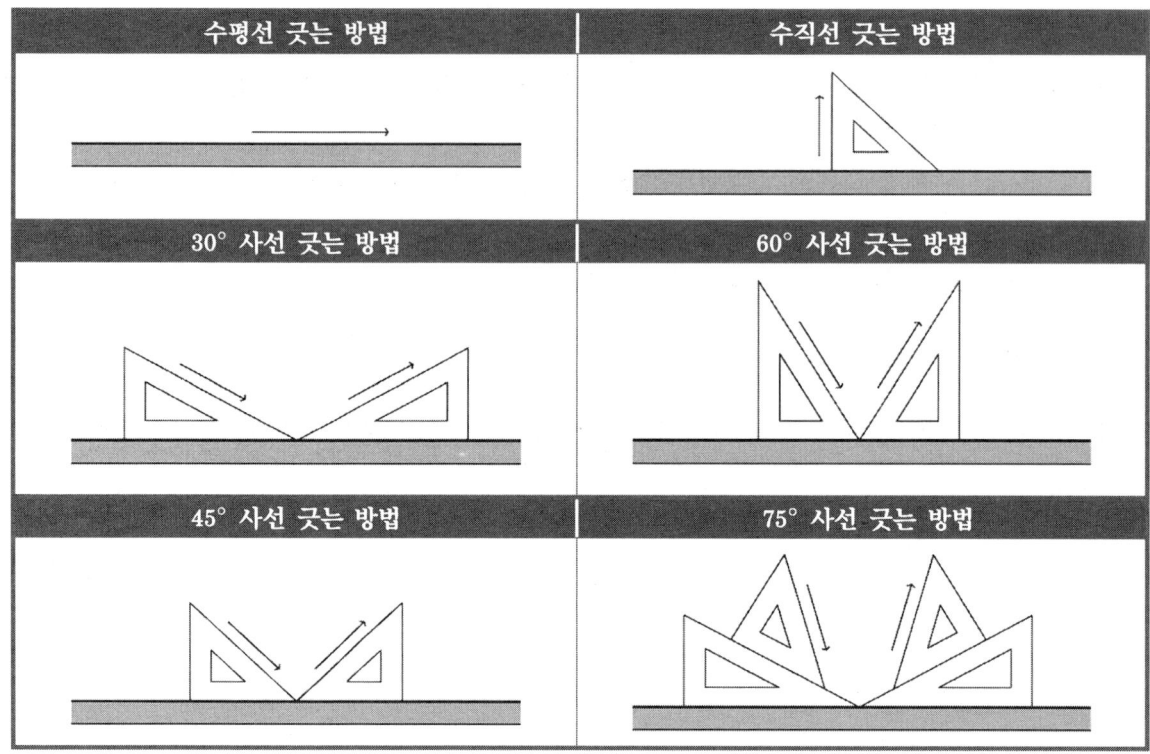

② 선 긋기 예시

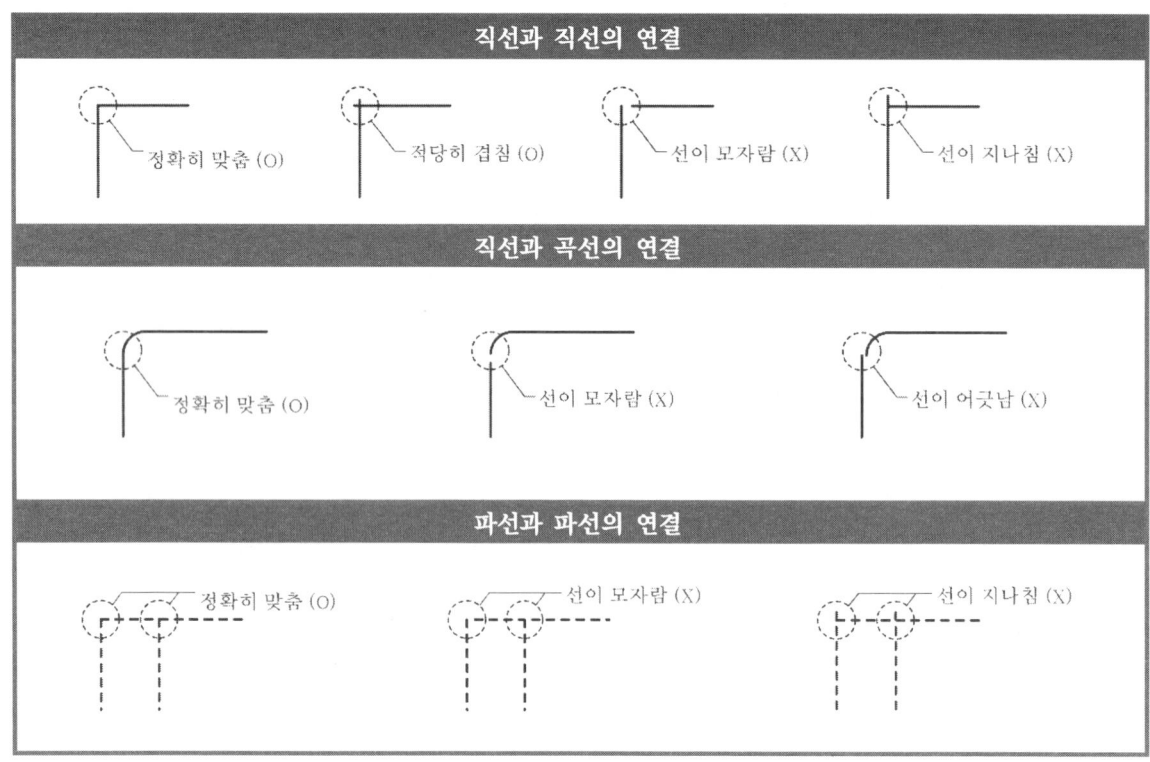

4) 제도용 글씨

① 제도용 글씨는 고딕체로 명확하게 쓰며 흘겨쓰지 않도록 주의한다.
② 가는선으로 보조선을 긋고 최대한 수평이 맞도록 기입한다.
③ 글씨의 크기는 정해진 것이 없으며, 도면 사이즈에 비례하여 시각적으로 보기 좋게 크기를 설정한다.

제도용 글씨체
평면도 정면도 측면도 단면도 배치도 개념도 설계설명서 시설물배치도
제도용 글씨체(경사형)
1 2 3 4 5 6 7 8 9 0 가 나 다 라 마 바 사 아 자 차 카 타 파 하

5) 설계에 사용되는 약어

표기	내용	표기	내용
ELE(ELEV.)	표고(Elevation)	B.C	커브시점(Beginning of Curve)
G.L	지반고(Ground Level)	E.C	커브종점(End of Curve)
F.L	계획고(Finish Level)	DN	내려감(Down)
W.L	수면 높이(Water Level)	UP	올라감(Up)
F.H	마감 높이(Finish Height)	D10	지름(내경, 이형) 이형철근, 원목 등의 직경
B.M	표고 기준점(Bench Mark)		
w=1.5m	너비, 폭(Width)	@100	간격(재료, 거리, 배열) 10cm 간격
H=2.0m	높이(Height)		
L=1,000	길이(Length)	CONC.	콘크리트
∅500	지름(외경)	STL, ST	철재(Steel)
T, THK 30	두께(Thickness)	P.C	Precast Concrete
r=500	반지름(Radius)	EXP.JT	신축줄눈(Expansion Joint)
EA	개수(Each)		
TYP.	표준형(Typical)	MH	맨홀

6) 기타 도면 표기법

상세도의 단면이나 입면 표시에서 사용되는 기호로써 제대로 표시하여 설계자의 의도를 정확히 표현하도록 한다.

평면도	입면도	단면도
계획 법면	자연 법면	수위
경사도	지반 (흙)	잡석다짐
콘크리트 (무근)	콘크리트 (와이어메시)	콘크리트 (철근)
석재	벽돌	목재(치장재)
모래	자갈	점표고

chapter 2. 조경 설계

chapter 2 조경 설계

1. 평면도 그리기

1) 평면도의 구성 및 배치

① 도면은 설계 영역과 표제란 영역으로 구분되고, 두 영역을 적절히 배분한다.
② 아래 도면을 참조하여 테두리선을 그어 도면의 안정감을 주도록 한다.

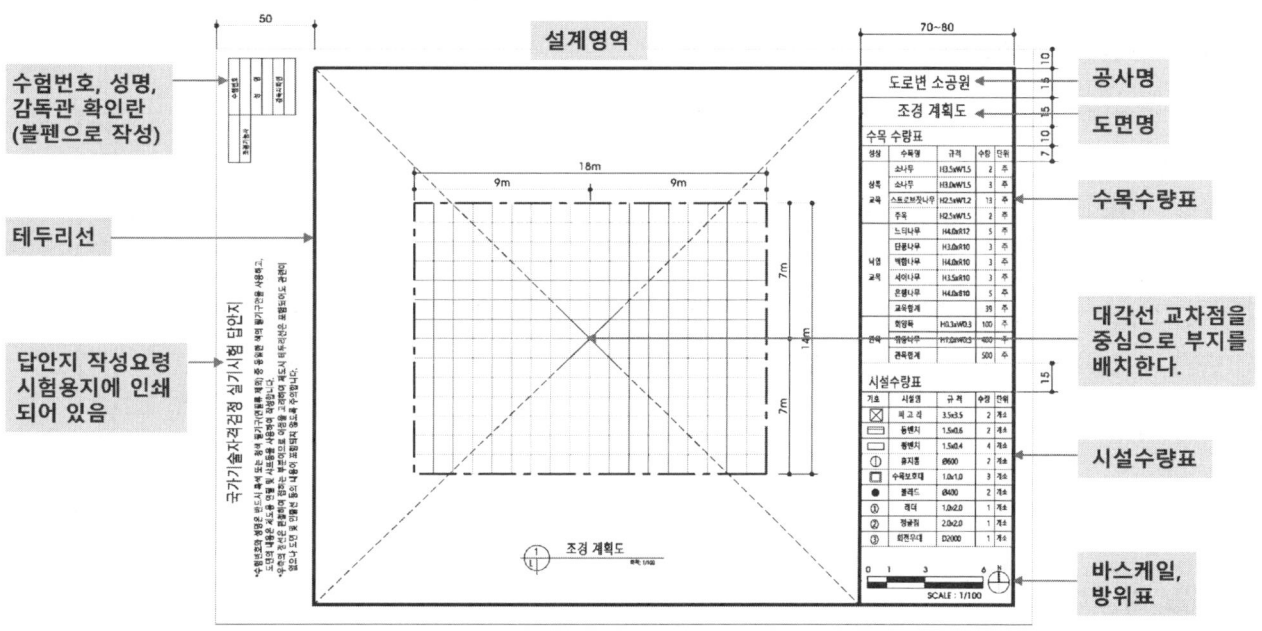

[평면도 예시]

2) 테두리선 그리기

① 시험용지 : A3(297×420)
② 제도판에 A3 용지를 수평이 맞게 놓고 종이가 울지 않도록 종이테이프로 고정한다.
③ 좌측은 4~5cm, 위아래 우측은 1cm 간격을 두고 테두리선을 긋는다.

3) 표제란 작성하기

① 표제란 폭을 7~8cm로 그린다(현황도 크기에 따라 조절할 수 있다).
② 위부터 1.5cm씩 2칸을 그려서 공사명, 도면명을 쓰고, 0.7cm 간격으로 수목 수량표, 시설물 수량표를 작성한다. 글씨는 보조선을 가는선으로 그리고 오와 열에 맞춰 적는다.
③ 수목 수량표와 시설물 수량표 사이에는 1~5cm 간격을 둔다.
④ 스케일바와 방위표를 그린다.

4) 수목 수량표 작성하기

① 성상 : 상록교목, 낙엽교목, 관목, 초화, 지피 순으로 적는다.
② 수목명 : 지역에 맞는 수종을 선정한다. (중부지방, 남부지방)
④ 규격 : 시험 조건에 맞는 규격을 사용한다.
⑤ 수량 : 도면 내용과 일치하여 수량을 기입한다.
⑥ 단위 : 수목의 단위는 "주"이다.

성상	수목명	규격	수량	단위
상록 교목	소나무	H3.5xW1.5	2	주
	소나무	H3.0xW1.5	3	주
	스트로브잣나무	H2.5xW1.2	13	주
	주목	H2.5xW1.5	2	주
낙엽 교목	느티나무	H4.0xR12	5	주
	단풍나무	H3.0xR10	3	주
	백합나무	H4.0xR10	3	주
	서어나무	H3.5xR10	3	주
	은행나무	H4.0xB10	5	주
	교목합계		39	주
관목	회양목	H0.3xW0.3	100	주
	쥐똥나무	H1.0xW0.3	400	주
	관목합계		500	주

[수목 수량표]

5) 시설물 수량표 작성하기

① 기호 : 평면도의 기호를 그리거나, 번호를 기입한다.
② 시설명 : 시험 조건에 주어진 시설명을 기입한다.
③ 규격 : 시험 조건에 주어진 규격을 기입하고, 없을 경우에는 교재에 있는 규격을 참조한다.
④ 수량 : 도면 내용과 일치하여 수량을 기입한다.
⑤ 단위 : 시설물의 단위는 "개소", "EA", 식 등이다.

기호	시설명	규격	수량	단위
⊠	파고라	3.5x3.5	2	개소
▭	등벤치	1.5x0.6	2	개소
▭	평벤치	1.5x0.4	4	개소
①	휴지통	Ø600	2	개소
□	수목보호대	1.0x1.0	3	개소
●	볼라드	Ø400	2	개소
①	래더	1.0x2.0	1	개소
②	정글짐	2.0x2.0	1	개소
③	회전무대	D2000	1	개소

[시설물 수량표]

6) 스케일 바 그리기

① 도면의 축척을 대략적인 크기로 나타낼 때 사용한다.
② 표제란의 하단부 여백에 적당한 크기로 그려준다.
③ SCALE : 1/100을 기재한다.
④ 다양한 스케일 바 중에서 그리기 쉬운 것으로 표현한다.

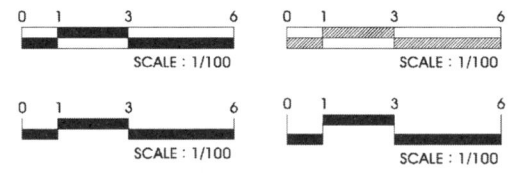

[스케일 바]

7) 방위표 그리기

① 화살표의 방향으로 북쪽(N)을 나타낸다.
② 다양한 방위표 중에서 그리기 쉬운 것으로 표현한다.
③ 특별히 잘 그릴 필요는 없지만, 도면의 필수 요소로서 누락 시 벌점이 부과되므로 반드시 표시하여야 한다.

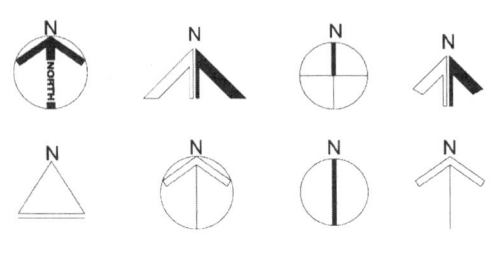

[방위표]

8) 현황도 격자 그리기

① 설계 영역에서 삼각자를 이용하여 대각선으로 교차점을 표시한다.

② 교차점을 중심으로 하여 상하좌우 반씩 균등하게 분할하여 그린다.

  예) 가로축으로 18칸이면 교차점을 기점으로 좌우로 9칸씩 그어준다.

③ 격자는 가는선으로 긋는다.

④ 1개의 격자는 1m로서, 1/100일 경우 1cm로 표현한다.

⑤ 도면의 방위는 북쪽이 위쪽으로 향하게 배치하는 것이 일반적이다.

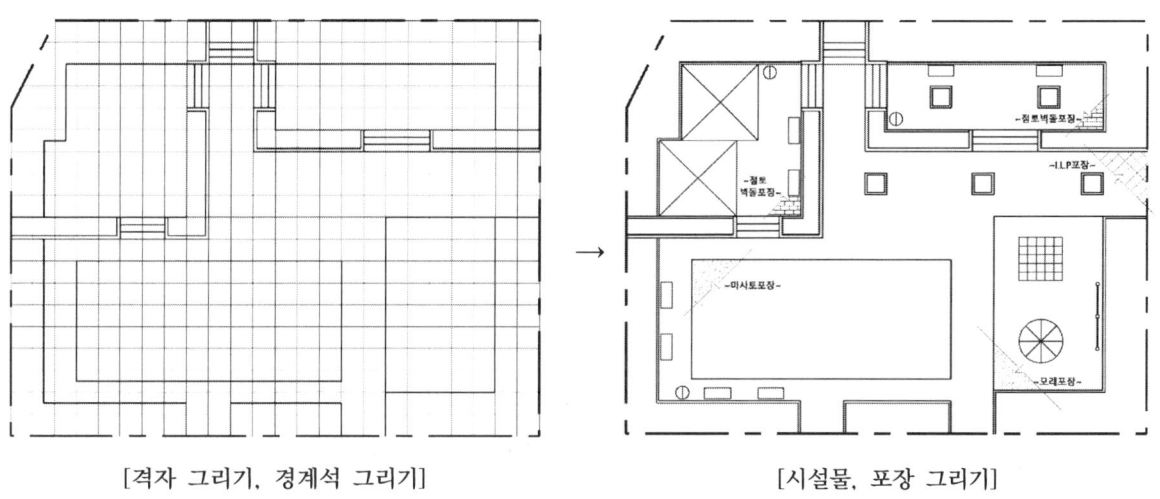

[격자 그리기, 경계석 그리기]   [시설물, 포장 그리기]

9) 공간 표현하기

① 설계 영역에 격자를 그린 상태에서 공간별로 경계석을 굵게 그려준다.

10) 시설물 그리기

① 문제의 요구조건을 정확히 파악한 후 치수와 수량에 맞게 설치한다.

② 놀이시설은 안전거리를 확보하여 배치한다.

③ 휴게시설은 녹지면에 접하여 배치한다.

11) 포장 그리기

① 공간의 기능에 따라 포장재료를 선정하여야 한다.

② 공간의 일부분만 경계선을 표현하고 포장 패턴을 그린다.

③ 포장 패턴 옆에 포장명을 기입한다.

④ 포장 설계 완료 후 식재 설계한다.

2. 단면도 그리기

1) 단면도의 구성 및 배치
① 특정지역을 수직으로 절단하여 절단면을 바라본 그림으로, 입체적으로 공간을 이해할 수 있다.
② 도면은 설계 영역과 표제란 영역으로 구분되고, 두 영역을 적절히 배분한다.
③ 테두리선을 그어 도면의 안정감을 주도록 한다.

2) 표제란 작성하기
① 표제란 폭을 7~8cm로 그린다.(현황도의 크기에 따라 조절할 수 있다.)
② 공사명, 도면명을 쓰고 스케일바를 그린다.

3) 단면도 그리기
① 단면표시선(B-B′) 위치와 화살표 방향을 확인하여 배치한다.
② 단면도의 폭을 고려하고, 지면선과 보조선을 1m 간격으로 수평으로 긋는다.
③ 평면도의 단면 표시선이 수평이 되게 제도판에 붙이고, 경계석과 주요시설물을 지면선에 표시하고 공간을 구획한다.
④ 수목을 수고에 맞게, 시설물을 규격에 맞게 그려주고, 이용자를 휴먼스케일에 맞게 표기한다.

4) 포장 단면 상세도 그리기
① 포장 단면 상세도는 1/10으로 표현한다.
② 포장재료에 따른 인출선을 표시한다. (같은 재료가 분산되어 있을 때는 한 곳에만 표시한다.)

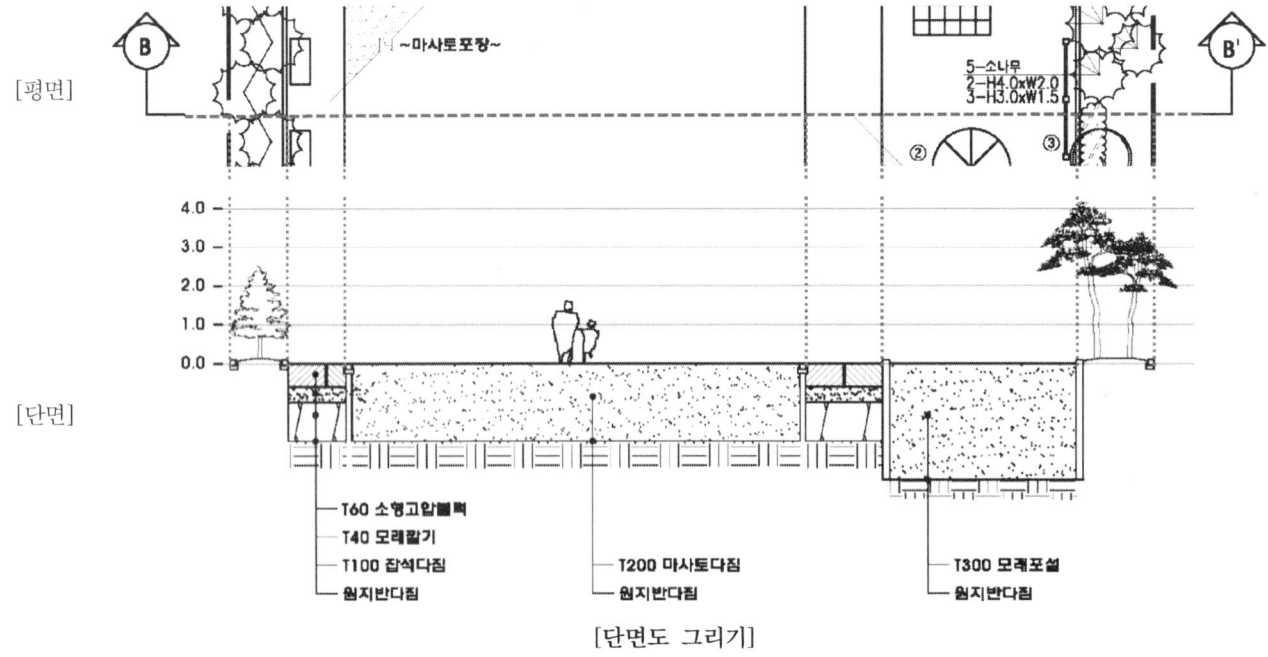

[단면도 그리기]

chapter 2. 조경 설계

3. 경계석

1) 경계석의 종류

① 경계석이란 공간과 공간, 공간과 녹지, 포장과 포장을 나눠주는 역할을 한다.
② 모래막이 : 모래포설 주변의 경계석으로 점토블럭, 원주목을 사용한다.
③ 녹지경계석 : 공간과 녹지를 구분 짓는 역할을 하는 경계석으로, 주로 화강석을 사용한다.
   도면에 표기 시 식재지역 쪽으로 1mm 정도 한 줄을 더 그려서 두 줄로 표현한다.
④ 포장경계석 : 서로 다른 포장재를 구분한다.
⑤ 보차도경계석 : 보도와 차도를 구분하는 경계석이다.

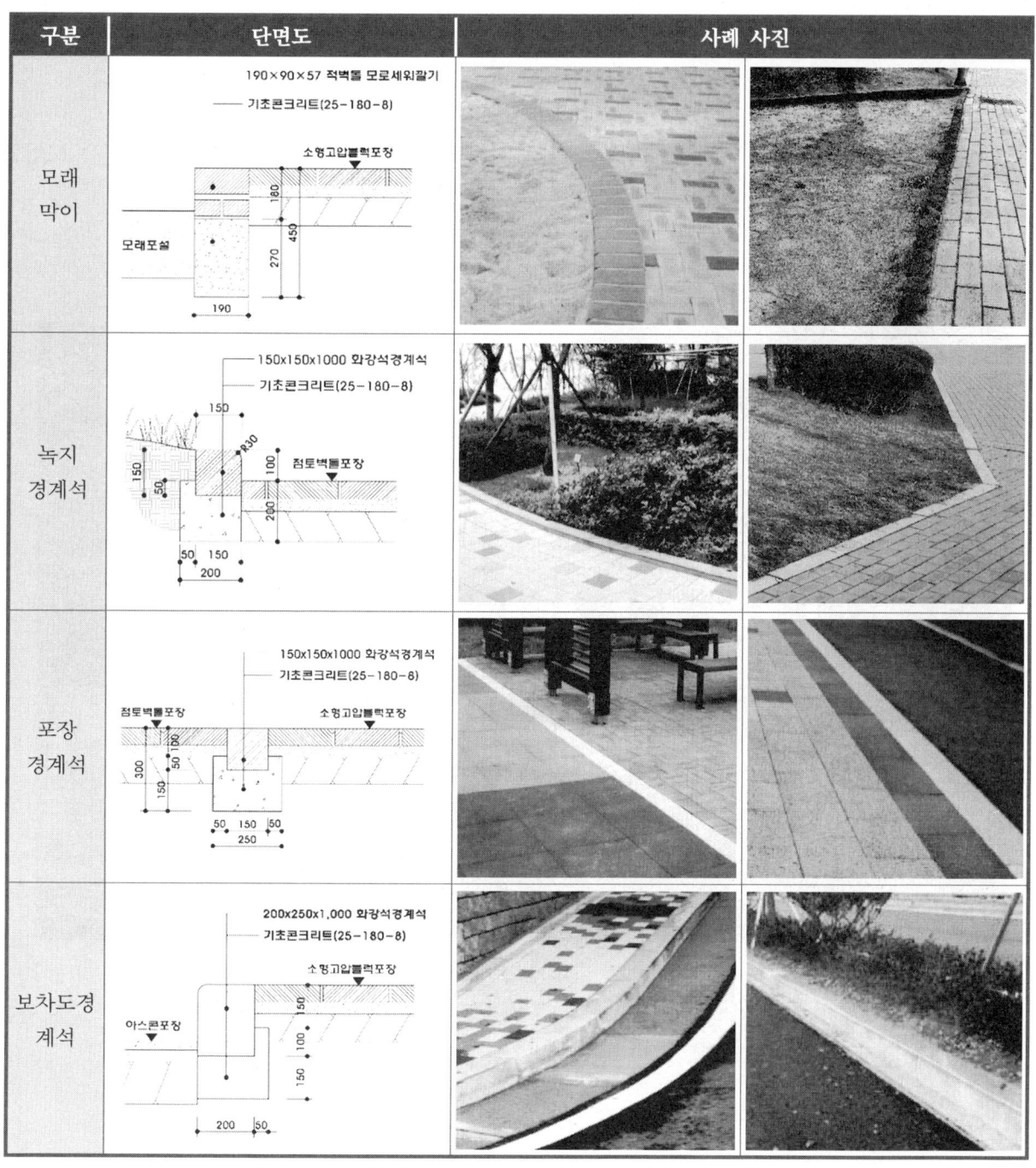

4. 휴게공간 및 시설물

1) 휴게공간의 특성

① 정적 공간으로 공원의 필수 공간이다.
② 만남, 휴식, 대기, 감시 기능이 있다.
③ 주변 경관이 양호한 곳이나 전망이 좋은 곳에 배치한다.
④ 요구조건에 맞게 공간의 크기를 정한다.
⑤ 주변에 녹음식재와 경관식재를 도입한다.
⑥ 3면이 녹지에 접하는 것이 좋다.
⑦ 광장, 운동공간, 놀이공간 등과 같이 연계하여 배치한다.
⑧ 그늘을 제공하는 시설물과 앉아서 쉬는 시설물을 배치한다.

2) 휴게 시설물

① 파고라, 정자를 설치하여 그늘을 제공하고, 평의자, 등의자, 앉음벽 등 휴식에 필요한 시설을 도입한다.
② 음수대, 휴지통, 수목보호대 등 시설물을 도입한다.
③ 점토벽돌포장, 자연석판석 등 바닥포장은 편안하게 휴식을 취할 수 있는 분위기를 조성할 수 있는 재료를 선정한다.

[휴게 공간]

chapter 2. 조경 설계

[휴게 시설물의 종류]

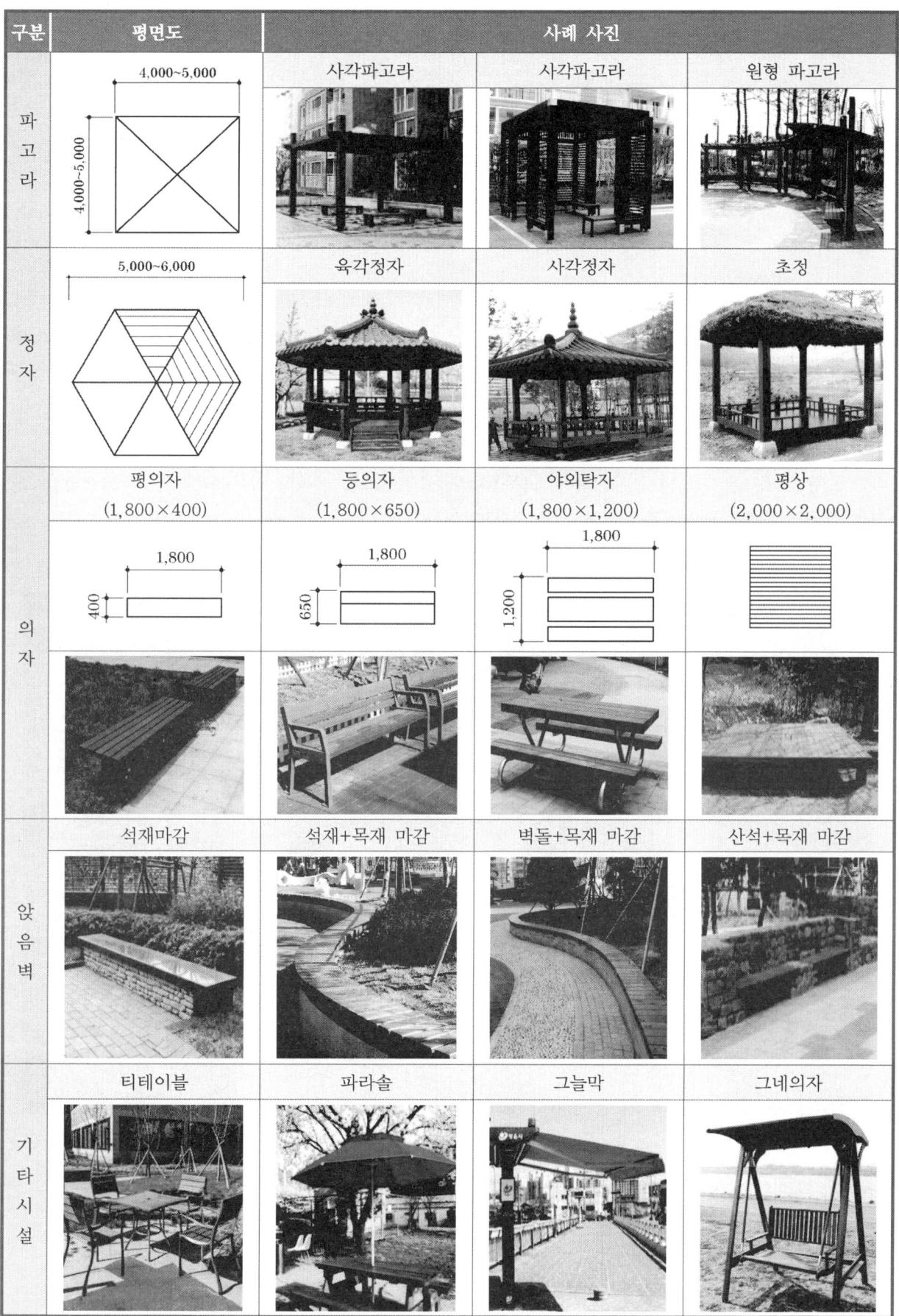

5. 놀이공간 및 놀이시설물

1) 놀이공간의 특성

① 동적 공간으로 공원의 필수 공간이다.
② 공원 내에 구석진 곳은 피하고 광장이나 휴게공간과 연계하여 배치한다.
③ 이용 계층에 따라 유아 놀이공간, 유소년 놀이공간으로 분리할 수 있다.
④ 요구 조건에 맞게 공간의 크기를 정한다.
⑤ 주변에 녹음식재를 도입하고, 유아 놀이공간과 유소년 놀이공간이 분리되어 있을 경우 완충녹지대를 조성한다.

2) 놀이시설물

① 조합놀이대는 놀이공간 중심부에 배치하고, 그네, 회전무대 등 요동시설은 중심부나 출입구 쪽을 피하여 구석에 설치한다.
② 햇빛에 의한 눈부심을 방지하기 위해 그네, 미끄럼대는 북향으로 설치한다.
③ 바닥분수, 도섭지 등 물놀이시설은 휴게 및 수경공간과 연계되도록 설치한다.
④ 바닥 포장은 모래깔기를 많이 사용하나, 고무칩이나 고무매트를 사용할 경우에는 별도의 모래밭을 조성한다.
⑤ 모래깔기 하부에는 맹암거를 설치하여 배수를 원활하게 한다.
⑥ 놀이시설물 간에는 2~3m의 여유공간을 반드시 확보한다.

[놀이 공간]

chapter 2. 조경 설계

[놀이 시설물의 종류]

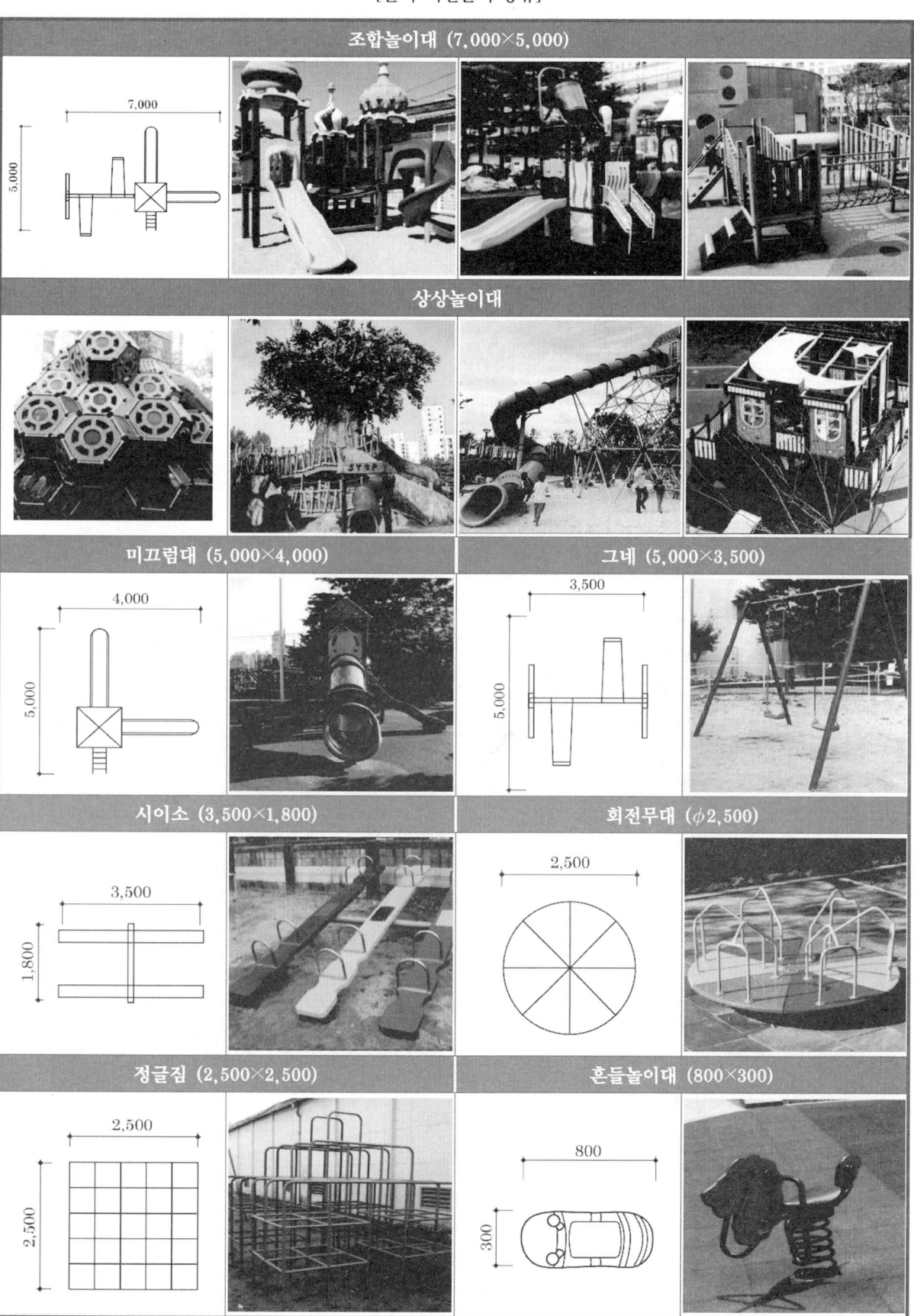

6. 운동공간 및 운동시설물

1) 운동공간의 특성

① 동적 공간으로 공원의 필수 공간이다.
② 경기장 장축을 남북방향으로 배치하고, 여건상 어려운 경우 동쪽이나 서쪽으로 조금 기울어져도 무방하다.
③ 요구 조건에 맞게 공간의 크기를 정하고, 개별공간 중에 가장 큰 공간이므로 제일 먼저 고려하여 배치한다.
④ 운동공간 주변에는 외곽주거지에 소음 피해가 없도록 적정거리를 유지하며 완충식재나 차폐식재를 하여야 한다.

2) 운동시설물

① 허리돌리기, 평행봉, 철봉, 역기 들어올리기, 윗몸 일으키기 등 체력단련시설은 운동공간 가장자리에 설치한다.
② 공간에 여유가 있을 경우에는 휴게시설, 관람시설을 설치한다.
③ 경기장의 사방 3m의 여유 공간을 확보한다.
④ 바닥 포장은 마사토 포장을 주로 사용하나, 인조잔디나 우레탄 포장을 설치할 수 있다.
⑤ 마사토포장 하부에는 맹암거를 설치하여 배수를 원활하게 한다.

[운동공간]

chapter 2. 조경 설계

[운동공간의 종류]

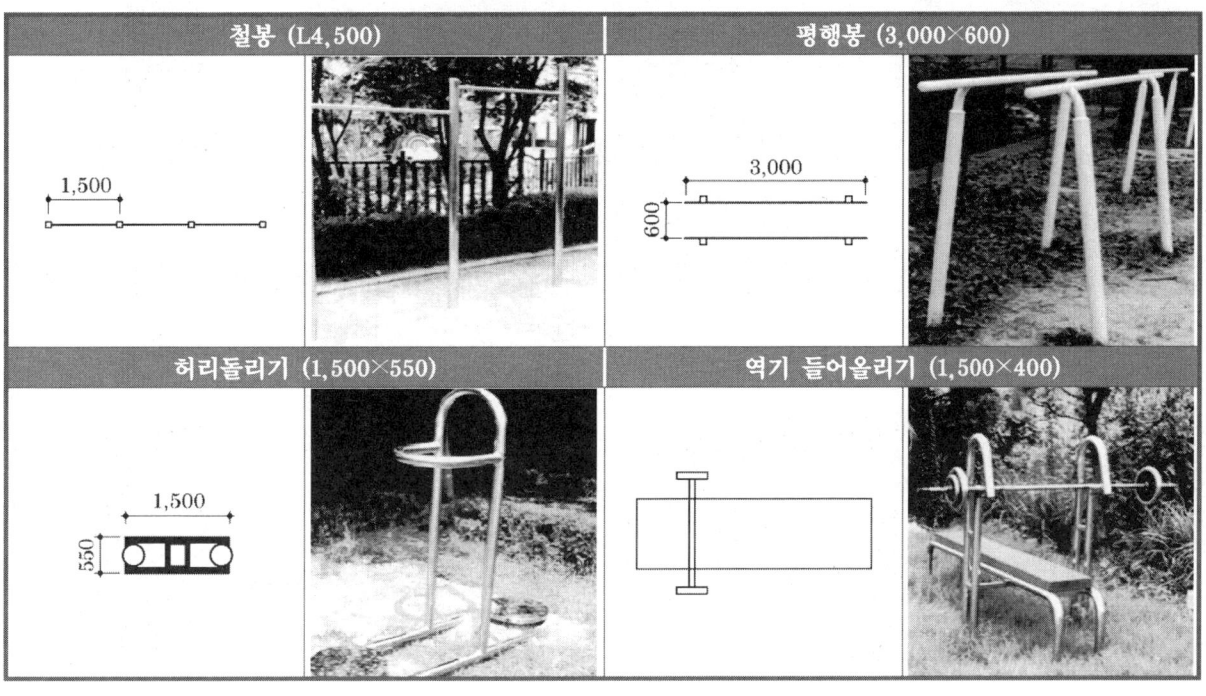

배드민턴장(13,000×6,000)	배구장(18,000×9,000)
테니스장(24,000×11,000)	농구장(28,000×15,000)
축구장(100,000×70,000)	게이트볼장(20,000×15,000)

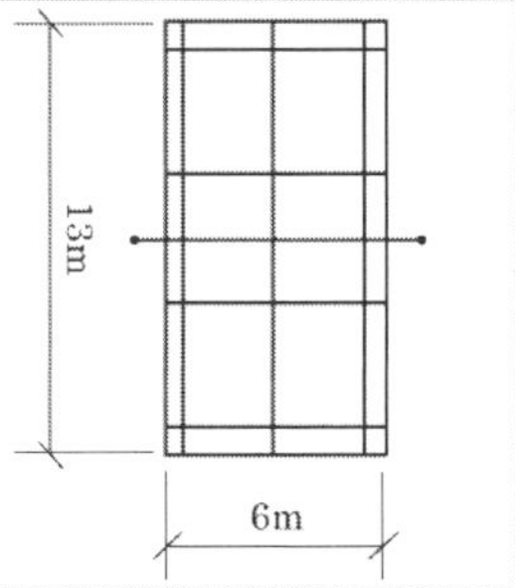

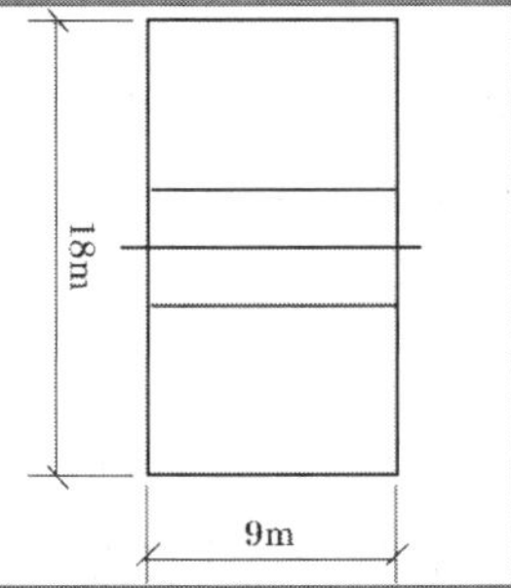

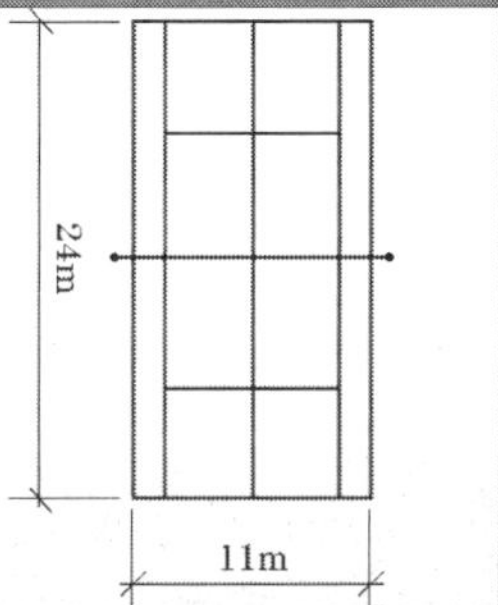

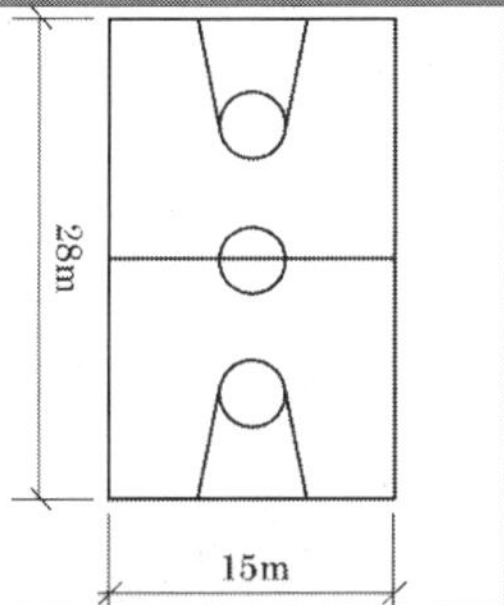

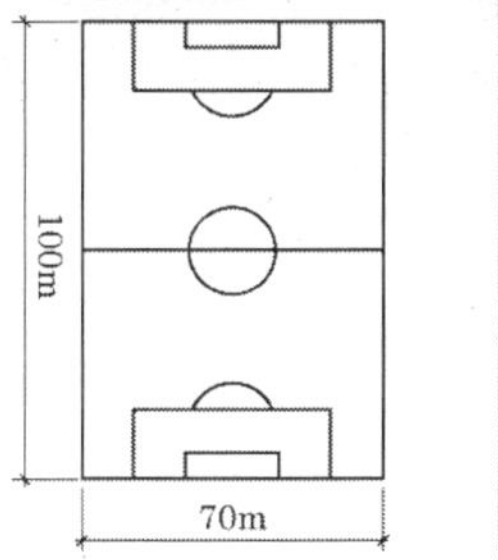

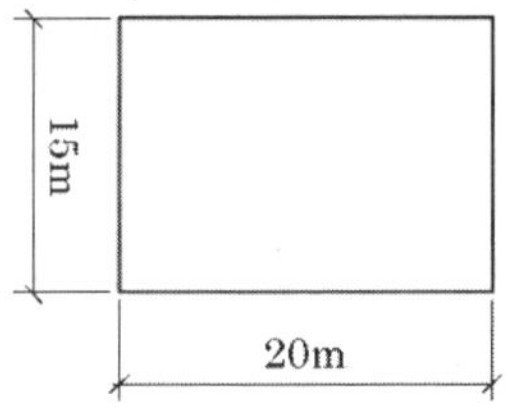

[운동시설의 종류]

| 철봉 (L4,500) | 평행봉 (3,000×600) |
| 허리돌리기 (1,500×550) | 역기 들어올리기 (1,500×400) |

7. 관리·편익공간 및 관리시설물

1) 관리공간의 특성
① 관리사무소는 관리공간, 화장실, 상점은 편익공간이라 한다.
② 화장실 주변에는 생울타리 등으로 완충식재를 한다.

2) 관리시설물
① 건축물, 수목보호대는 축척에 맞게 표기하고, 기타 시설물은 축척에 상관없이 그린다.
② 휴게공간, 동선 주변에 휴지통이나 음수전을 설치한다.
③ 차량의 진입을 통제해야 하는 곳에 볼라드(단주)를 설치한다.
④ 광장 중앙, 건물과 연계된 공간, 휴게공간 중심부에 수목보호대를 설치한다.

[관리시설의 종류]

8. 수경공간 및 수경시설물

1) 수경공간의 특성

① 물을 이용하여 설계 대상 공간의 경관을 연출하기 위한 시설 공간이다.
② 휴게공간과 연계할 때는 연못이나 벽천 등 경관의 포인트가 되는 정적시설 도입
③ 놀이공간과 연계할 때는 도섭지나 바닥분수 등 들어가서 이용할 수 있는 동적 시설 도입
④ 수경공간은 2개의 시설을 연계하여 설치하면 좋은 효과를 낼 수 있다.
⑤ 수경공간 주변에는 경관식재의 개념으로 식재한다.
⑥ 벽천 뒷면에는 차폐·완충식재의 개념으로 식재한다.

2) 수경시설물

① 수경시설 설치 시 펌프 및 조명 배선, 급수설비, 배수설비를 고려하여야 한다.
② 수경시설 주변 보이지 않는 곳에 순환펌프실을 설치한다.
③ 생태연못, 계류는 녹지 내에 설치한다.
④ 도섭지, 바닥분수, 캐스케이드는 포장 내에 설치한다.
⑤ 도섭지, 바닥분수 주변은 화강석판석포장, 사고석포장, 자연석판석포장 등을 설치한다.

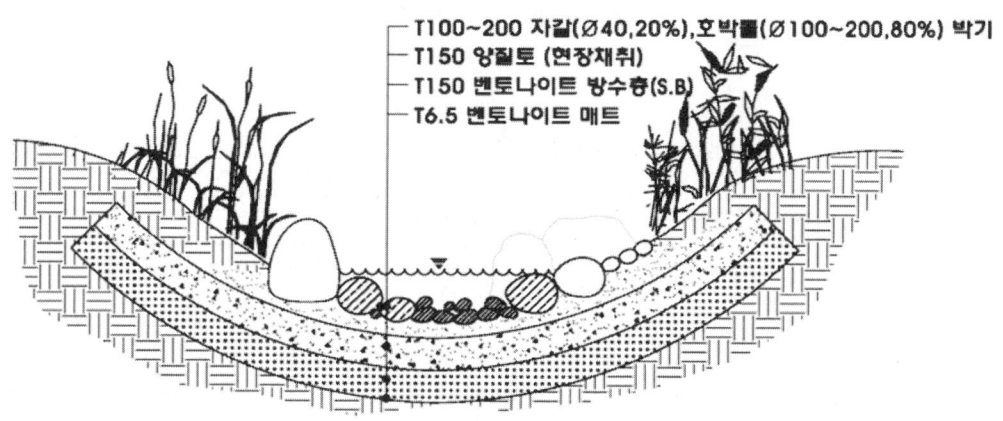

[생태연못 단면도]

Part 1   조경설계

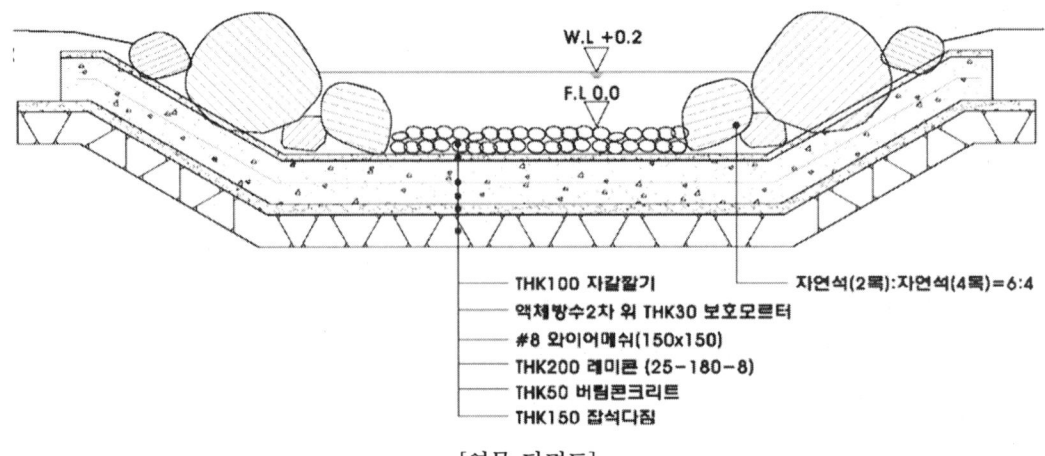

[연못 단면도]

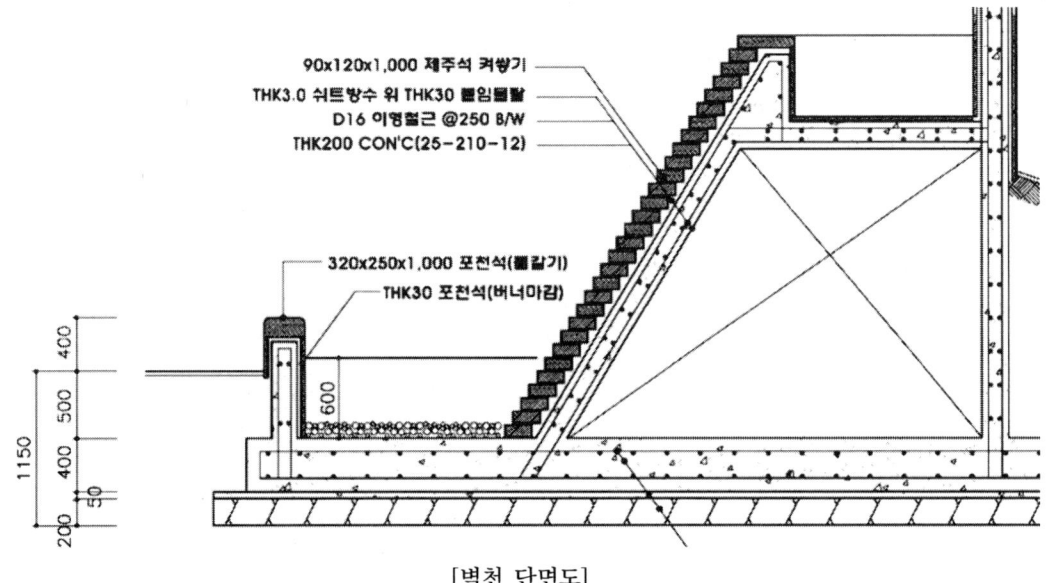

[벽천 단면도]

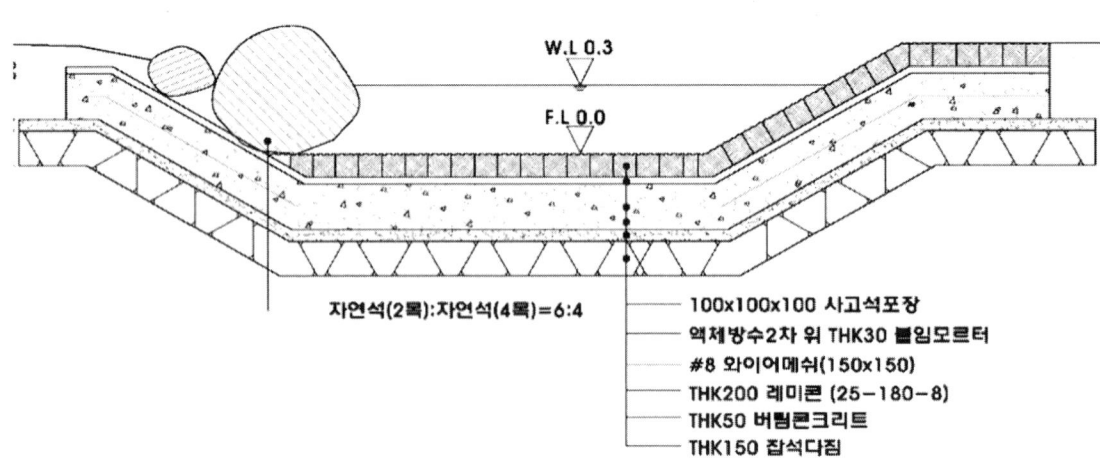

[도섭지 단면도]

[수경시설의 종류]

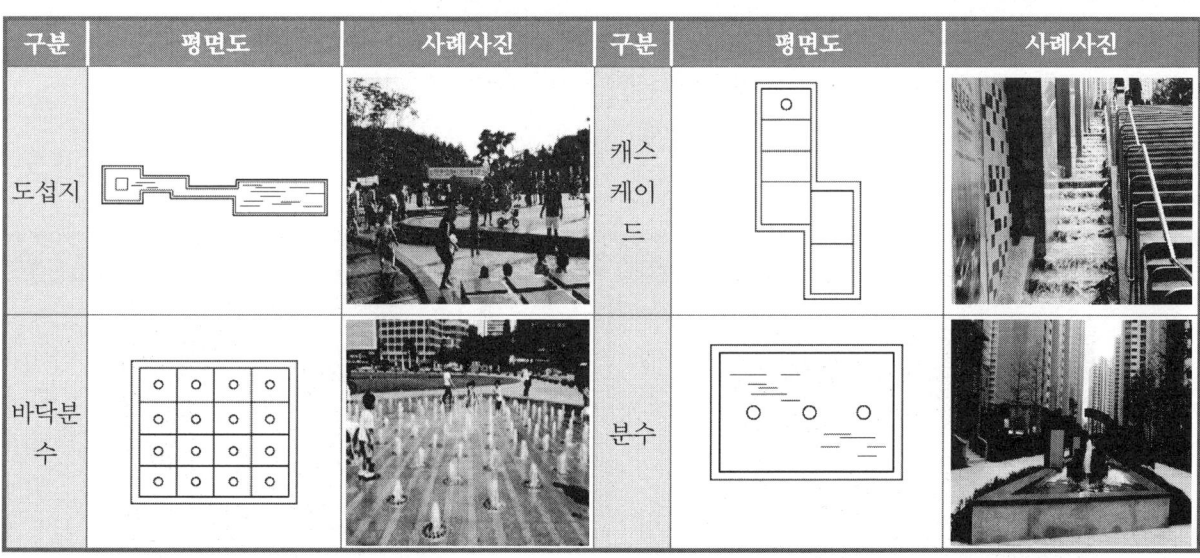

9. 계단, 경사로 설계

1) 계단 설계

① 계단 폭 : 연결도로 폭과 같게 하거나 그 이상으로 한다.

② 단 너비 : 30cm(26cm 이상)

③ 단 높이 : 15cm

④ 높이 2m가 넘는 경우 2m 이내마다 너비 1.2m 이상의 계단참을 설치

⑤ 높이 1m가 넘는 경우 난간 설치

⑥ 옥외에 설치하는 계단의 단수는 최소 2단 이상으로 하며 미끄럼을 방지한다.

⑦ 계단 중앙부에 화살표와 선을 그려서 올라갈 때는 UP, 내려갈 때는 DN을 표시한다.

2) 경사로 설계

① 적정 램프 폭 : 1.5m~2.0m (최소 폭 : 1.2m)

② 일반인 경사로 경사율은 8% 정도로 한다. (최소 10%, 최적 6%)

③ 경사율(%) : (수직거리/수평거리)×100 = (1/12)×100

④ 계단은 여러 곳에 설치되어도 램프는 단차마다 한 곳만 설치한다.

⑤ "一"자형(높이차 0.6m 이하), "ㄷ"자형, "U"자형(높이차 0.6m 이상)

[계단, 경사로 종류]

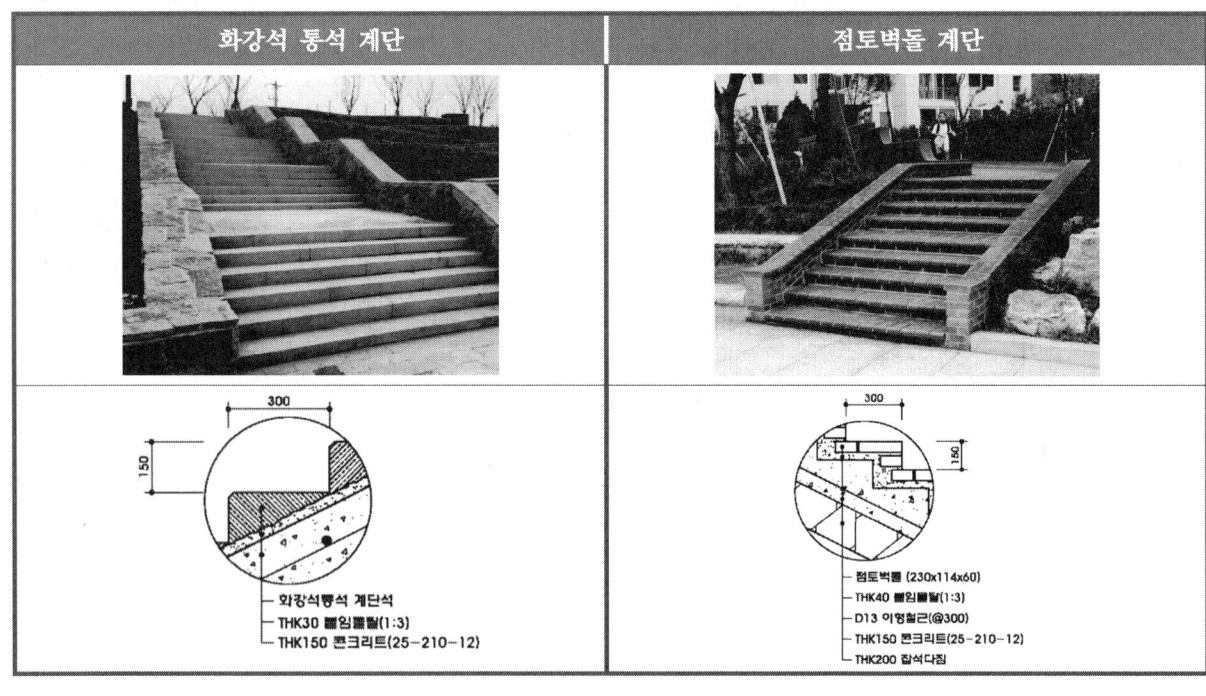

chapter 2. 조경 설계

| 화강석 판석 계단 | ㄷ자형 경사로 |

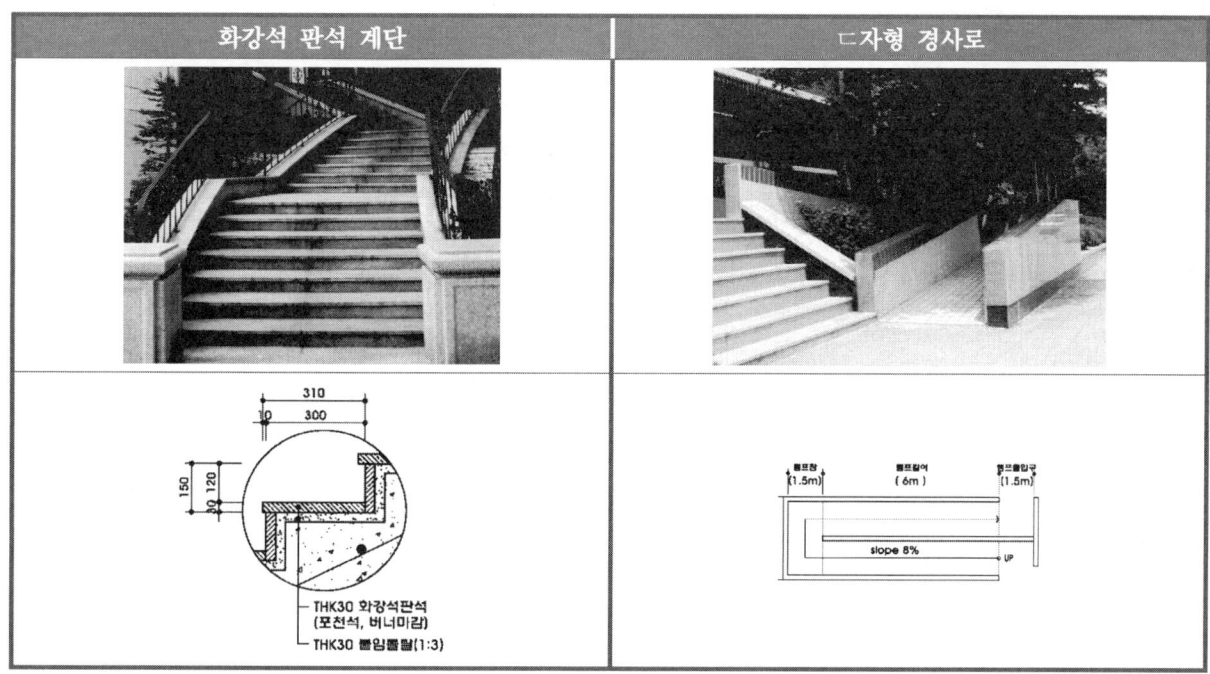

10. 토공사

1) 토공사

흙을 주 대상으로 하는 땅깎기(절취, 절토, 굴착, 개착)와 땅돋기(성토, 축토, 제방) 등의 작업과 그에 따른 흙의 이동, 제거 등의 처리 공정과 이에 필요한 흙막이, 배수공사 등을 말한다.

2) 토공 용어

① 시공기면(F.L) : 시공 지반의 계획고
② 절토 : 계획면보다 높은 흙을 깎는 작업
③ 성토 : 흙을 쌓는 작업
④ 매립 : 굴착된 곳의 흙을 되메우기
⑤ 마운딩(mounding) : 특정지역에 흙을 쌓아 올려 고립된 언덕을 만드는 과정

3) 마운딩

① 마운딩은 토양의 배수를 개선하고 수분을 유지하는 데 도움을 준다.
② 뿌리 주변의 온도를 일정하게 유지하는 데 기여하여 겨울철에 토양 온도를 높여 식물의 생장을 돕는다.
③ 마운딩을 통해 퇴비나 유기물을 추가할 수 있어 식물에 필요한 영양분을 공급할 수 있다.
④ 경관을 다양하게 만들어 주며, 식물의 배치나 형태를 강조하는 데 효과적이다.
⑤ 등고선의 높이는 0.5m 간격으로 설계한다.

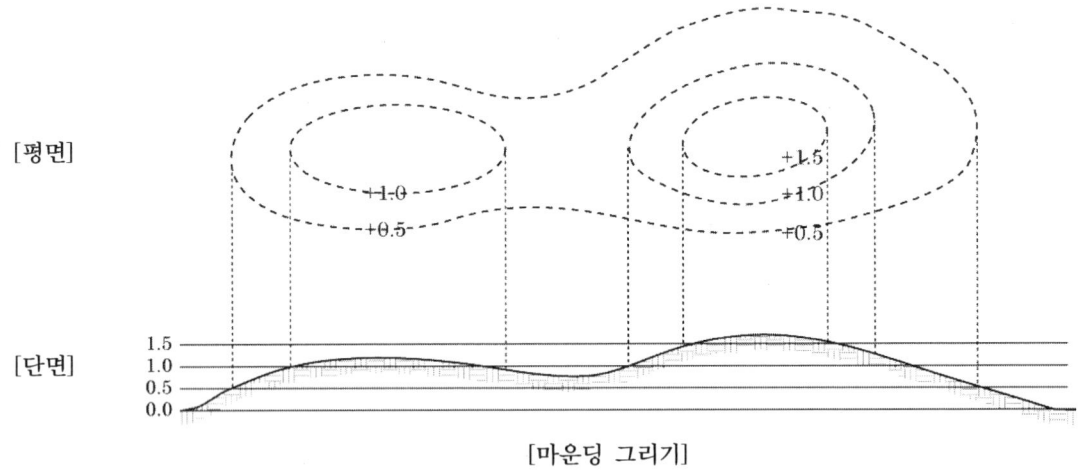

[마운딩 그리기]

chapter 2. 조경 설계

11. 포장

1) 포장 재료의 특성

① 보행자 및 자전거, 차량 통행과 공간의 원활한 기능 유지를 목적으로 원지반 위를 각종 재료로 덮는 것을 포장이라 한다.

② 지면의 지지대 증대, 토양유실 방지, 평탄성 확보, 아름다운 경관 조성 등 기능성과 미적 요건을 높일 수 있다.

③ 각 공간의 기능에 적합한 포장재료를 선정하는 것이 중요하다.

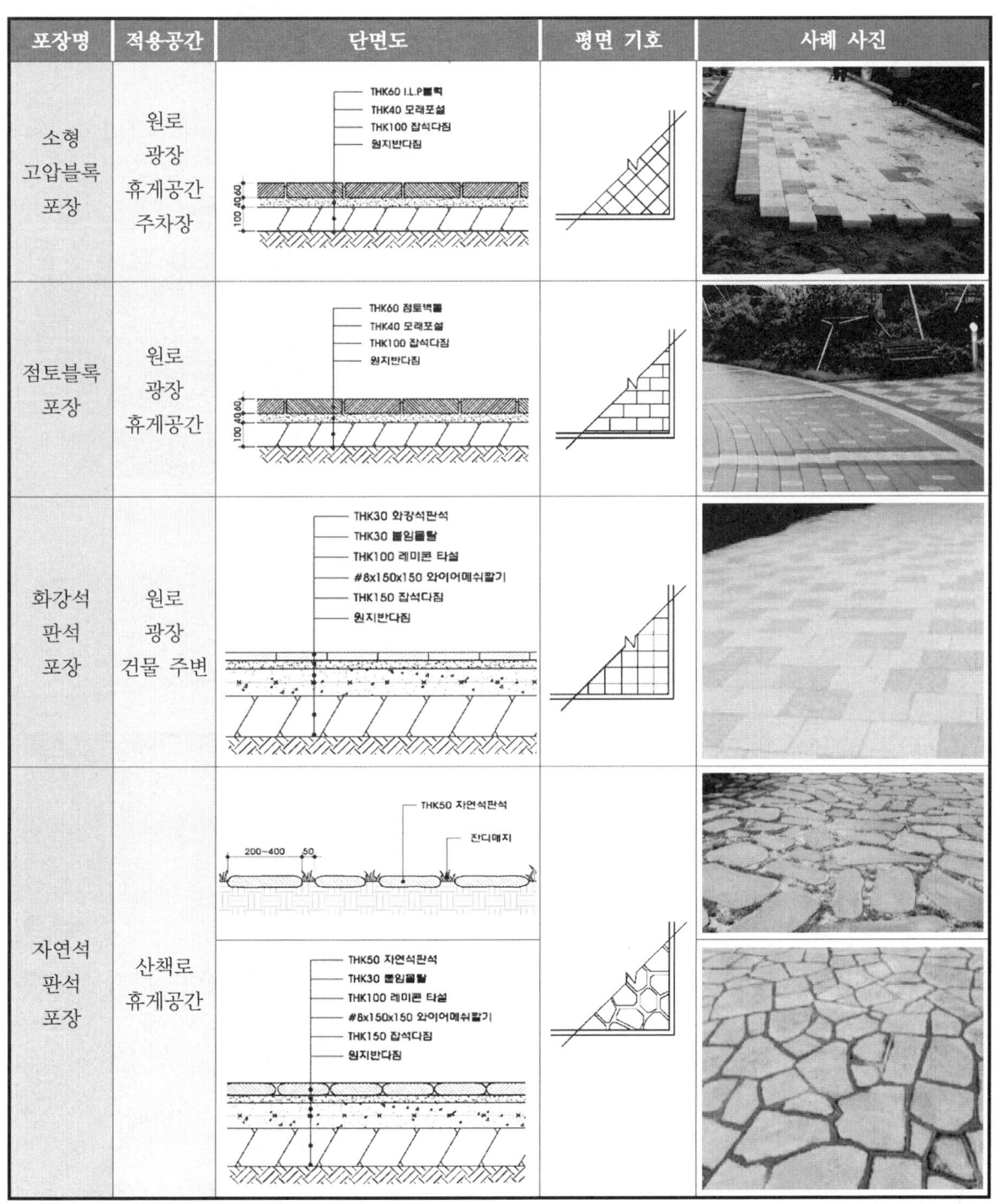

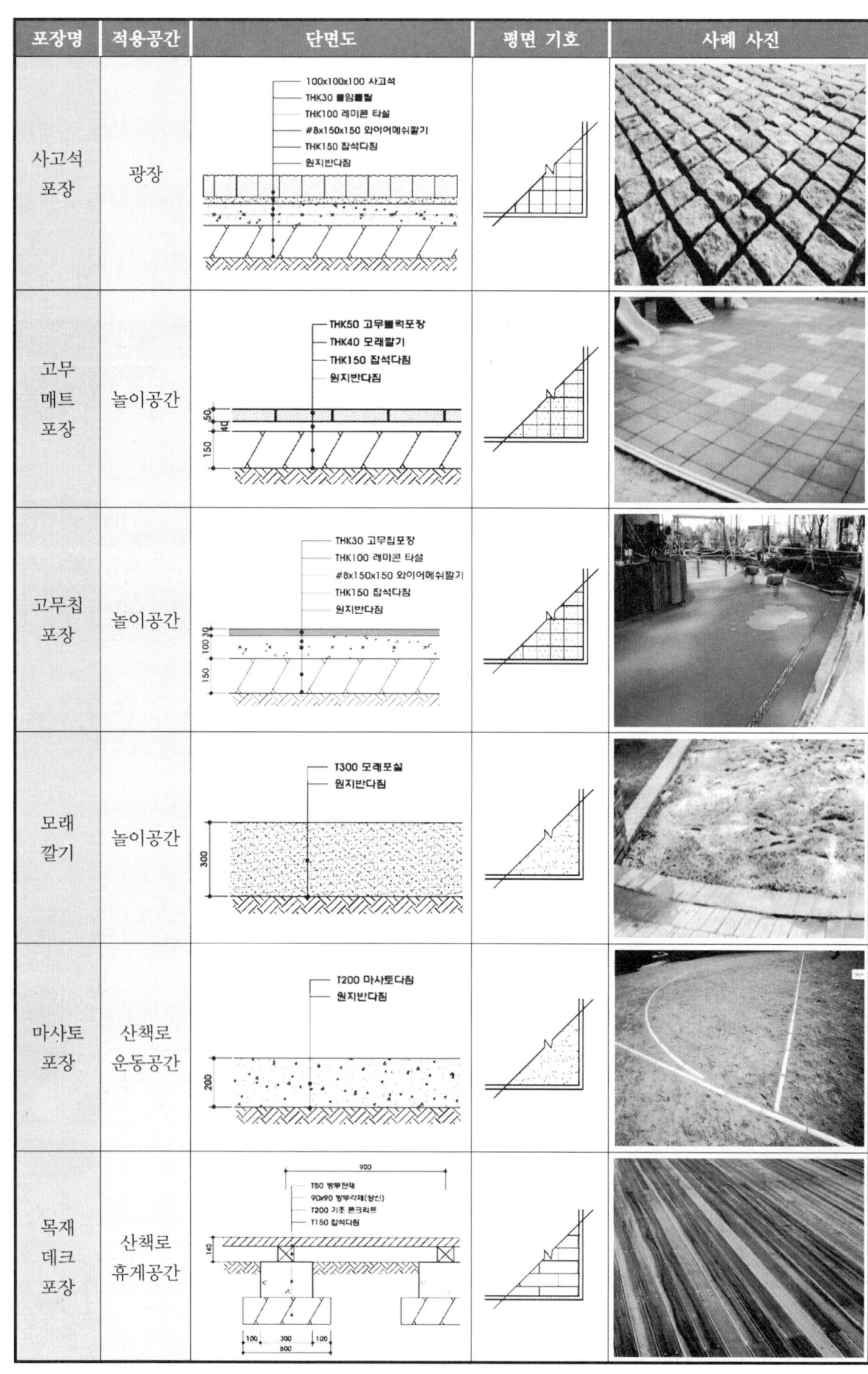

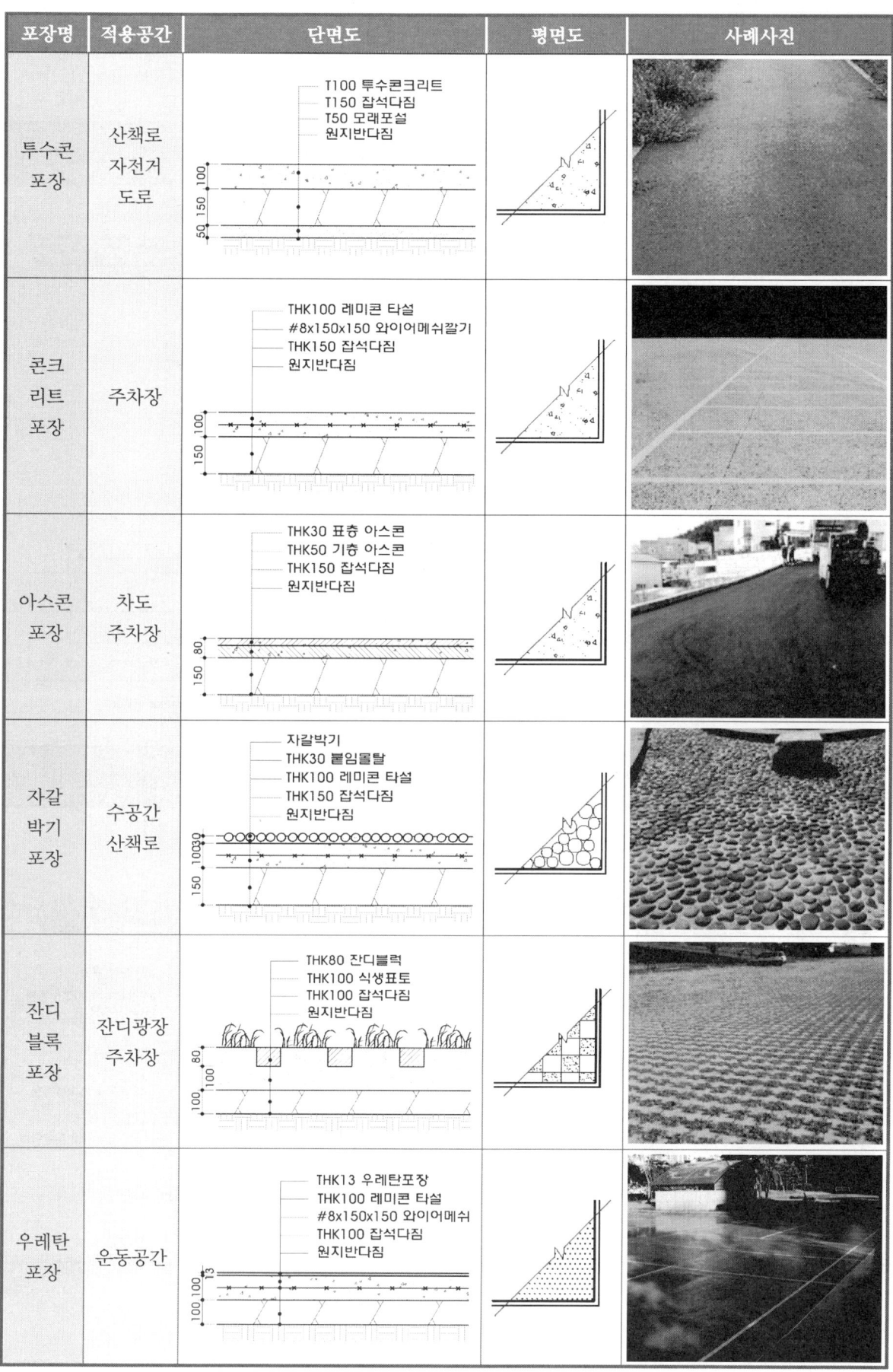

12. 주요 시설물 상세

[주요 시설물 상세]

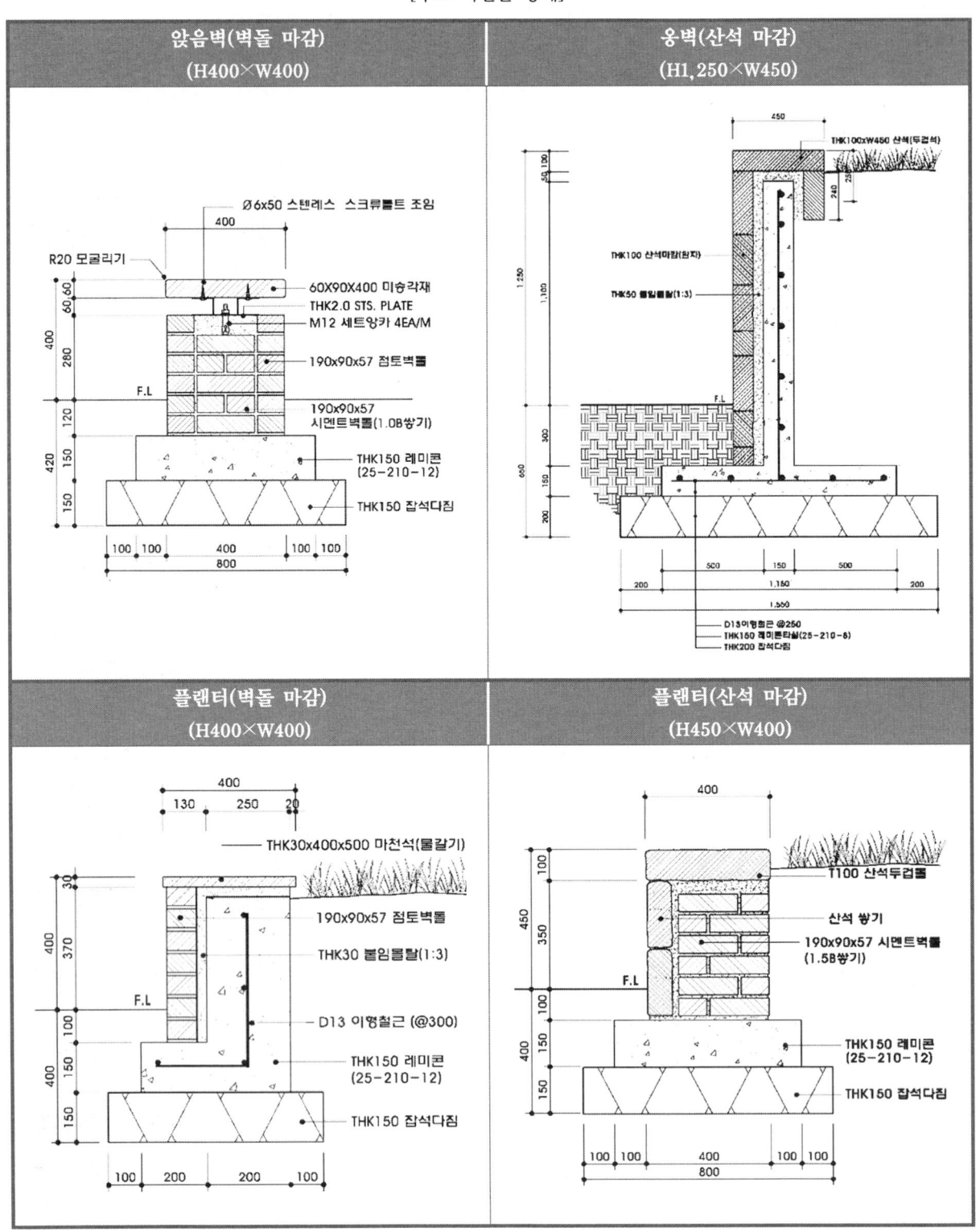

chapter 3 식재 설계

1. 식재 설계의 기초

1) 수목의 종류

① 교목 : 줄기가 하나이며 일정 높이 이상에서 가지가 퍼져 나옴
  ㉠ 상록교목 : 잣나무(H2.5×W1.2), 전나무(H2.5×W1.2), cf) 소나무(H4.5×R15)
  ㉡ 낙엽교목 : 느티나무(H4.0×R15), 왕벚나무(H4.0×B12), 은행나무(H4.0×B10) 등

② 관목 : 원줄기와 가지의 구분이 불분명
  ㉠ 상록관목 : 회양목(H0.3×W0.3), 눈주목(H0.3×W0.3), 사철나무(H1.5×W0.3) 등
  ㉡ 낙엽관목 : 산철쭉(H0.3×W0.3), 쥐똥나무(H1.5×W0.5), 개나리(H1.2×5가지) 등

③ 덩굴식물 : 담쟁이덩굴, 줄사철, 능소화, 인동덩굴 등

④ 지피 초화류, 수생식물 : 꽃창포(2~3분얼), 맥문동(2~3분얼), 비비추((2~3분얼) 등

2) 수목의 규격

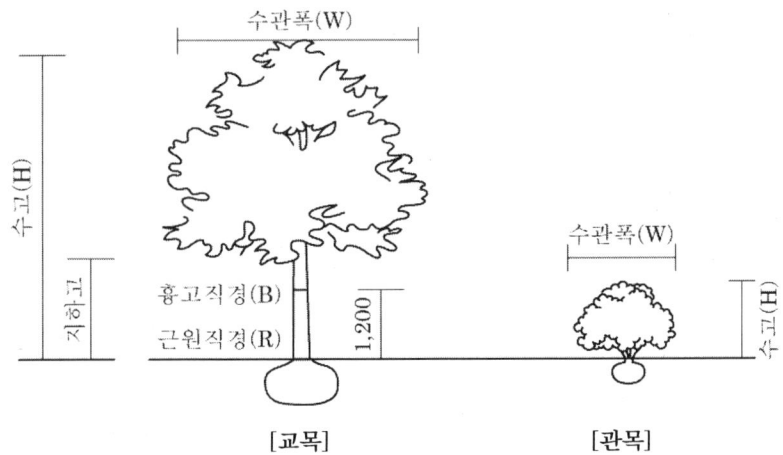

[교목]   [관목]

3) 수목의 선정

① 지역적 분포한계 고려 : 중부지방, 남부지방
② 토양적 특성을 고려 : 내습성, 내건성
③ 공간적, 기능적, 생태적 특성을 고려 : 요점식재, 녹음식재, 차폐식재, 경관식재
④ 대상지의 주변 여건을 고려 : 주거지, 산림지, 공장지대, 매립지

4) 식재 설계 과정

순서	구분	대상 공간	식재 방법	주요 수종
1	지표식재 (군식)	• 진입부 • 주요 결절부	• 식별성이 높은 수종 • 상징적 의미가 있는 수종	구상나무, 소나무, 배롱나무, 모과나무 등
2	요점식재 (단식)	• 지표식재와 동일 • 강조 요소	• 단식으로 독립적으로 식재	반송, 둥근 소나무, 주목, 섬잣나무, 배롱나무 등
3	녹음식재	• 휴게공간, 광장 • 보행로변	• 장소에 따라 단식, 군식 • 수목보호대, 파고라, 벤치 주변	회화나무, 느티나무, 팽나무, 칠엽수, 은행나무, 백합나무, 벽오동 등
4	유도식재 가로식재	• 원로변 가로	• 수관이 큰 캐노피형 수종 • 6~8m 간격으로 정형식 열식	은행나무, 느티나무, 왕벚나무, 이팝나무, 메타세쿼이아, 계수나무, 중국단풍 등
5	차폐식재 완충식재 경계식재	• 부지의 외곽 • 기능 상충 공간	• 상록 교목/관목 혼식 • 2열 교호식재	잣나무, 스트로브잣나무, 서양측백, 사철나무, 꽝꽝나무, 피라칸타 등
6	경관식재	• 진입부 • 상징가로, 잔디밭	• 부등변삼각형 식재 • 5~7점 임의식재	칠엽수, 모감주, 소나무, 매화나무, 감나무 등
7	관목식재	• 원로 모서리	• 자연스런 형태로 식재	광나무, 사철나무, 산철쭉 등
8	지피식재	• 원로 모서리	• 자연스런 형태로 식재	비비추, 맥문동, 벌개미취 등

5) 관목의 수량산출

① 식재 밀도를 식재 면적에 곱하여 수량을 산출한다.
② 산출한 값에서 10단위로 반올림하여 기입한다.
③ W0.4 관목을 5m² 면적에 식재할 경우 계산식 : 9주×5m² = 45≒50주

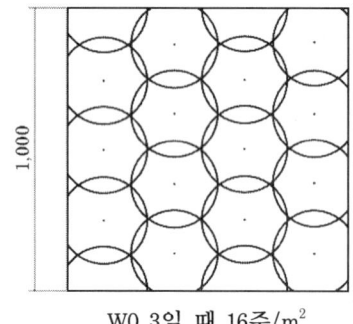
W0.3일 때 16주/m²

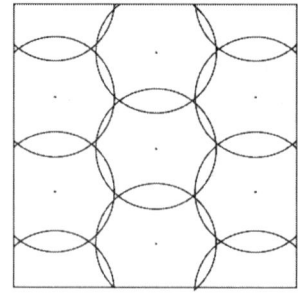
W0.4일 때 9주/m²

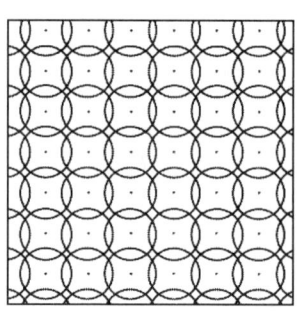
지피·초화류일 때 50주/m²

[관목·초화류의 수량산출]

2. 수목의 표현

1) 상록침엽교목 표현

① 템플릿을 사용하여 원을 가는선으로 그리고 원 외곽에 침 모양으로 뾰족하게 표현한다.

② 잎의 모양과 나무의 규격에 따라 템플릿의 크기를 달리하여 그린다.

③ 수고×수관폭으로 규격을 표시하므로 주어진 수관폭(W) 값 그대로 표현한다.

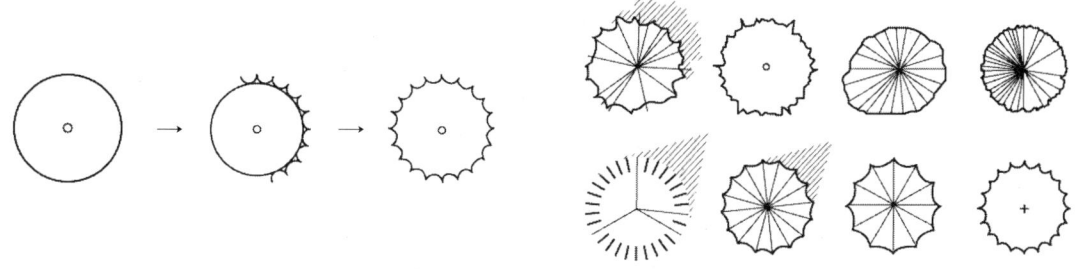

[상록침엽교목 그리기]　　　　　　[상록침엽교목 표현 방법]

2) 낙엽활엽교목 표현

① 템플릿을 사용하여 원을 살짝 겹치게 2줄로 그린다. 중앙의 점이 뚜렷이 보이도록 한다.

② 잎의 모양과 나무의 규격에 따라 템플릿의 크기를 달리하여 그린다.

③ 수고(H)의 60%를 수관폭(W)으로 보고 작도한다.

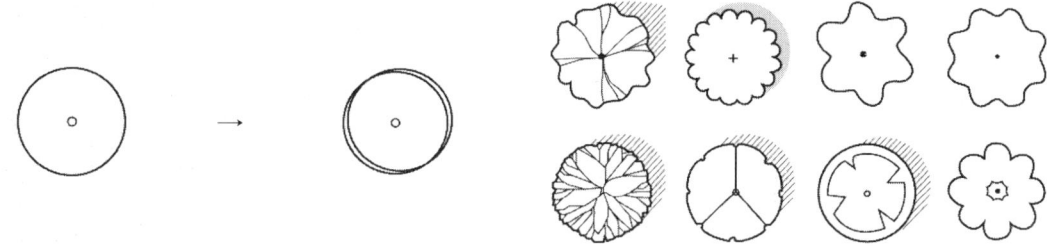

[낙엽활엽교목 그리기]　　　　　　[낙엽활엽교목 표현 방법]

3) 관목 표현

① 관목은 군식 표현을 기본으로 한다.

② 침엽은 침 모양으로 뾰족하게 표현하고, 활엽은 부드러운 질감으로 표현한다.

③ 초화류도 관목 표현과 같게 한다.

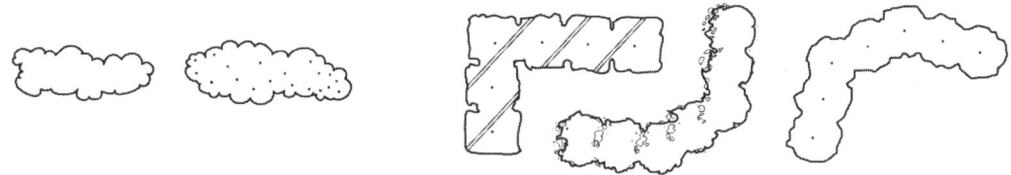

[관목 군식의 다양한 표현 방법]

4) 입면 표현

① 수목의 입면 표현은 상록침엽교목, 낙엽활엽교목, 관목으로 구분하고, 수고, 수관폭을 고려하여 그린다.
② 침엽은 침 모양으로 뾰족하게 표현하고, 활엽은 부드러운 질감으로 표현한다.

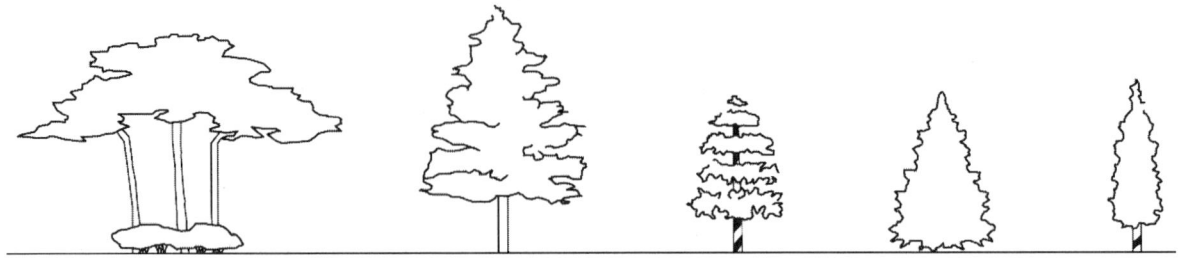

[침엽수 입면 표현]

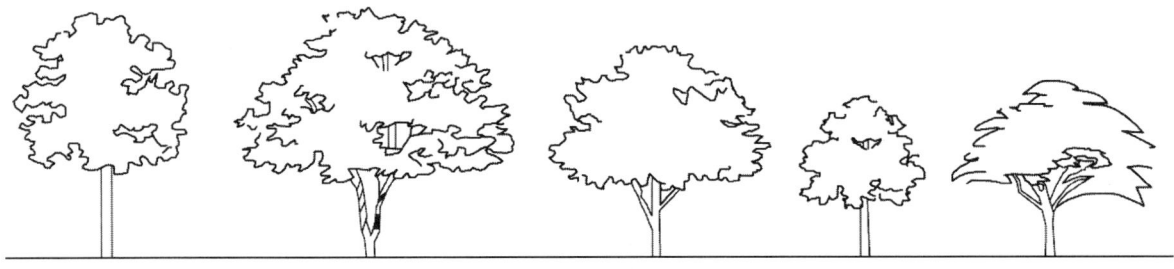

[활엽수 입면 표현]

3. 수목의 배식

1) 정형식 배식

① 단식 : 중요한 지점, 시선의 종점에 시각적인 강조, 식재의 인지성 등을 나타낼 수 있는 지점에 수형이 잘 다듬어진 정형수를 식재하는 방법

② 대식 : 시선의 축을 중심으로 좌우에 같은 종류의 수목 한 쌍을 대칭 식재하는 방법. 진입구에 요점식재로 인지성을 높이고 좌우대칭으로 정연한 질서감을 표현한다.

③ 열식 : 같은 수종을 일직선으로 식재하는 방법. 비스타 경관을 표현할 수 있다.

④ 교호식재 : 두 줄의 열식을 서로 어긋나게 식재하는 방법. 여러 줄로 식재하여 완충, 차폐의 역할을 할 수 있다.

⑤ 집단식재 : 같은 수종을 일정한 간격으로 무리지어 식재하는 방법. 수형이 좋지 못한 수목을 서로 보완하여 전체적인 수형을 갖추고자 할 때 사용한다.

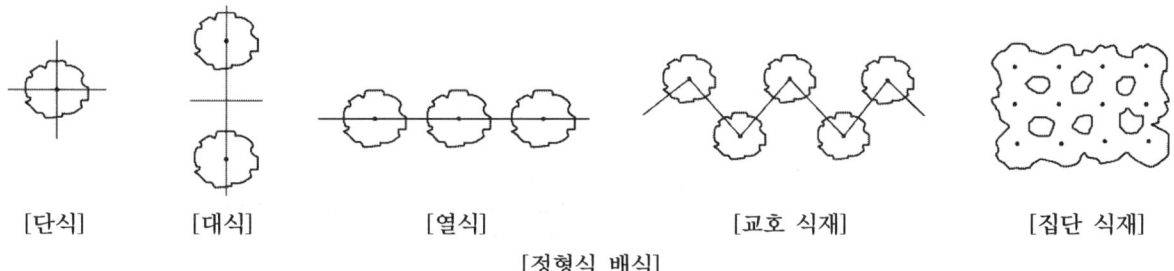

[단식]　　[대식]　　[열식]　　[교호 식재]　　[집단 식재]

[정형식 배식]

2) 자연식 배식

① 부등변삼각형 식재 : 크기가 다른 세 그루의 수목을 세 변의 길이가 다른 삼각형의 꼭짓점에 식재하는 방법으로 자연스러운 풍경을 연출하기에 가장 알맞은 배식 기법이다.

② 임의 식재 : 규모가 큰 공간에 수목을 배식할 때 부등변삼각형 식재를 계속 연결시켜 배식(5점, 7점, 9점, …)하는 방법. 위요공간 식재, 공원의 녹지공간, 자연풍경식 소나무 군식, 활엽수 경관식재 등에 활용

③ 무리 식재 : 자연상태의 숲과 같이 동일한 수목을 자연스러운 배식으로 군식하거나, 서로 다른 두 가지 이상의 수목을 자연스럽게 숲과 같이 형식에 얽매이지 않고 부정형으로 배식하는 방법

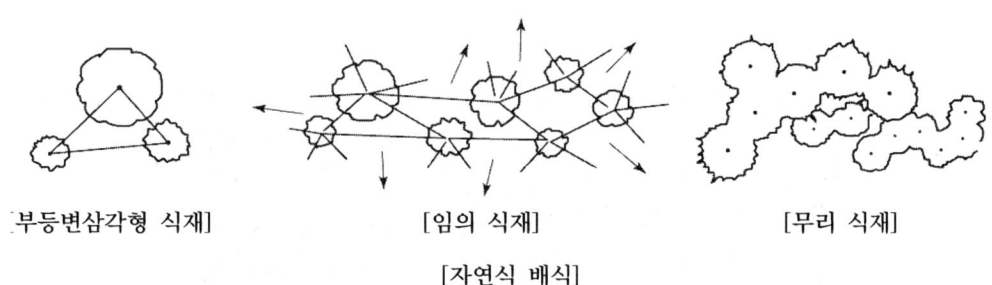

[부등변삼각형 식재]　　[임의 식재]　　[무리 식재]

[자연식 배식]

4. 공간별 식재

1) 옥상조경

① 옥상녹화 시스템의 구성

㉠ 방수층 : 수분이 건물로 전파되는 것을 차단

㉡ 배수층 : 침수와 과습으로 인해 식물의 뿌리가 썩는 것을 방지

㉢ 토양여과층 : 빗물에 의해 세립토양이 시스템 하부로 유출되는 것을 방지

㉣ 육성토양층 : 식물의 지속적 생장을 좌우하는 가장 중요한 시스템 요소

구 분	자연토 토심	인공토 토심	적용 수종
초화·지피	15cm 이상	10cm 이상	기린초, 벌개미취, 원추리, 채송화
소관목	30cm 이상	20cm 이상	회양목, 철쭉류, 조팝나무
대관목	45cm 이상	30cm 이상	사찰나무, 무궁화, 수수꽃다리
교목	70cm 이상	60cm 이상	섬잣나무, 단풍나무, 산수유

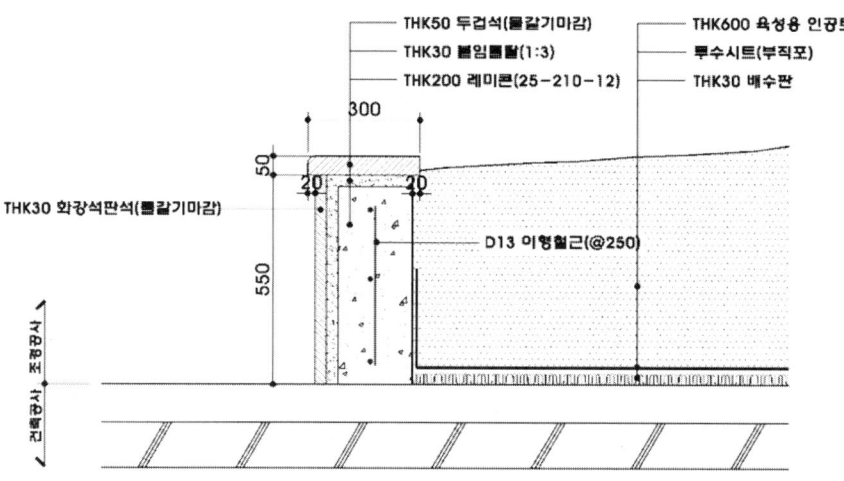

[옥상 플랜터/인공지반 단면도]

[옥상조경]

2) 생태연못

① 생태연못의 특성
   ㉠ 자연 친화 구조 : 인공적인 정화장치 없이 자연의 자정 능력을 활용함
   ㉡ 수질 정화 기능 : 수생식물(부레옥잠, 갈대 등)이 물질 흡수
   ㉢ 자연 순환 시스템 : 빗물과 지하수를 활용하여 물 자원 재활용
   ㉣ 교육 및 가치 : 생태교육의 장으로 활용 가능

② 생태연못의 적용 수종

구 분	생육 특징	적용 수종
습생식물	물가에서 습지보다 육지 쪽에 서식	갈풀, 달뿌리풀, 물억새, 갯버들, 버드나무 등
정수식물	물가에서 육지보다 습지 쪽에 서식	갈대, 물옥잠, 창포, 애기부들, 줄 등
부엽식물	뿌리를 토양에 내리고 잎은 수면에 띄움	수련, 마름, 연꽃, 노랑어리연꽃
침수식물	물속에서 생육	검정말, 나사말, 붕어마름
부유식물	물위에 떠서 생육	개구리밥, 부레옥잠, 생이가래

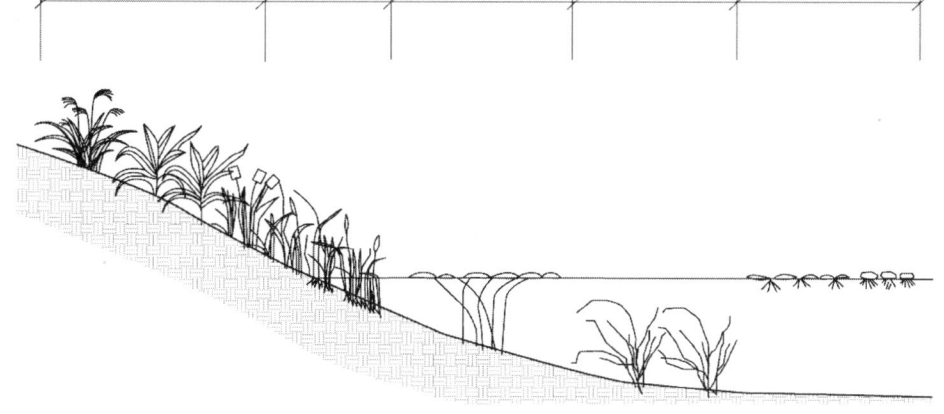

[습지식물 생육 특징]

5. 인출선, 치수선

1) 인출선의 사용

① 내용을 대상 자체에 기입하기 어려울 때 사용한다.
② 수량, 수목명, 규격을 기입한다.
③ 가는 실선으로 표현한다.
④ 인출선의 방향과 길이를 일정하게 긋는 것이 좋다.

2) 수목 인출선 그리기

① 한 도면에서 인출선의 기울기는 가능한 한 방향으로 한다.

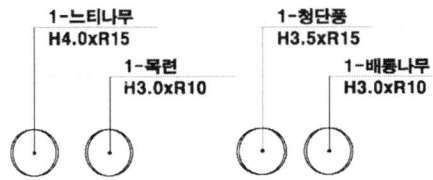

② 여러 주의 교목 인출선은 처음이나 마지막에 인출한다.

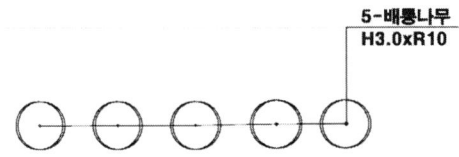

③ 인출선이 교차할 때는 점프선을 사용한다.

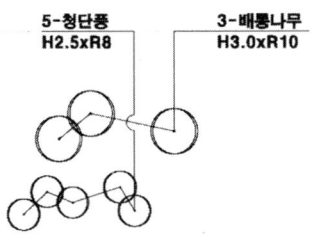

④ 멀리 떨어진 수목은 연결하지 않고 별도로 인출한다.

3) 치수선의 사용

① 치수의 단위는 mm를 적용한다.
② mm 단위를 사용하지 않을 경우에는 따로 단위를 명시한다.
③ 치수선, 치수보조선은 가는 실선으로 표현한다.
④ 치수는 치수선 중앙부 위에 치수선과 평행하게 기입한다.

PART II

조경기능사 실기

조경설계도면작성

Part 2 조경설계도면작성

실기 시험 개요

1. 시험 수행 방법

※ 시험시간 : 3시간 45분 내외 (제1과제 : 2시간 30분, 제2과제 : 1시간 15분)

1) 요구 사항

① 주어진 과제별 별지의 문제에 따라 작업을 행한다.
② 제1과제 : 조경설계 작업(50점)
③ 제2과제 : 수목감별 및 조경시공 작업(50점)

2) 수험자 유의사항

① 수험자는 각 문제의 제한 시간 내에 작업을 완료하여야 한다.
② 수목 식별 시 한번 지나친 영상 20수종은 다시 한번 반복하여 보여드리며, 감별을 종료합니다.
③ 지급된 재료는 재지급되지 않으므로 재료사항에 유의하여야 합니다.
④ 다음 사항에 대해서는 채점 대상에서 제외하니 특히 유의하시기 바랍니다.
  ㉠ 기권 : 수험자 본인이 수험 도중 시험에 대한 포기 의사를 표기하는 경우 수험자가 전 과정 조경설계, 수목감별, 조경시공 작업을 응시하지 않은 경우
  ㉡ 실격 : 성명과 수목명은 반드시 흑색필기구(연필 제외) 사용, 그 외의 필기구 사용 조경설계 사항은 제도용 연필류(샤프 등)만을 사용(제외 : 로터링펜, 볼펜류 등)
  ㉢ 미완성 : 지급된 용지 2매인 시설물배치도+식재설계평면도(수목배치도) 1매, 단면도 1매가 모두 작성되어야 채점 대상이 되며, 1매라도 설계가 미완성인 것
  ㉣ 오작 : 주어진 문제의 요구조건에 위배되는 설계도면 작성
⑤ 답안지의 수험번호 및 성명의 기재는 반드시 인쇄된 곳에 기록하여야 합니다.
⑥ 수험자는 수험시간 중 타인과의 대화를 금합니다.
⑦ 답안지 정정은 여러 번 정정할 수 있고, 정정한 부분은 반드시 두 줄로 그어 표시하고, 줄을 긋지 아니한 답안은 수정하지 않은 것으로 채점합니다.
⑧ 수험자는 도면 작성 시 성명을 작성하는 곳 외에 범례표(표제란)에 성명을 작성하지 않습니다.
⑨ 수험자는 작업 시 복장상태, 재료 및 공구 등의 정리정돈과 안전수칙 준수 등도 시험 중에 채점하므로 철저히 해야 합니다.
⑩ 국가기술자격 시험문제는 일부 또는 전부가 저작권법상 보호되는 저작물이고, 저작권자는 한국산업인력공단입니다. 문제의 일부 또는 전부를 무단 복제, 배포, 출판, 전자출판 하는 등 저작권을 침해하는 일체의 행위를 금합니다.

조경설계도면작성

 **2005년 : 어린이공원**

1. 설계 문제

우리나라 중부지방에 위치한 어린이공원에 대한 조경설계를 하고자 한다.
주어진 현황도 및 아래 사항을 참조하여 설계 조건에 따라 조경계획도를 작성하시오. (단, 일점쇄선 안 부분이 조경설계 대상지임, 격자 한 눈금이 1m임)

2. 요구 사항

① 식재평면도를 위주로 한 조경계획도를 축척 1/100을 작성하시오. (지급용지 1)
② 도면 오른쪽 위에 작업 명칭을 작성하시오.
③ 도면 오른쪽에는 "중요시설물 수량표와 식재(수목)수량표"를 작성하고, 수량표 아래쪽에 "방위표시와 막대축척"을 그려 넣으시오. (단, 대상지의 길이를 고려하여 범례표의 폭을 조정할 수 있다.)
④ 도면의 전체적인 안정감을 위하여 "테두리선"을 넣으시오.
⑤ B-B′ 단면도를 축척 1/100으로 작성하시오. (지급용지 2)

3. 요구 조건

① 해당지역은 어린이공원으로 휴식과 어린이들이 즐길 수 있는 특성을 고려하여 조경계획도를 작성하시오.
② 포장지역을 제외한 곳에는 가능한 식재를 하시오. (녹지공간은 빗금친 부분)
③ 포장지역은 "소형고압블럭, 고무매트, 아스콘, 벽돌, 모래, 마사토 등" 중에서 적당한 위치에 선택하여 표시하고, 포장명을 기입하시오.
④ "가" 지역은 어린이들의 놀이공간으로 계획하고, 그 안에 놀이시설을 3종 이상 배치한다.
⑤ "나" 지역은 정적인 휴게공간으로 평벤치(1.0×0.45) 6개를 설치한다.
⑥ "다" 지역은 운동공간으로 계획하여 설계하고, 목적에 적합한 포장재료를 선택하도록 한다.
⑦ 놀이공간, 휴게공간, 운동공간 주변의 녹지에 폭원 1m 이내의 쥐똥나무 생울타리를 조성한다.
⑧ 대상지 내에는 유도식재, 녹음식재, 경관식재, 소나무군식 등의 식재패턴을 필요한 곳에 적당히 배식하고, 필요한 곳에 수목보호대를 설치하여 포장 내에 식재를 한다.
⑨ 수목은 아래 주어진 수종 중에서 10가지를 선정하여 골고루 안정적인 배식이 될 수 있도록 계획하며, 인출선을 이용하여 수량, 수종명, 규격을 반드시 표기하시오.

> 소나무(H4.0×W2.0), 소나무(H3.0×W1.5), 소나무(H2.5×W1.2), 스트로브잣나무(H2.5×W1.2), 스트로브잣나무(H2.0×W1.0), 왕벚나무(H4.5×B15), 느티나무(H3.0×R6), 청단풍(H2.5×R8), 중국단풍(H2.5×R5), 자귀나무(H2.5×R6), 산딸나무(H2.0×R5), 산수유(H2.5×R7), 꽃사과(H2.5×R5), 수수꽃다리(H1.5×W0.6), 병꽃나무(H1.0×W0.4), 쥐똥나무(H1.0×W0.3), 명자나무(H0.6×W0.4), 산철쭉(H0.3×W0.4), 자산홍(H0.3×W0.3)

⑩ B-B′ 단면도는 경사, 포장재료, 경계선 및 기타 시설물의 기초, 주변의 수목, 중요시설물, 이용자 등을 단면도 상에 반드시 표기하시오.

Part 2 조경설계도면작성

문제해설

① 요구사항은 모든 문제의 공통 문항이다. 요구 조건을 정확히 숙지하여 설계에 반영한다.
② 요구 조건 2) : 빗금 친 부분은 식재공간이다. (현황도를 그릴 때 빗금선을 그릴 필요 없다.)
③ 요구 조건 3) : 각 공간의 성격과 기능에 맞는 포장재를 선정하는 것이 중요하다. 놀이공간은 모래포장, 휴게공간에는 점토벽돌포장, 운동공간은 마사토포장, 동선은 소형고압블럭포장을 한다.
④ 요구 조건 4) : "가" 공간은 놀이공간으로 제시된 놀이시설 4종(회전무대, 3연식 철봉, 정글짐, 2연식 시소) 중에서 그리기 쉬운 걸로 3종을 선정하여 그린다.
  ※ 문제 요구 조건에서 특정 시설물을 제시하지 않을 때에는 설계자 임의로 선정할 수 있다.
⑤ 요구 조건 8) : 소나무 군식 시 5주 이상 홀수로 식재하고, 여러 가지 규격을 함께 사용한다. 3가지 규격을 사용해도 소나무 1종으로 본다.
⑥ 요구 조건 10) : B-B′ 단면선이 지나는 곳에는 복잡한 시설물을 피하여 설계한다.
  ※ 포장 단면 상세도는 1/10으로 작성하며 본서 Chapter 2. 조경설계 11. 포장 단원을 참조한다. 반드시 이용자(1~2명)를 휴먼스케일로 작성한다.

| 자격종목 | 조경기능사 | 작품명 | 어린이 공원 |

< 현황도 >

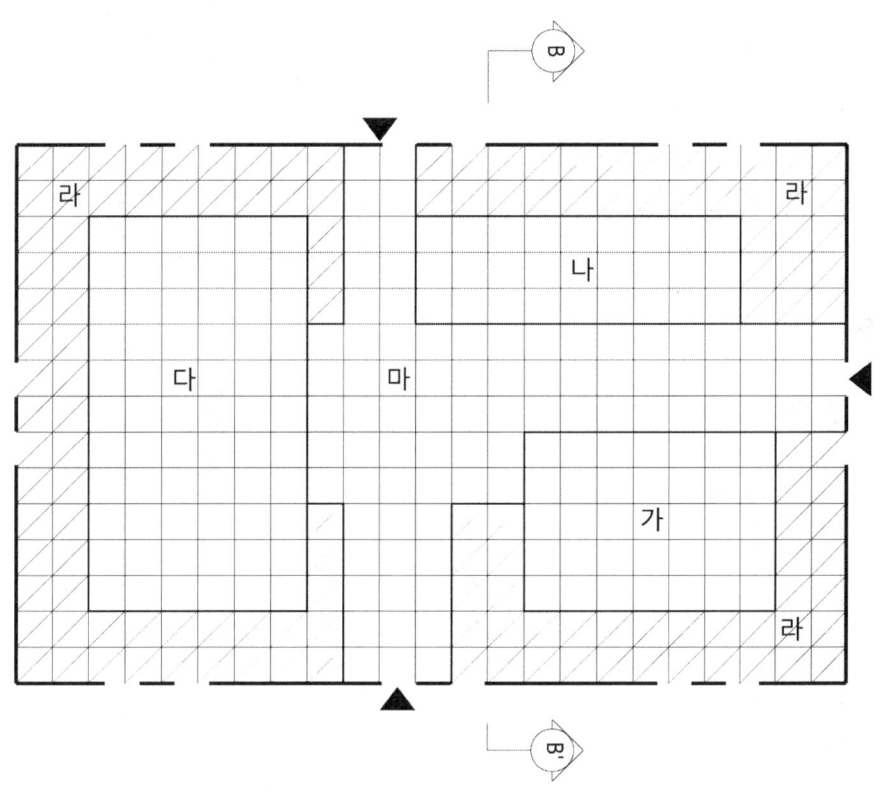

 대상지 현황도
SCALE : 1/200

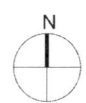 N

* 참조 : 격자 한 눈금은 1m

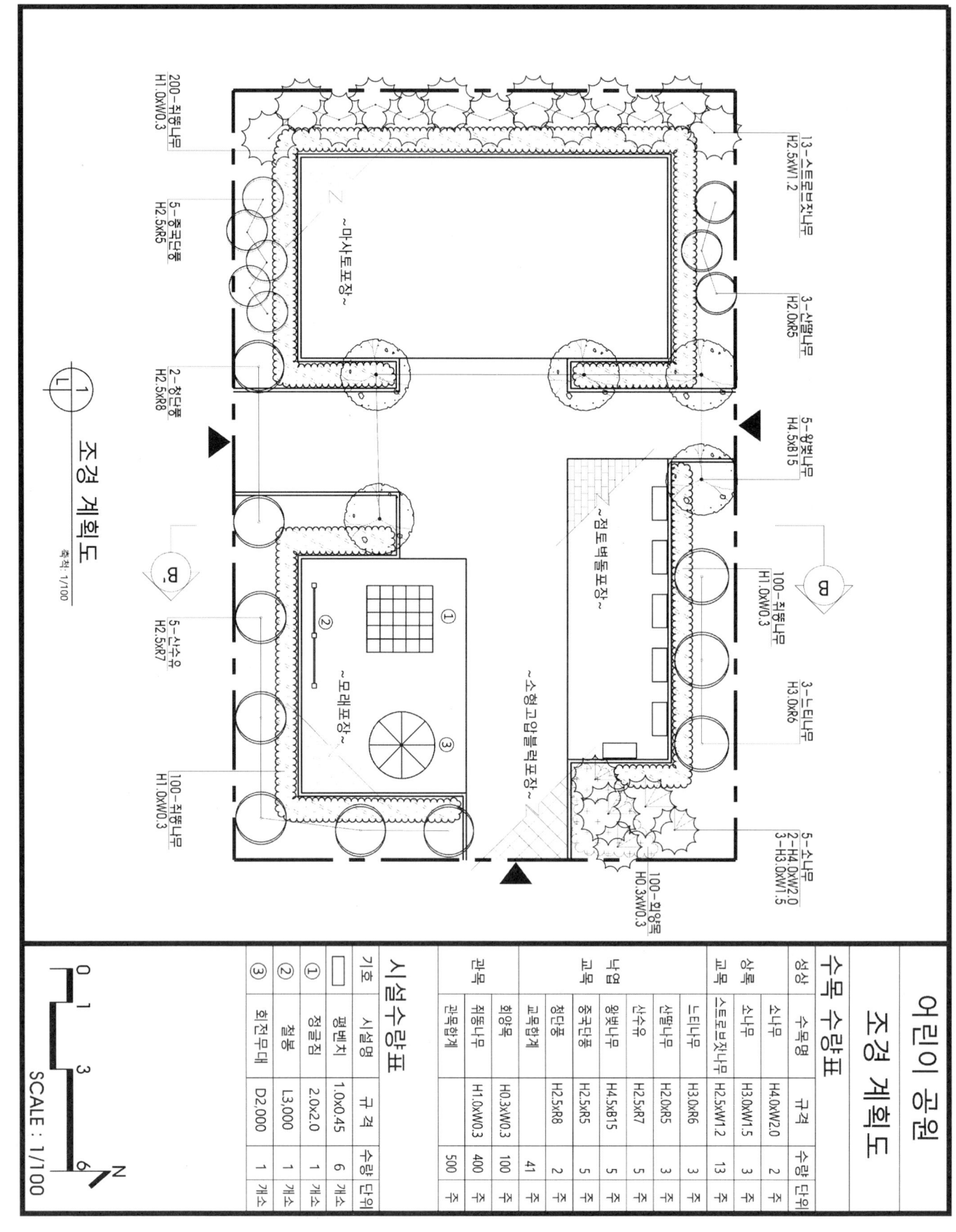

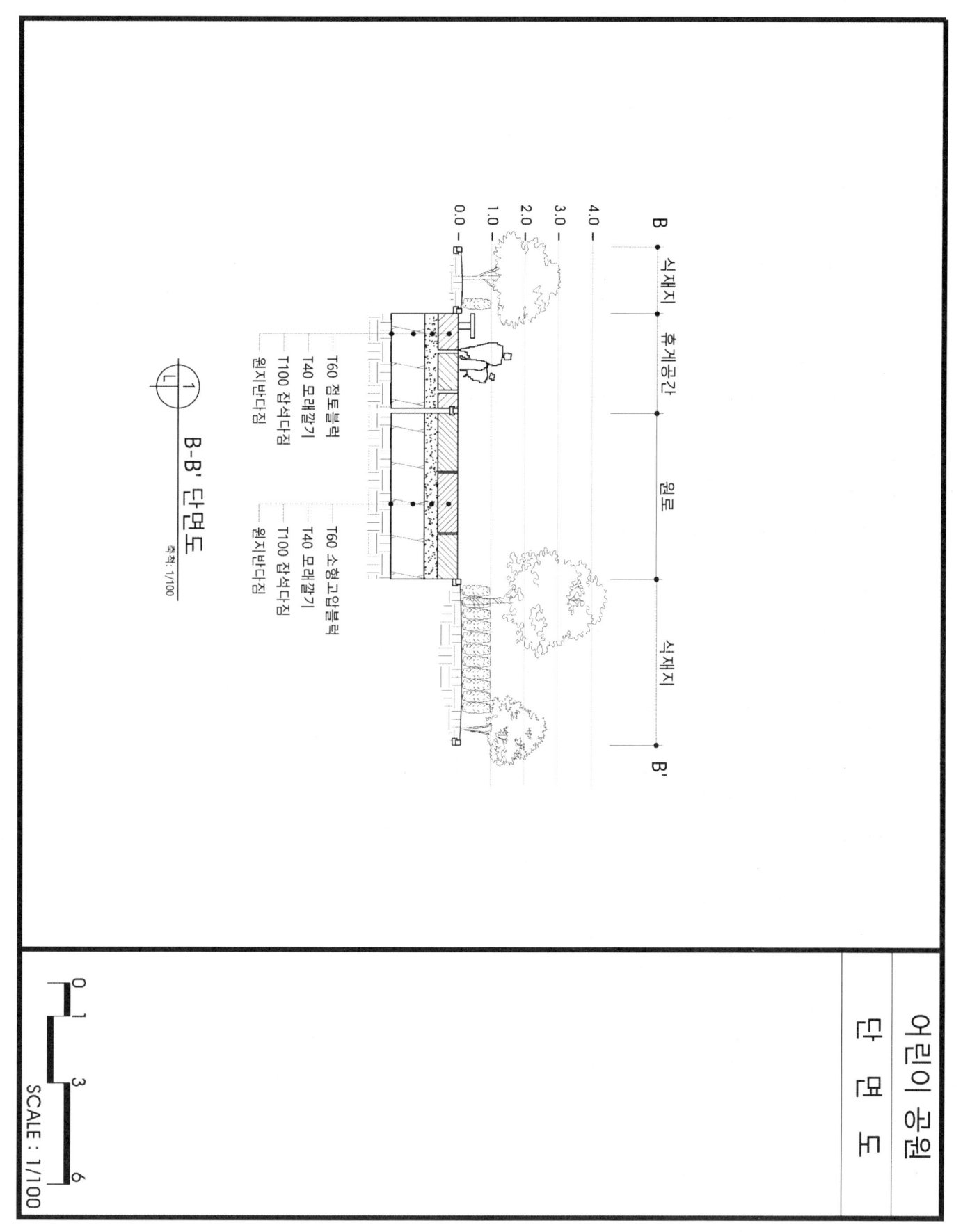

기출...2 2006년 : 도로변 소공원

1. 설계 문제

우리나라 중부지역에 위치한 도로변 소공원에 대한 조경설계를 하고자 한다.
주어진 현황도 및 아래 사항을 참조하여 설계 조건에 따라 조경계획도를 작성하시오. (단, 일점쇄선 안 부분이 조경설계 대상지임, 격자 한 눈금이 1m임)

2. 요구 사항

① 식재평면도를 위주로 한 조경계획도를 축척 1/100을 작성하시오. (지급용지 1)
② 도면 오른쪽 위에 작업 명칭을 작성하시오.
③ 도면 오른쪽에는 "중요시설물 수량표와 식재(수목)수량표"를 작성하고, 수량표 아래쪽에 "방위표시와 막대축척"을 그려 넣으시오. (단, 전체 대상지의 길이를 고려하여 범례표의 폭을 조정할 수 있다.)
④ 도면의 전체적인 안정감을 위하여 "테두리선"을 넣으시오.
⑤ B-B′ 단면도를 축척 1/100으로 작성하시오. (지급용지 2)

3. 요구 조건

① 해당지역은 도로변 자투리 공간을 휴식과 어린이들이 즐길 수 있는 특성을 고려하여 조경계획도를 작성하시오.
② 포장지역을 제외한 곳에는 가능한 식재를 하시오. (녹지공간은 빗금친 부분)
③ 포장지역은 "소형고압블럭, 콘크리트, 고무매트, 모래, 벽돌, 마사토, 투수콘크리트" 중에서 적당한 위치에 선택하여 표시하고, 포장명을 기입하시오.
④ "가" 지역은 기념공간으로 상징조각물을 설치하고, 주변에 앉아서 휴식을 즐길 수 있도록 계획 설계하시오.
⑤ "나" 지역은 놀이공간으로 계획하고, 그 안에 어린이놀이시설 3종(회전무대, 그네, 정글짐)을 배치한다.
⑥ "다" 지역은 주차공간으로 소형자동차(3.0×5.0) 3대가 주차할 수 있는 공간으로 계획하고 설계하시오.
⑦ "라" 지역은 휴게공간으로 파고라(3.5×7.0) 1개와 앉아서 휴식을 즐길 수 있도록 등벤치 2개를 설치하시오.
⑧ 대상지 내에 보행자 통행에 지장을 주지 않는 곳에 2인용 평상형 벤치(1.2×0.5) 4개(단, 파고라 안에 설치된 벤치는 숫자에 포함하지 않는다.), 휴지통 3개를 설치한다.
⑨ 대상지 내에 유도식재, 녹음식재, 경관식재, 소나무군식 등의 식재패턴을 필요한 곳에 적당히 배식하고, 필요한 곳에 수목보호대를 설치하여 포장 내에 식재를 한다.
⑩ 수목은 아래 주어진 수종 중에서 10가지를 선정하여 골고루 안정적인 배식이 될 수 있도록 계획하며, 인출선을 이용하여 수량, 수종명, 규격을 반드시 표기하시오.

> 소나무(H4.0×W2.0), 소나무(H3.0×W1.5), 소나무(H2.5×W1.2), 스트로브잣나무(H2.5×W1.2), 스트로브잣나무(H2.0×W1.0), 왕벚나무(H4.5×B15), 버즘나무(H3.5×B8), 느티나무(H3.0×R6), 청단풍(H2.5×R8), 다정큼나무(H1.0×W0.6), 동백나무(H2.5×R8), 중국단풍(H2.5×R5), 굴거리나무(H2.5×W0.6), 자귀나무(H2.5×R6), 태산목 (H1.5×W0.5), 먼나무(H2.0×R5), 산딸나무(H2.0×R5), 산수유(H2.5×R7), 꽃사과(H2.5×R5), 수수꽃다리(H1.5×W0.6), 병꽃나무(H1.0×W0.4), 쥐똥나무(H1.0×W0.3), 명자나무(H0.6× W0.4), 산철쭉(H0.3×W0.4), 자산홍(H0.3×W0.3), 조릿대(H0.6×7가지)

⑪ B-B′ 단면도는 경사, 포장재료, 경계선 및 기타 시설물의 기초, 주변의 수목, 중요시설물, 이용자 등을 단면도 상에 반드시 표기하시오.

문제해설

① 요구 조건 3) : 기념공간은 점토벽돌포장, 놀이공간은 모래포장, 휴게공간에는 점토벽돌포장, 주차공간은 콘크리트포장을 적용한다.
② 요구 조건 4) : 기념공간에서 잘 보이는 중심 지역에 상징조각물의 기단과 단순한 형태의 조형물을 표현한다. 평의자를 녹지와 접해서 배치하여 그늘에 앉아서 조각물을 감상할 수 있도록 한다.
③ 요구 조건 6) : 법정 소형차 주차 규격은 2.5m×5.0m이지만 시험 요구 조건 3.0m×5.0m에 맞게 그린다.
④ "다" 공간은 주차장으로 주변 지역과의 경계에 차량의 통행을 방지하기 위한 목적의 볼라드를 설계에 반영한다.
⑤ 요구 조건 10) : 대상지는 중부지방으로 남부수종(다정큼나무, 동백나무, 굴거리나무, 태산목, 먼나무)은 식재하지 않는다.

| 자격종목 | 조경기능사 | 작품명 | 도로변 소공원 |

< 현황도 >

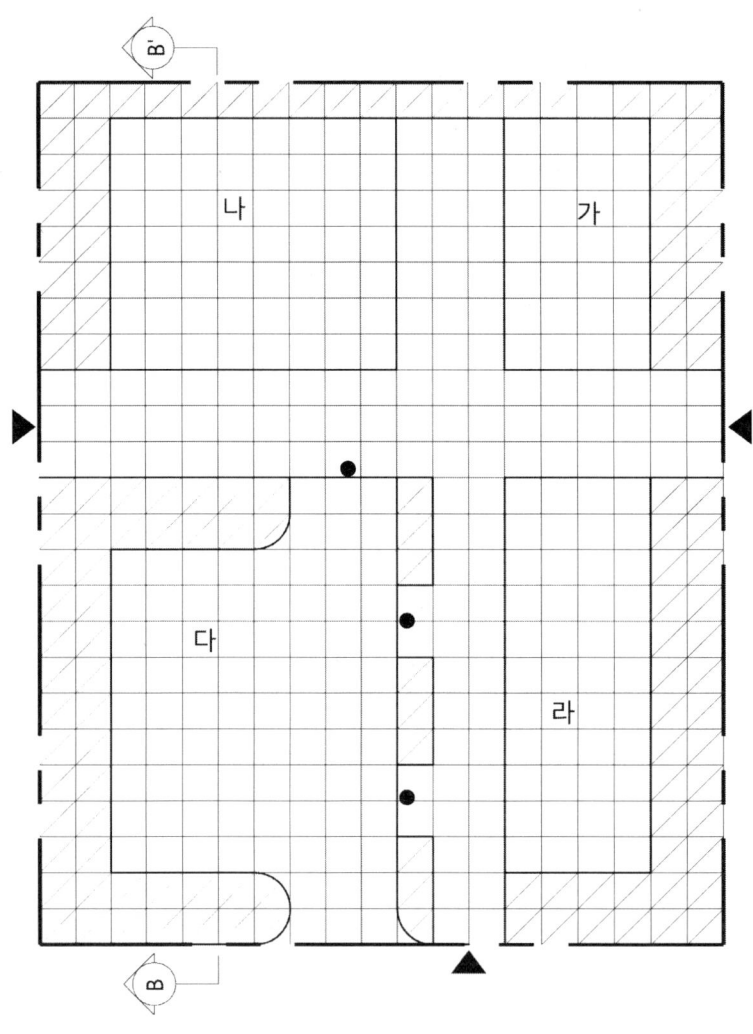

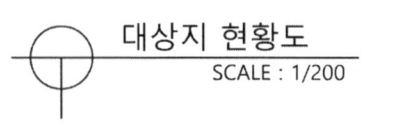
대상지 현황도
SCALE : 1/200

* 참조 : 격자 한 눈금은 1m

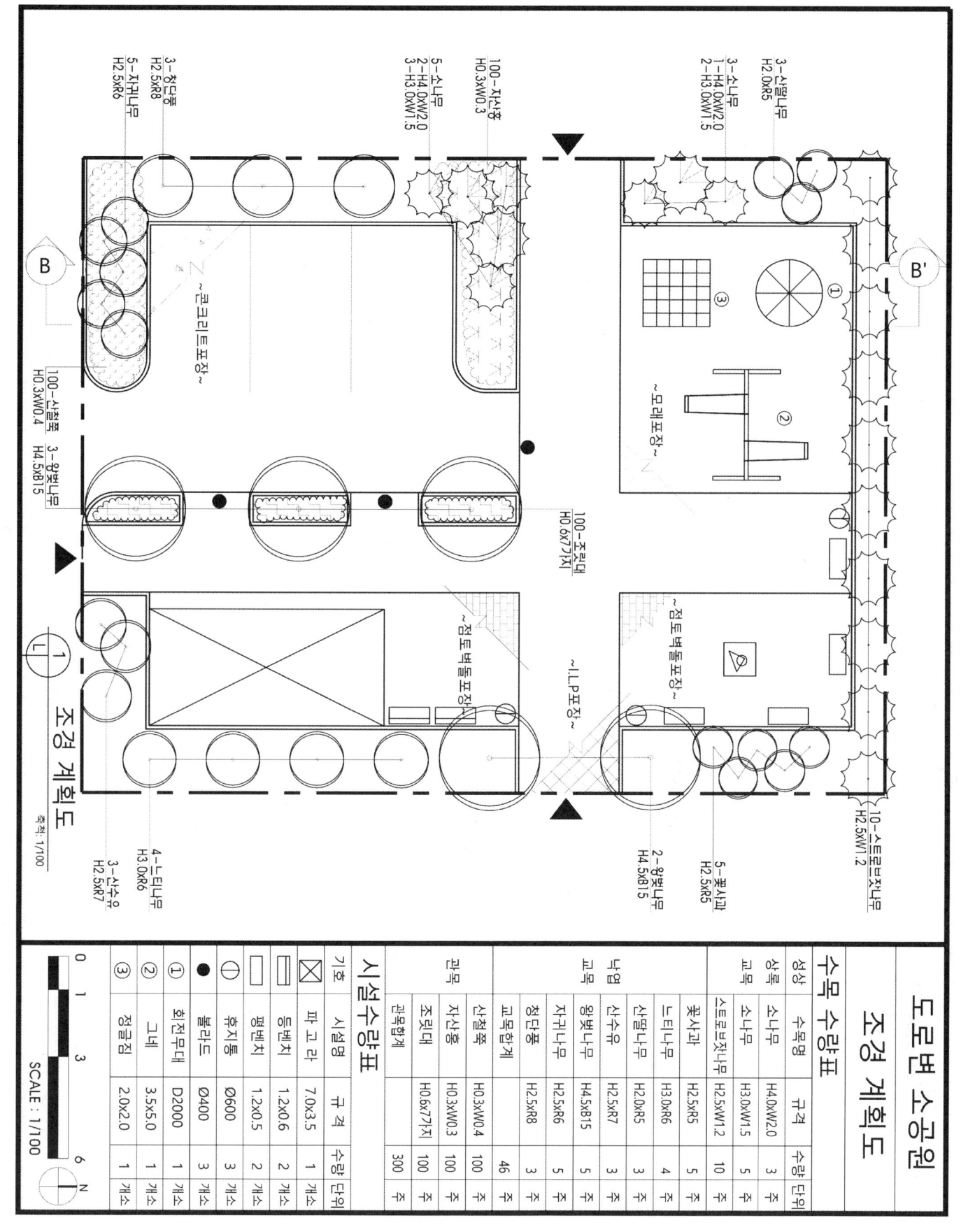

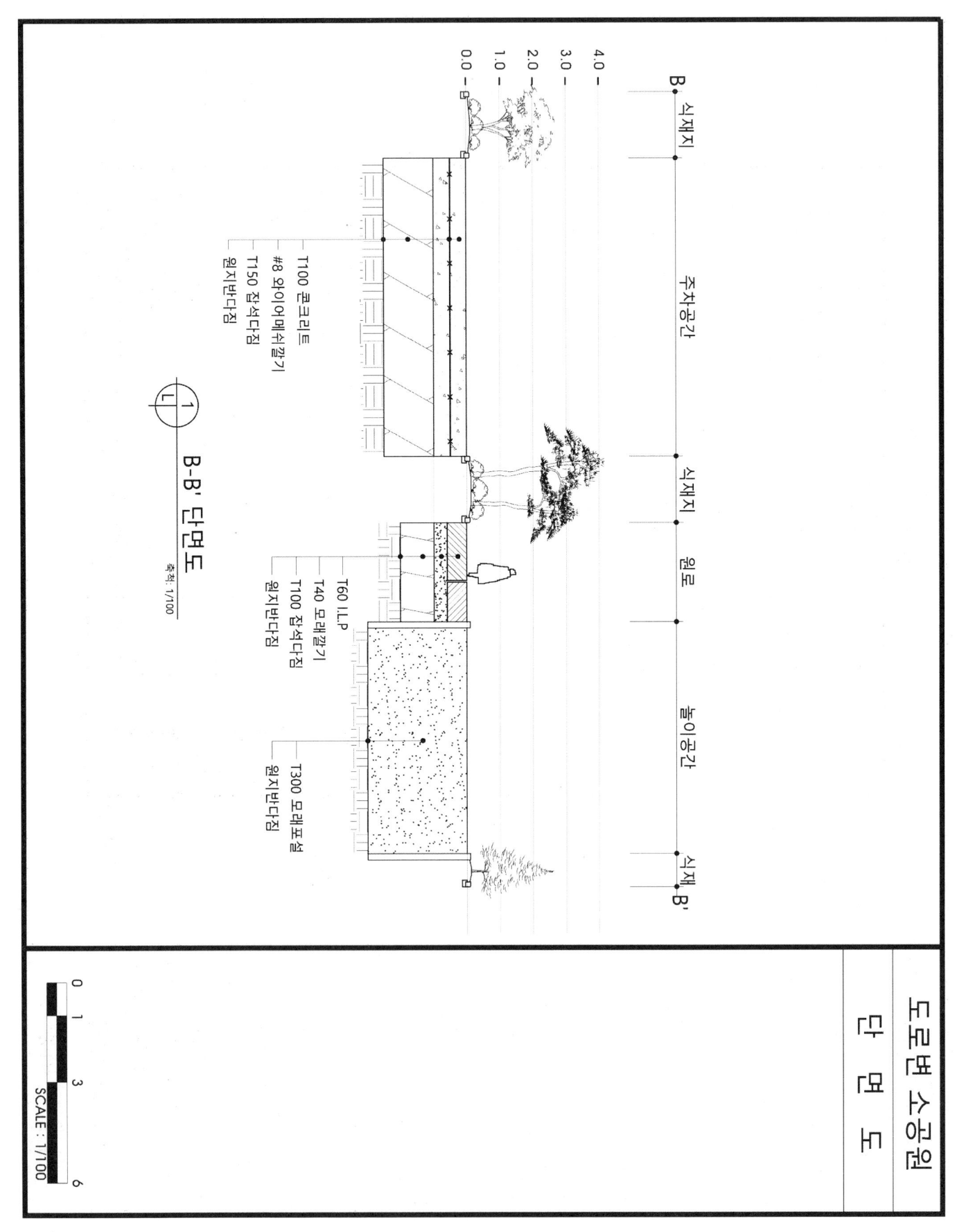

 **2006년 : 도로변 소공원**

1. 설계 문제

우리나라 중부지역에 위치한 기념공원의 빈 공간에 대한 조경설계를 하고자 한다.
주어진 현황도 및 아래 사항을 참조하여 설계 조건에 따라 조경계획도를 작성하시오. (단, 일점쇄선 안 부분이 조경설계 대상지임, 격자 한 눈금이 1m임)

2. 요구 사항

① 식재평면도를 위주로 한 조경계획도를 축척 1/100을 작성하시오. (지급용지 1)
② 도면 오른쪽 위에 작업 명칭을 작성하시오.
③ 도면 오른쪽에는 "중요시설물 수량표와 식재(수목)수량표"를 작성하고, 수량표 아래쪽에 "방위표시와 막대축척"을 그려 넣으시오. (단, 전체 대상지의 길이를 고려하여 범례표의 폭을 조정할 수 있다.)
④ 도면의 전체적인 안정감을 위하여 "테두리선"을 넣으시오.
⑤ B-B´ 단면도를 축척 1/100으로 작성하시오. (지급용지 2)

3. 요구 조건

① 해당지역은 기념공원으로 휴식과 어린이들이 즐길 수 있는 특성을 고려하여 조경계획도를 작성하시오.
② 포장지역을 제외한 곳에는 가능한 식재를 하시오. (녹지공간은 빗금친 부분)
③ 포장지역은 "소형고압블럭, 콘크리트, 고무매트, 모래, 벽돌, 마사토 등" 중에서 적당한 위치에 선택하여 표시하고, 포장명을 기입하시오.
④ "가" 지역은 동적인 휴식공간으로 수목보호대 2개를 이용한 수목과 벤치를 2개 배치한다.
⑤ "나" 지역은 정적인 휴식공간으로 퍼걸러(3.5×3.5) 2개소, 2인용 평상형 벤치(1.2×0.5) 2개를 설치한다.
⑥ "다" 지역은 다목적공간으로 계획하여 설계하고, 목적에 적합한 포장재료를 선택하도록 한다.
⑦ "라" 지역은 어린이들의 놀이공간으로 계획하고, 그 안에 놀이시설을 3종 이상 배치한다.
⑧ "가", "나" 지역은 "다", "라" 지역보다 높이차가 1m 높고, 그 높이 차이를 식수대로 처리하였으므로 적합한 조치를 계획한다.
⑨ 대상지 내에 보행자 통행에 지장을 주지 않는 곳에 2인용 평상형 벤치(1.2×0.5) 4개(단, 파고라 안에 설치된 벤치는 숫자에 포함하지 않는다.), 휴지통 3개를 설치한다.
⑩ 대상지 내에는 유도식재, 녹음식재, 경관식재, 소나무군식 등의 식재패턴을 필요한 곳에 적당히 배식하고, 필요한 곳에 수목보호대를 설치하여 포장 내에 식재를 한다.
⑪ 수목은 아래 주어진 수종 중에서 10가지를 선정하여 골고루 안정적인 배식이 될 수 있도록 계획하며, 인출선을 이용하여 수량, 수종명, 규격을 반드시 표기하시오.

> 소나무(H4.0×W2.0), 소나무(H3.0×W1.5), 소나무(H2.5×W1.2), 스트로브잣나무(H2.5×W1.2), 스트로브잣나무(H2.0×W1.0), 왕벚나무(H4.5×B15), 느티나무(H3.0×R6), 청단풍(H2.5×R8), 중국단풍(H2.5×R5), 자귀나무(H2.5×R6), 산딸나무(H2.0×R5), 산수유(H2.5×R7), 꽃사과(H2.5×R5), 수수꽃다리(H1.5×W0.6), 병꽃나무(H1.0×W0.4), 쥐똥나무(H1.0×W0.3), 명자나무(H0.6×W0.4), 산철쭉(H0.3×W0.4), 자산홍(H0.3×W0.3)

⑫ B-B´ 단면도는 경사, 포장재료, 경계선 및 기타 시설물의 기초, 주변의 수목, 중요시설물, 이용자 등을 단면도 상에 반드시 표기하시오.

문제해설

① 요구 조건 3) : 동적, 정적 휴식공간은 점토벽돌포장, 놀이공간은 모래포장, 원로에는 소형 고압블럭포장(ILP), 다목적 공간은 마사토포장을 적용한다.

② 요구 조건 4) : 수목보호대는 포장 지역 내 교목을 식재하기 위해 포장면에 설치하는 시설물로 1.0×1.0m을 주로 사용한다. 템플릿의 사각형 10으로 그린 후 안쪽에 8로 두 줄을 표현한다.

③ 요구조건 5) : 퍼걸로, 평상용 벤치는 제시된 규격으로 그린다. 규격이 제시되지 않을 시에는 설계자 임의대로 SIZE를 정한다.

④ 요구 조건 6) : 공원 내 휴식, 놀이공간은 있지만 운동공간이 없으므로 다목적공간을 운동공간으로 설정하여 포장재를 선정한다.

⑤ 요구조건 8) : 공원 내 "다", "라" 지역은 공원에서 가장 넓은 공간이다. 그러므로 그곳을 기준(+0.0)으로 정하고, "가", "나" 지역을 (+1.0)으로 본다. 계단에는 화살표를 그리고, 올라갈 때는 UP, 내려갈 때는 DN을 표시한다.

⑥ 요구 조건 9) : 휴지통은 퍼걸러나 평의자 주변에 통행에 불편이 없도록 배치한다.

자격종목	조경기능사	작품명	도로변 소공원

< 현황도 >

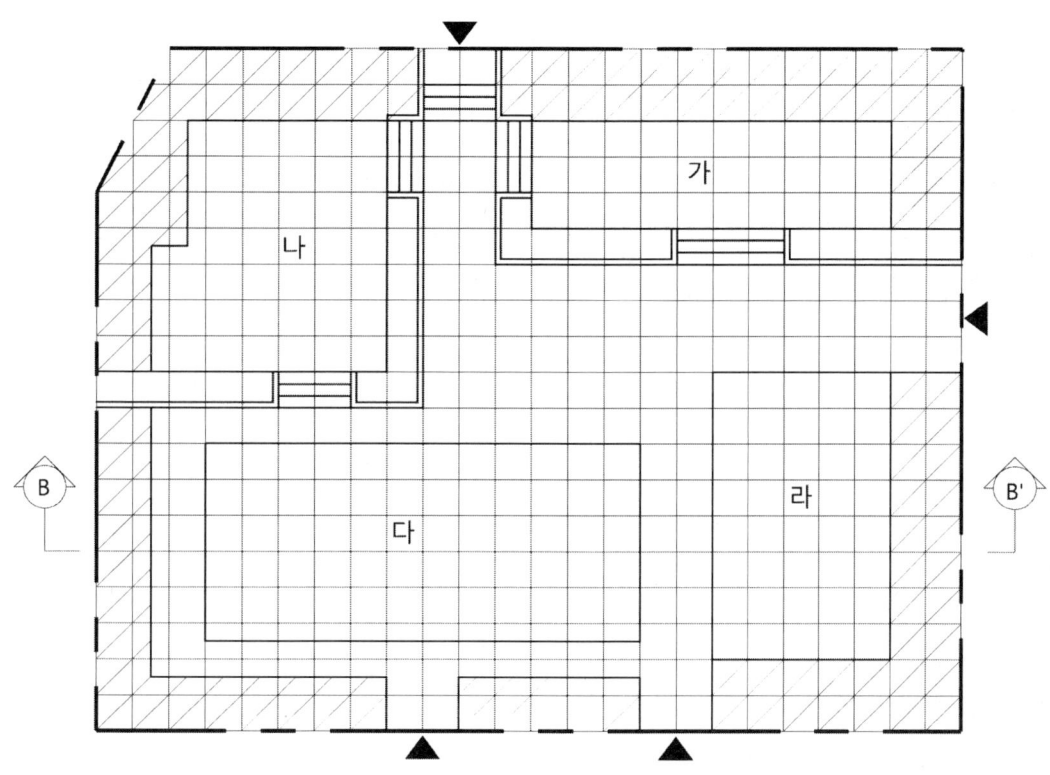

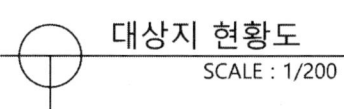 대상지 현황도
SCALE : 1/200

 N

* 참조 : 격자 한 눈금은 1m

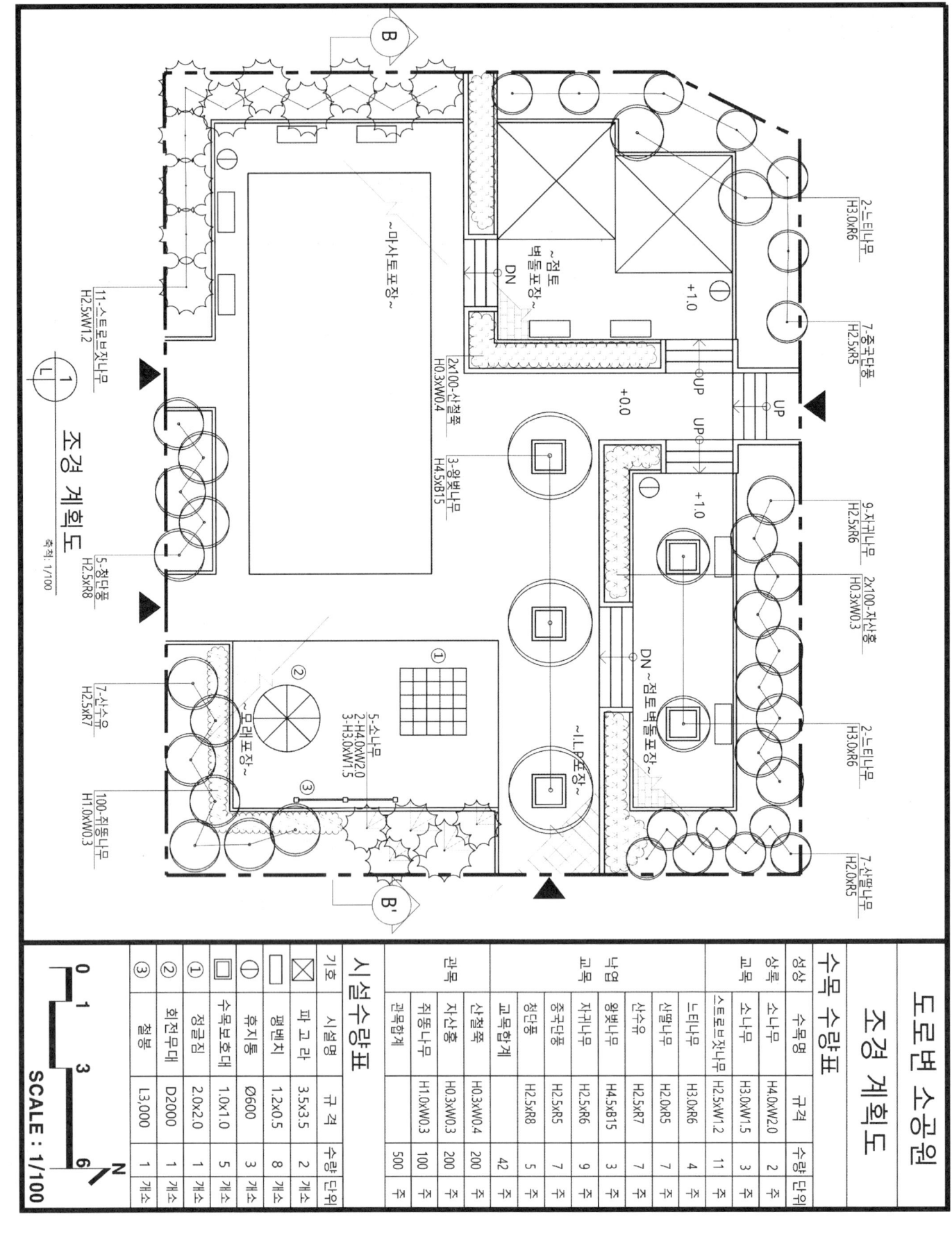

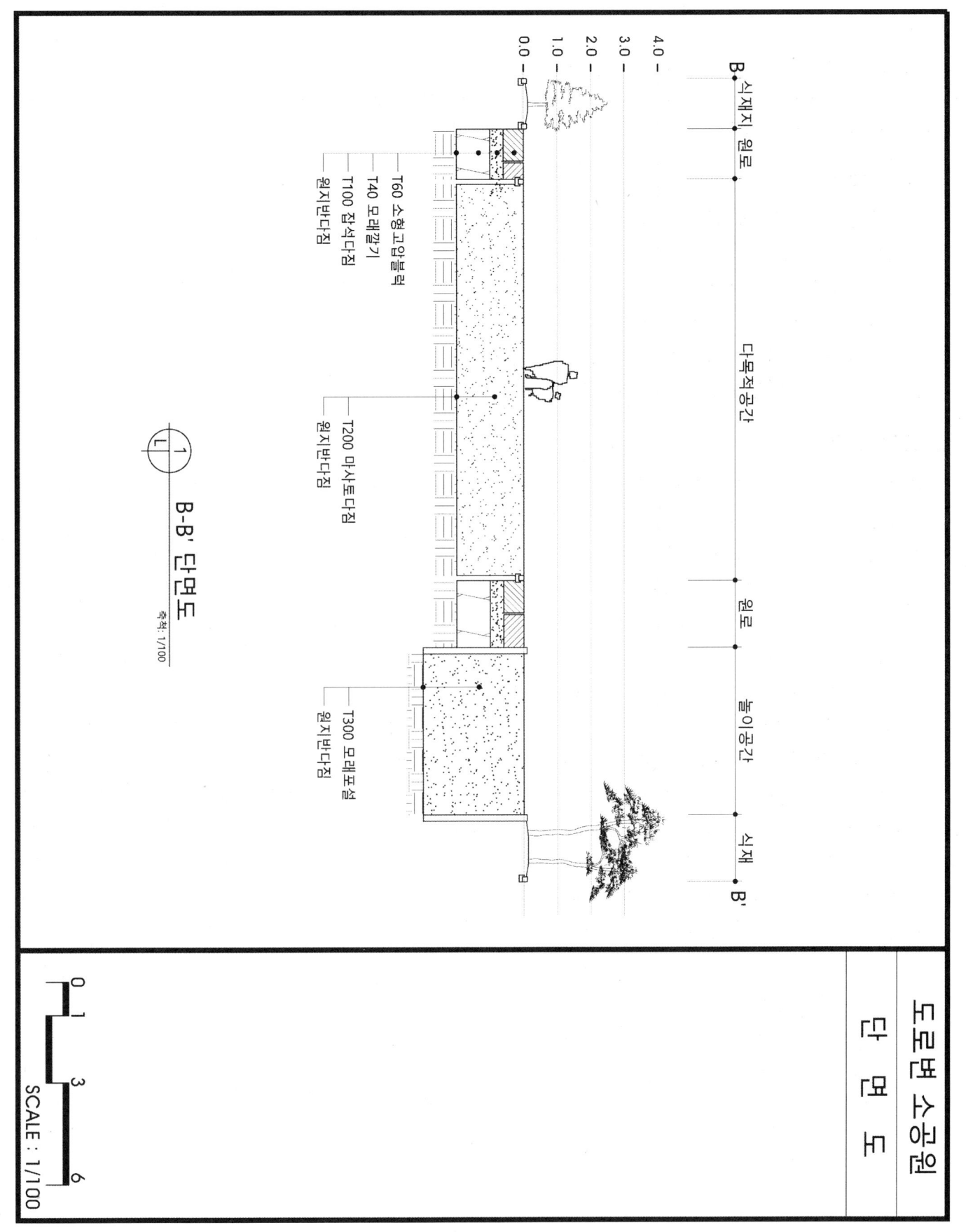

기출...4 2007년 : 도로변 소공원

1. 설계 문제

우리나라 중부지역에 위치한 도로변 휴식공간에 대한 조경설계를 하고자 한다.
주어진 현황도 및 아래 사항을 참조하여 설계 조건에 따라 조경계획도를 작성하시오. (단, 일점쇄선 안 부분이 조경설계 대상지임, 격자 한 눈금이 1m임)

2. 요구 사항

① 식재평면도를 위주로 한 조경계획도를 축척 1/100을 작성하시오. (지급용지 1)
② 도면 오른쪽 위에 작업 명칭을 작성하시오.
③ 도면 오른쪽에는 "중요시설물 수량표와 식재(수목)수량표"를 작성하고, 수량표 아래쪽에 "방위표시와 막대축척"을 그려 넣으시오. (단, 전체 대상지의 길이를 고려하여 범례표의 폭을 조정할 수 있다.)
④ 도면의 전체적인 안정감을 위하여 "테두리선"을 넣으시오.
⑤ B-B′ 단면도를 축척 1/100으로 작성하시오. (지급용지 2)

3. 요구 조건

① 해당지역은 도로변 자투리 공간을 휴식과 어린이들이 즐길 수 있는 특성을 고려하여 조경계획도를 작성하시오.
② 포장지역을 제외한 곳에는 가능한 식재를 하시오. (녹지공간은 빗금친 부분)
③ 포장지역은 "소형고압블럭, 콘크리트, 모래, 벽돌, 마사토, 투수콘크리트 등" 중에서 적당한 위치에 선택하여 표시하고, 포장명을 기입하시오.
④ "가" 지역은 주차공간으로 소형자동차(3,000×5,000mm) 2대가 주차할 수 있는 공간으로 계획하고 설계한다.
⑤ "나" 지역은 놀이공간으로 계획하고, 그 안에 어린이놀이시설 3종을 배치한다.
⑥ "다" 지역은 수경공간으로 수심이 60cm 깊이로 설계하시오.
⑦ "라" 지역은 보행자 통행에 지장을 주지 않는 곳에 2인용 평상형 벤치(1.2×0.5) 4개, 휴지통 3개를 설치한다. 적당한 장소에 수목보호대를 이용하여 수목을 5개소에 식재한다.
⑧ "가", "나" 지역은 "다" 지역보다 높이차가 1m 높고, 그 높이 차이를 식수대로 처리하였으므로 적합한 조치를 계획한다.
⑨ 대상지 내에 유도식재, 녹음식재, 경관식재, 소나무군식 등의 식재패턴을 필요한 곳에 적당히 배식하고, 필요한 곳에 수목보호대를 설치하여 포장 내에 식재를 한다.
⑩ 수목은 아래 주어진 수종 중에서 10가지를 선정하여 골고루 안정적인 배식이 될 수 있도록 계획하며, 인출선을 이용하여 수량, 수종명, 규격을 반드시 표기하시오.

> 소나무(H4.0×W2.0), 소나무(H3.0×W1.5), 소나무(H2.5×W1.2), 스트로브잣나무(H2.5×W1.2), 스트로브잣나무(H2.0×W1.0), 왕벚나무(H4.5×B15), 느티나무(H3.0×R6), 청단풍(H2.5×R8), 중국단풍(H2.5×R5), 자귀나무(H2.5×R6), 산딸나무(H2.0×R5), 산수유(H2.5×R7), 꽃사과(H2.5×R5), 수수꽃다리(H1.5×W0.6), 병꽃나무(H1.0×W0.4), 쥐똥나무(H1.0×W0.3), 명자나무(H0.6×W0.4), 산철쭉(H0.3×W0.4), 자산홍(H0.3×W0.3)

⑫ B-B′ 단면도는 경사, 포장재료, 경계선 및 기타 시설물의 기초, 주변의 수목, 중요시설물, 이용자 등을 단면도 상에 반드시 표기하시오.

문제해설

① 요구 조건 3) : 놀이공간은 모래포장, 원로(동선)에는 소형고압블럭포장(ILP), 주차공간은 콘크리트포장을 적용한다. 수경공간에 포장은 생략한다.
② 요구 조건 6) : "라" 지역은 공원 내 주요 동선으로 레벨을 +0.0으로 정한다. "다"는 수심 60cm 수경공간으로 레벨이 -0.6이 된다.
③ 요구 조건 7) : 포장지역 내 수목보호대를 설치하고, 녹음수(왕벚나무 H4.5×B15)를 식재
④ 요구 조건 8) : "라" 지역은 주차, 놀이와 인접하거나 수경공간과 접한 두 지역으로 나뉘는데 수경공간과 접한 지역의 레벨을 +0.0으로 정했으므로 나머지 지역은 +1.0이 된다. 1m의 단차를 극복하기 위해서는 계단과 식수대가 필요한데, 계단은 보행자의 통로 역할을 하고 식수대는 녹지 주변 담장을 말한다.
⑤ 플랜터라는 용어를 사용하기도 한다. 주로 벽돌담장, 산석담장, 화강석 담장 형태로 설계
⑥ 요구 조건 11) : 수경공간은 방수콘크리트로 마감한다.

[계단 사례 사진]

[식수대 사례 사진]

[수경공간 사례 사진]

| 자격종목 | 조경기능사 | 작품명 | 도로변 소공원 |

< 현황도 >

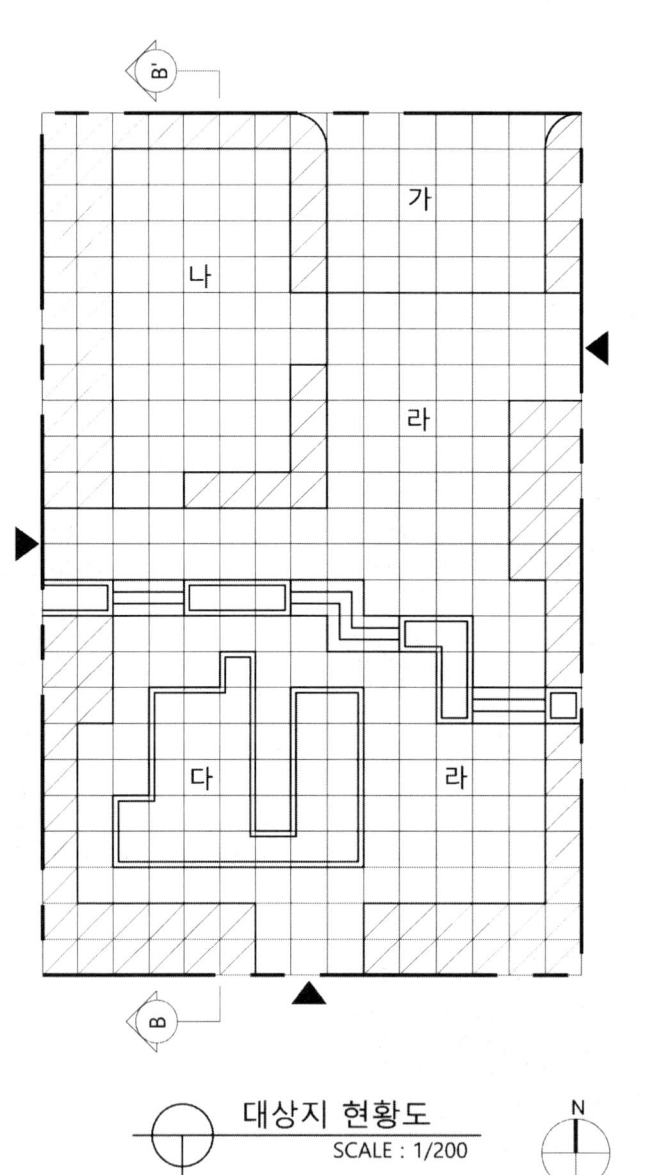

대상지 현황도
SCALE : 1/200

* 참조 : 격자 한 눈금은 1m

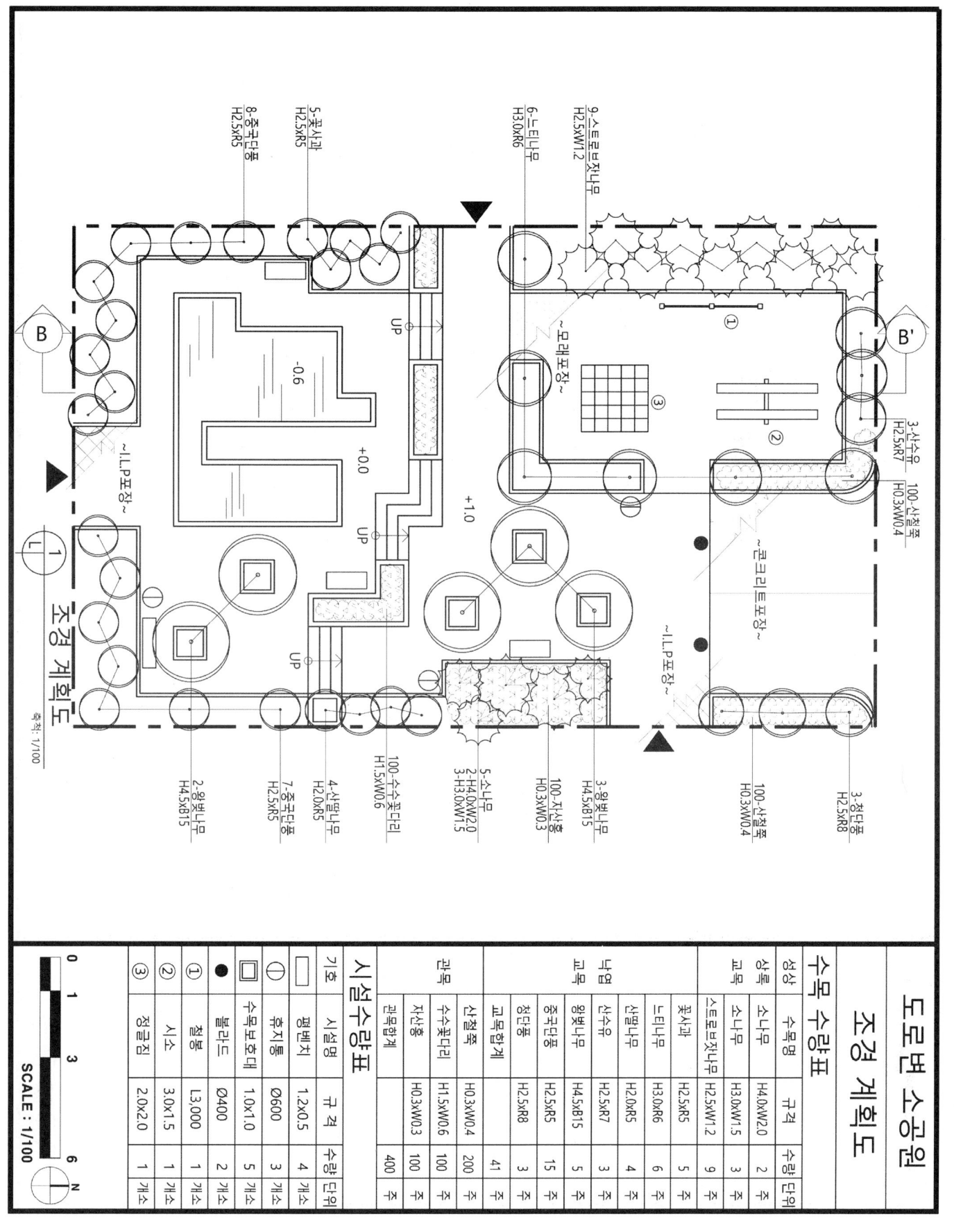

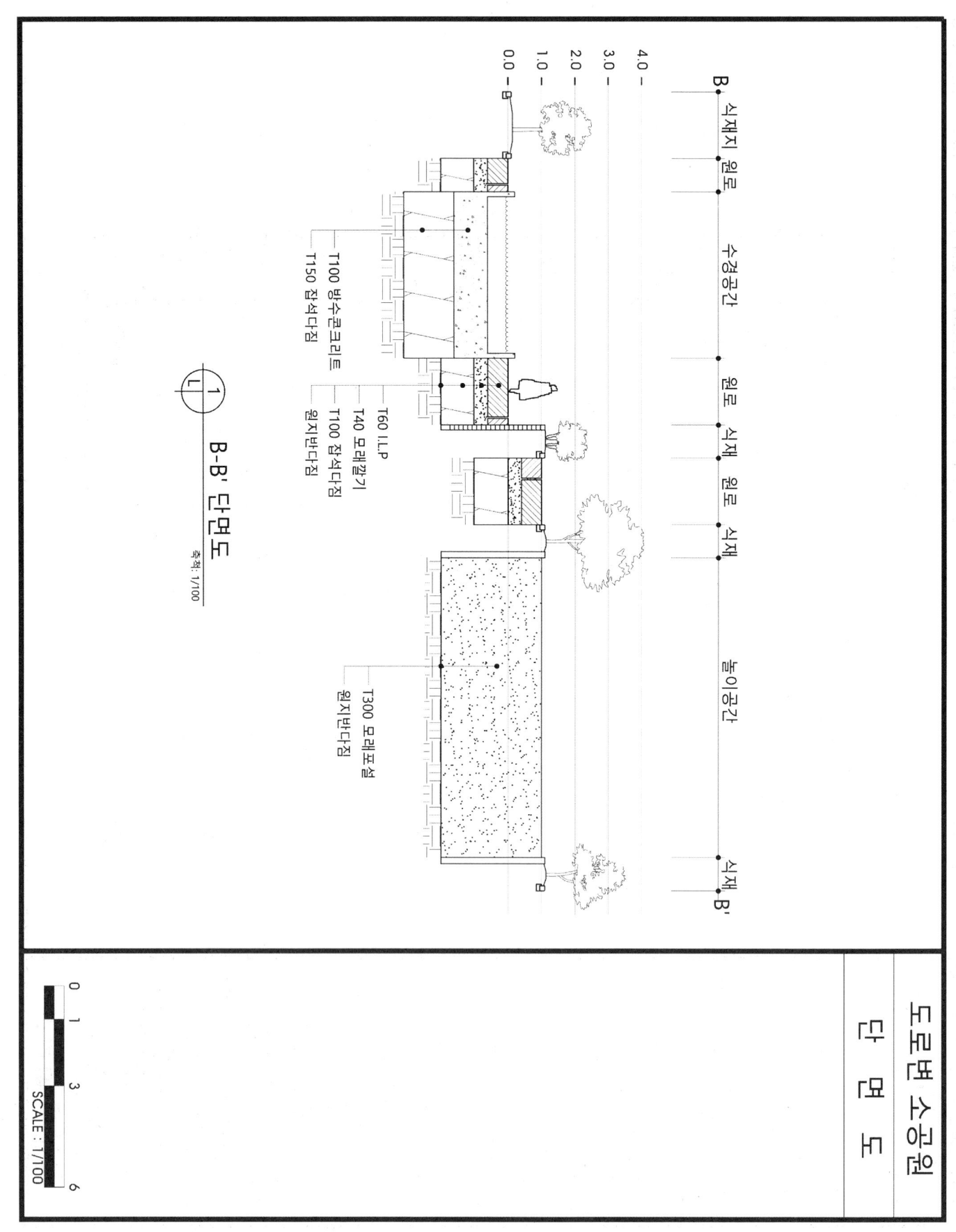

2011년 : 도로변 소공원

1. 설계 문제

우리나라 중부지역에 위치한 도로변 빈 공간에 대한 조경설계를 하고자 한다.
주어진 현황도 및 아래 사항을 참조하여 설계 조건에 따라 조경계획도를 작성하시오. (단, 일점쇄선 안 부분이 조경설계 대상지임, 격자 한 눈금이 1m임)

2. 요구 사항

① 식재평면도를 위주로 한 조경계획도를 축척 1/100을 작성하시오. (지급용지 1)
② 도면 오른쪽 위에 작업 명칭을 작성하시오.
③ 도면 오른쪽에는 "중요시설물 수량표와 식재(수목)수량표"를 작성하고, 수량표 아래쪽에 "방위표시와 막대축척"을 그려 넣으시오. (단, 전체 대상지의 길이를 고려하여 범례표의 폭을 조정할 수 있다.)
④ 도면의 전체적인 안정감을 위하여 "테두리선"을 넣으시오.
⑤ B-B´ 단면도를 축척 1/100으로 작성하시오. (지급용지 2)

3. 요구 조건

① 해당지역은 도로변 자투리 공간을 휴식과 어린이들이 즐길 수 있는 특성을 고려하여 조경계획도를 작성하시오.
② 포장지역을 제외한 곳에는 가능한 식재를 하시오. (녹지공간은 빗금친 부분)
③ 포장지역은 "소형고압블럭, 콘크리트, 고무칩, 벽돌, 마사토, 투수콘크리트" 중에서 적당한 위치에 선택하여 표시하고, 포장명을 기입하시오.
④ "가" 지역은 놀이공간으로 계획하고, 그 안에 어린이놀이시설 3종을 배치한다.
⑤ "나" 지역은 동적 휴식공간으로 평벤치 2개와 수목보호대 3개를 설치하고 동일한 수종의 낙엽교목을 식재하시오.
⑥ "다" 지역은 휴식공간으로 파고라(3.5×3.5) 1개와 필요한 곳에 앉아서 휴식을 즐길 수 있도록 등벤치를 계획하시오.
⑦ "라" 지역은 주차공간으로 소형자동차(3,000×5,000mm) 2대가 주차할 수 있는 공간으로 계획 설계하시오.
⑧ "마" 지역은 등고선 1개당 20cm가 높으며, 전체적으로 "나" 지역에 비해 60cm가 높은 녹지지역으로 반드시 크기가 다른 소나무 3가지를 식재하고, 계절성을 느낄 수 있게 다른 수목을 조화롭게 배치하시오.
⑨ "다" 지역은 "가", "나", "라" 지역보다 1m 높은 지역으로 계획하시오.
⑩ 수목은 아래 주어진 수종 중에서 13가지를 선정하여 골고루 안정적인 배식이 될 수 있도록 계획하며, 인출선을 이용하여 수량, 수종명, 규격을 반드시 표기하시오.

> 소나무(H4.0×W2.0), 소나무(H3.0×W1.5), 소나무(H2.5×W1.2), 스트로브잣나무(H2.5×W1.2), 스트로브잣나무(H2.0×W1.0), 왕벚나무(H4.5×B15), 버즘나무(H3.5×B8), 느티나무(H3.0×R6), 청단풍(H2.5×R8), 다정큼나무(H1.0×W0.6), 동백나무(H2.5×R8), 중국단풍(H2.5×R5), 굴거리나무(H2.5×W0.6), 자귀나무(H2.5×R6), 태산목(H1.5×W0.5), 먼나무(H2.0×R5), 산딸나무(H2.0×R5), 산수유(H2.5×R7), 꽃사과(H2.5×R5), 수수꽃다리(H1.5×W0.6), 병꽃나무(H1.0×W0.4), 쥐똥나무(H1.0×W0.3), 명자나무(H0.6×W0.4), 산철쭉(H0.3×W0.4), 자산홍(H0.3×W0.3), 조릿대(H0.6×7가지)

⑫ B-B´ 단면도는 경사, 포장재료, 경계선 및 기타 시설물의 기초, 주변의 수목, 중요시설물, 이용자 등을 단면도 상에 반드시 표기하시오.

문제해설

① 요구 조건 3) : 휴게공간은 점토벽돌포장, 놀이공간은 고무칩포장, 동선에는 소형고압블포장(ILP), 주차공간은 콘크리트포장을 적용한다.

② 요구 조건 4) : 제시된 특정 놀이시설물이 없기 때문에 설계자 임의대로 선정하여 그린다.

③ 요구 조건 8) :
- 등고선 1개당 20cm씩 올라가므로 마운딩 최종 높이는 +0.6이 된다. 등고선 상에 반드시 점표고를 표시한다.
- 소나무 3가지 규격을 사용해도 수목 1종으로 본다.
- 계절성을 느낄 수 있도록 배식하기 위해서는 화관목류를 하부에 식재한다.

④ 요구 조건 9) : "가", "나", "라" 공간을 레벨 +0.0으로 설정하고, "다" 지역은 레벨 +1.0이다.

[마운딩 사례 사진]

| 자격종목 | 조경기능사 | 작품명 | 도로변 소공원 |

< 현황도 >

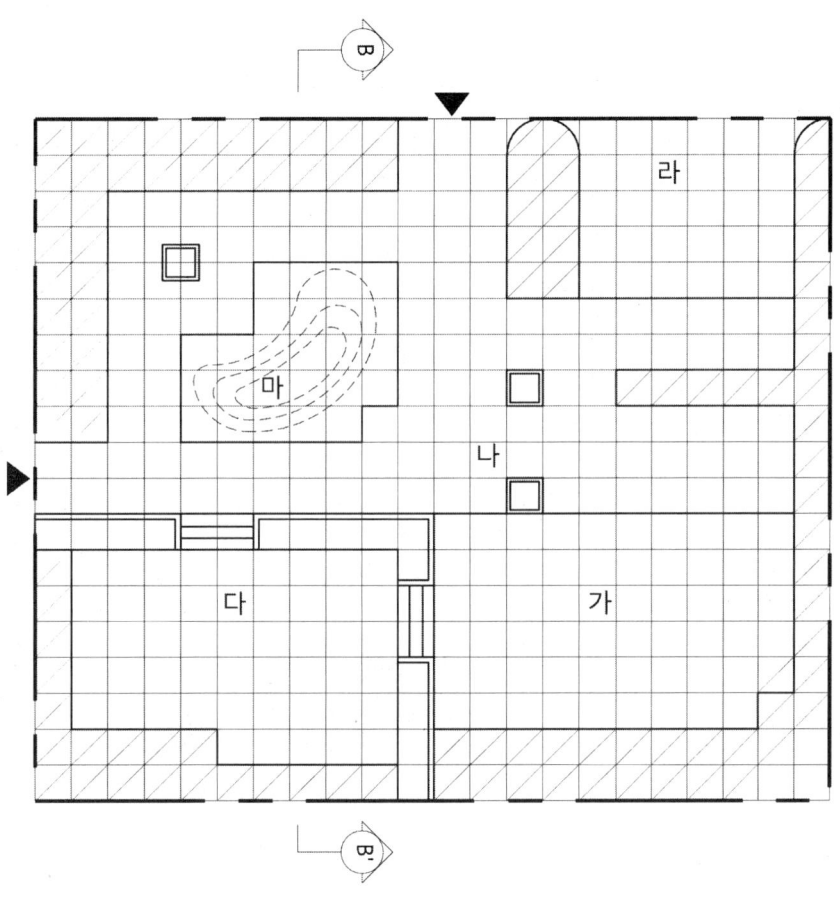

대상지 현황도
SCALE : 1/200

* 참조 : 격자 한 눈금은 1m

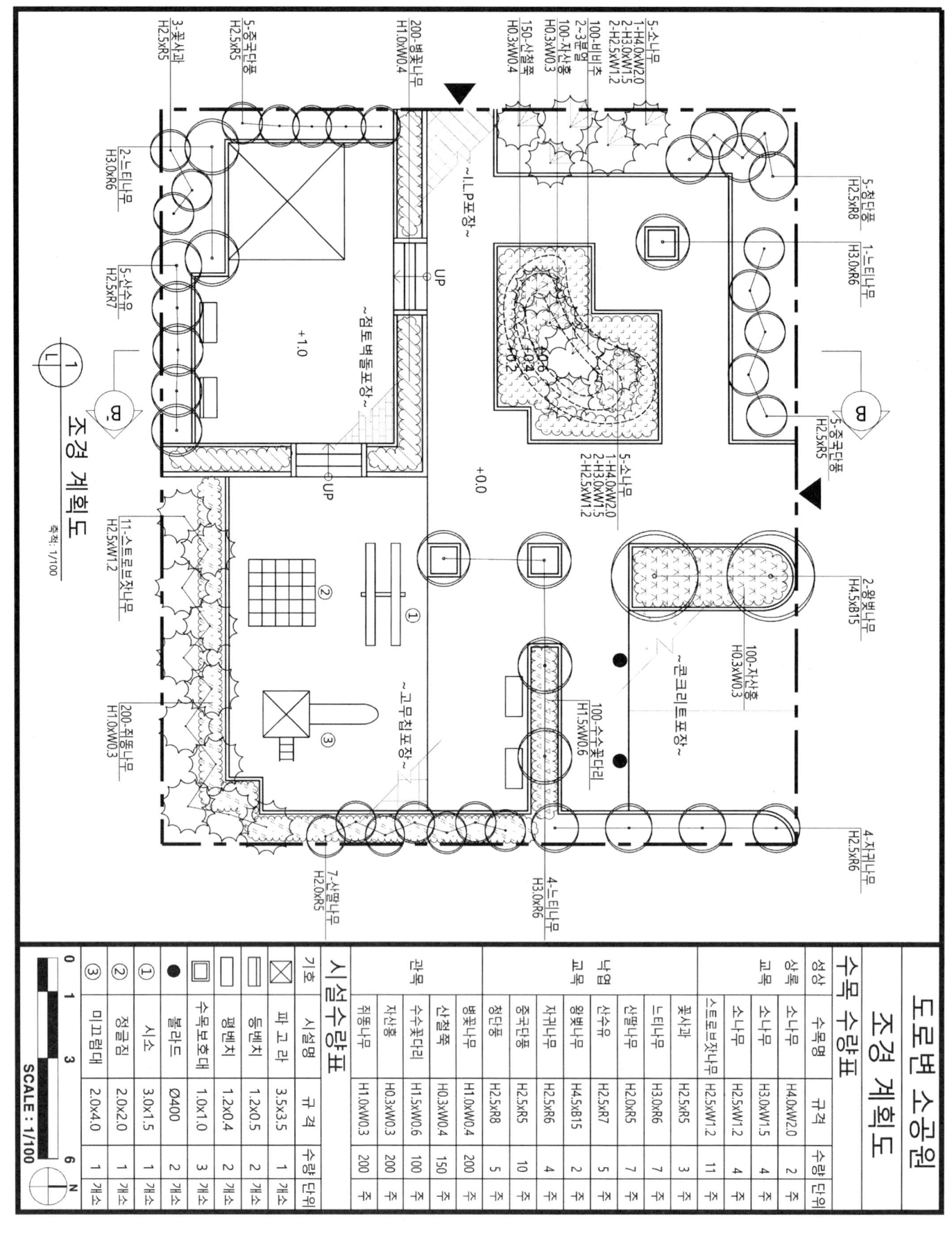

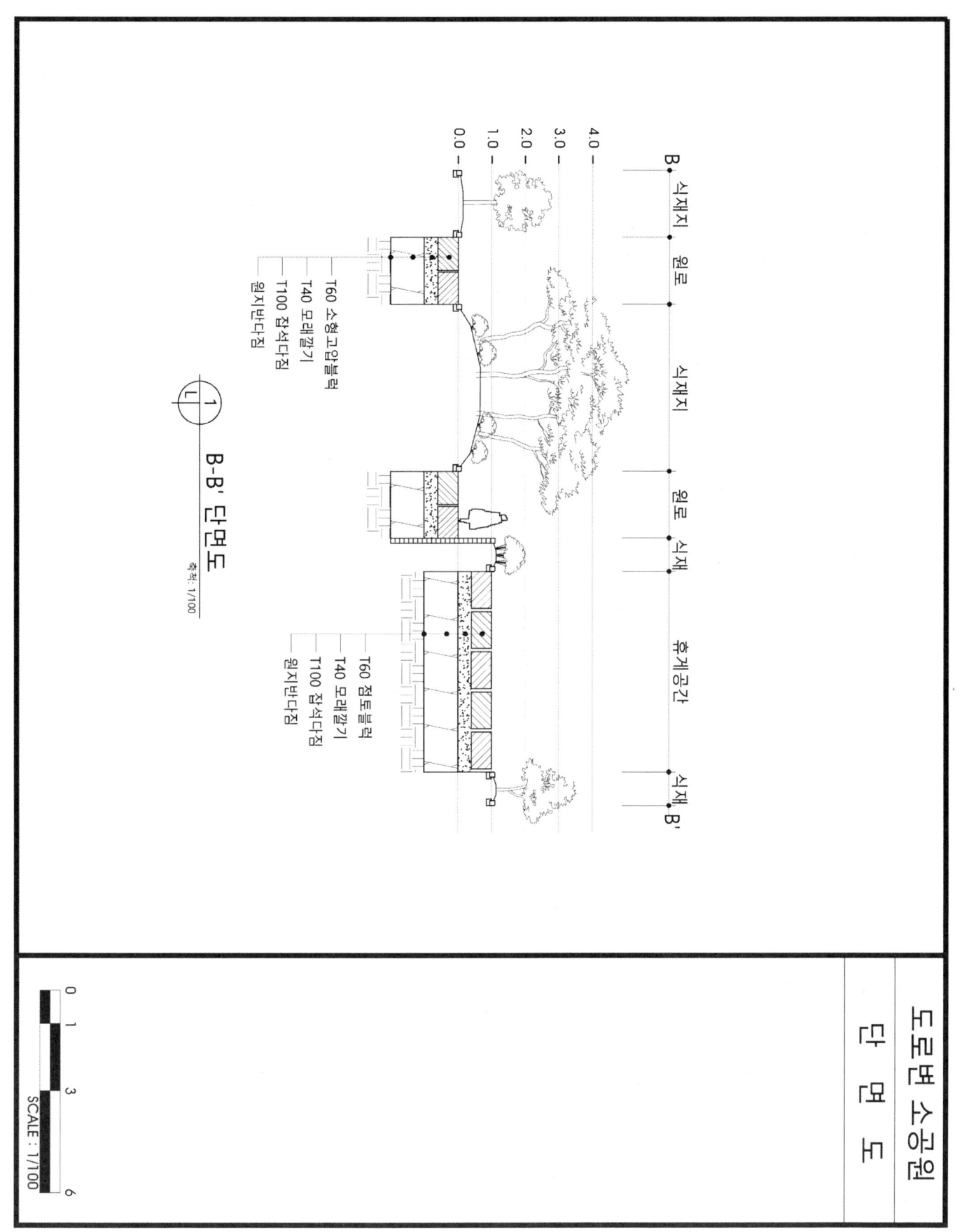

Part 2 조경설계도면작성

기출...6 2011년 : 도로변 소공원

1. 설계 문제

우리나라 중부지역에 위치한 도로변 빈 공간에 대한 조경설계를 하고자 한다.
주어진 현황도 및 아래 사항을 참조하여 설계 조건에 따라 조경계획도를 작성하시오. (단, 일점쇄선 안 부분이 조경설계 대상지임, 격자 한 눈금이 1m임)

2. 요구 사항

① 식재평면도를 위주로 한 조경계획도를 축척 1/100을 작성하시오. (지급용지 1)
② 도면 오른쪽 위에 작업 명칭을 작성하시오.
③ 도면 오른쪽에는 "중요시설물 수량표와 식재(수목)수량표"를 작성하고, 수량표 아래쪽에 "방위표시와 막대축척"을 그려 넣으시오. (단, 전체 대상지의 길이를 고려하여 범례표의 폭을 조정할 수 있다.)
④ 도면의 전체적인 안정감을 위하여 "테두리선"을 넣으시오.
⑤ B-B′ 단면도를 축척 1/100으로 작성하시오. (지급용지 2)

3. 요구 조건

① 해당지역은 도로변 자투리 공간을 휴식과 어린이들이 즐길 수 있는 특성을 고려하여 조경계획도를 작성하시오.
② 포장지역을 제외한 곳에는 가능한 식재를 하시오. (녹지공간은 빗금친 부분)
③ 포장지역은 "소형고압블럭, 콘크리트, 고무칩, 벽돌, 모래, 마사토, 투수콘크리트" 중에서 적당한 위치에 선택하여 표시하고, 포장명을 기입하시오.
④ "가" 지역은 수경공간으로 최대 높이 1m의 벽천이고, 벽천 앞의 수공간은 깊이 60cm로 설계하시오.
⑤ "나" 지역은 놀이공간으로 계획하고, 그 안에 놀이시설 3종을 배치하시오.
⑥ "다" 지역은 휴식공간으로 파고라(3.5×3.5) 1개와 필요한 곳에 앉아서 휴식을 즐길 수 있도록 등벤치 1개 이상을 계획하시오.
⑦ "라" 지역은 중심광장으로 각 공간과의 연결과 녹음을 부여하기 위해 수목보호대 4개와 낙엽교목을 식재하시오.
⑧ 대상지역은 진입구에 계단이 위치해 있으며, 대상지 외곽부지보다 높이 차이가 1m 낮은 것으로 보고 설계하시오.
⑨ 대상지 경계에 위치한 외곽녹지대는 식수대 형태의 높이 1m의 적벽돌 구조를 가지며, 대상지 내에 유도식재, 녹음식재, 경관식재, 소나무군식 등의 식재패턴을 필요한 곳에 적당히 배식하시오.
⑩ 수목은 아래 주어진 수종 중에서 10가지를 선정하여 골고루 안정적인 배식이 될 수 있도록 계획하며, 인출선을 이용하여 수량, 수종명, 규격을 반드시 표기하시오.

> 소나무(H4.0×W2.0), 소나무(H3.0×W1.5), 소나무(H2.5×W1.2), 스트로브잣나무(H2.5×W1.2), 스트로브잣나무(H2.0×W1.0), 왕벚나무(H4.5×B15), 버즘나무(H3.5×B8), 느티나무(H3.0×R6), 청단풍(H2.5 ×R8), 다정큼나무(H1.0×W0.6), 동백나무(H2.5×R8), 중국단풍(H2.5×R5), 굴거리나무(H2.5×W0.6), 자귀나무(H2.5×R6), 태산목(H1.5×W0.5), 먼나무(H2.0×R5), 산딸나무(H2.0×R5), 산수유(H2.5×R7), 꽃사과(H2.5×R5), 수수꽃다리(H1.5×W0.6), 병꽃나무(H1.0×W0.4), 쥐똥나무(H1.0×W0.3), 명자나무(H0.6×W0.4), 산철쭉(H0.3×W0.4), 자산홍(H0.3×W0.3), 조릿대(H0.6×7가지)

⑪ B-B′ 단면도는 경사, 포장재료, 경계선 및 기타 시설물의 기초, 주변의 수목, 중요시설물, 이용자 등을 단면도 상에 반드시 표기하시오.

문제해설

① 요구 조건 3) : 휴게공간은 점토벽돌포장, 놀이공간은 모래포장, 광장에는 소형고압블포장(ILP)을 적용한다.

② 요구 조건 4) : 벽천의 높이는 +1.0이고 수심은 지면보다 60cm 낮으므로 수공간 바닥 레벨은 -0.6으로 본다. 벽천의 비늘 모양은 자로 측정하지 말고 비슷하게만 그린다.

③ 요구 조건 8) : 외곽 부지보다 1m 낮은 곳에 위치한 대상지 레벨을 +0.0으로 정한다.

④ 요구 조건 9) : 외곽 경계 녹지대에는 1m의 단 차이가 발생하므로 녹지경계석으로 포장과 녹지를 구분지을 수 없다. 그러므로 식수대(적벽돌 구조)를 경계시설로 정한다.

⑤ 요구 조건 10) : 대상지는 중부지방으로 남부수종(다정큼나무, 동백나무, 굴거리나무, 태산목, 먼나무)은 식재하지 않는다.

⑥ 요구 조건 11) : B-B′ 단면지시선이 대각선으로 되어 있으므로, 평면도를 작성 후 대각선을 수평으로 놓고 단면도를 작성한다.

[벽천 사례 사진]

| 자격종목 | 조경기능사 | 작품명 | 도로변 소공원 |

< 현황도 >

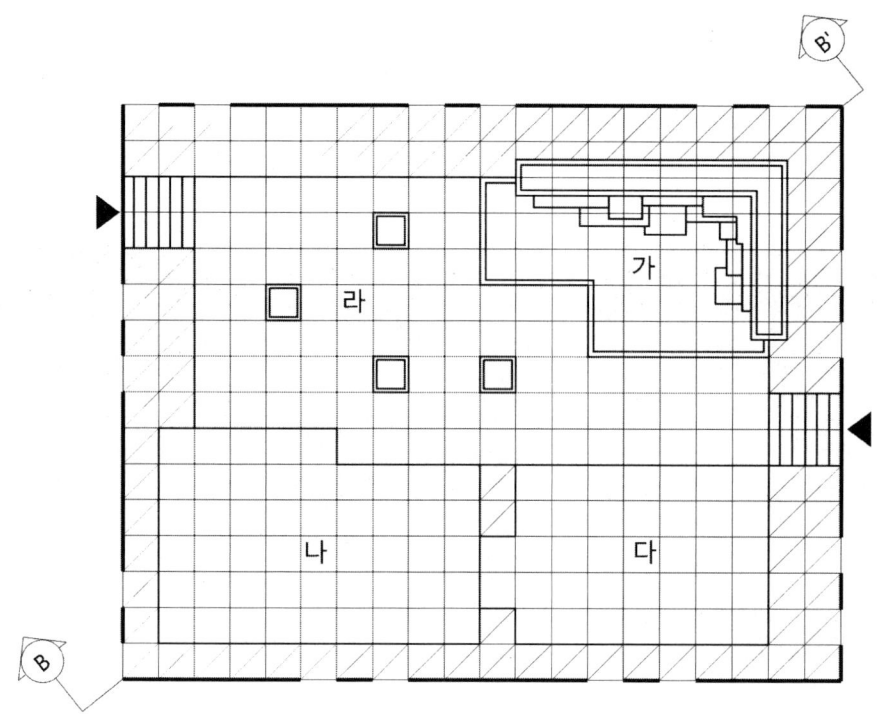

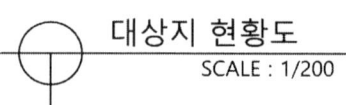 대상지 현황도
SCALE : 1/200

 N

* 참조 : 격자 한 눈금은 1m

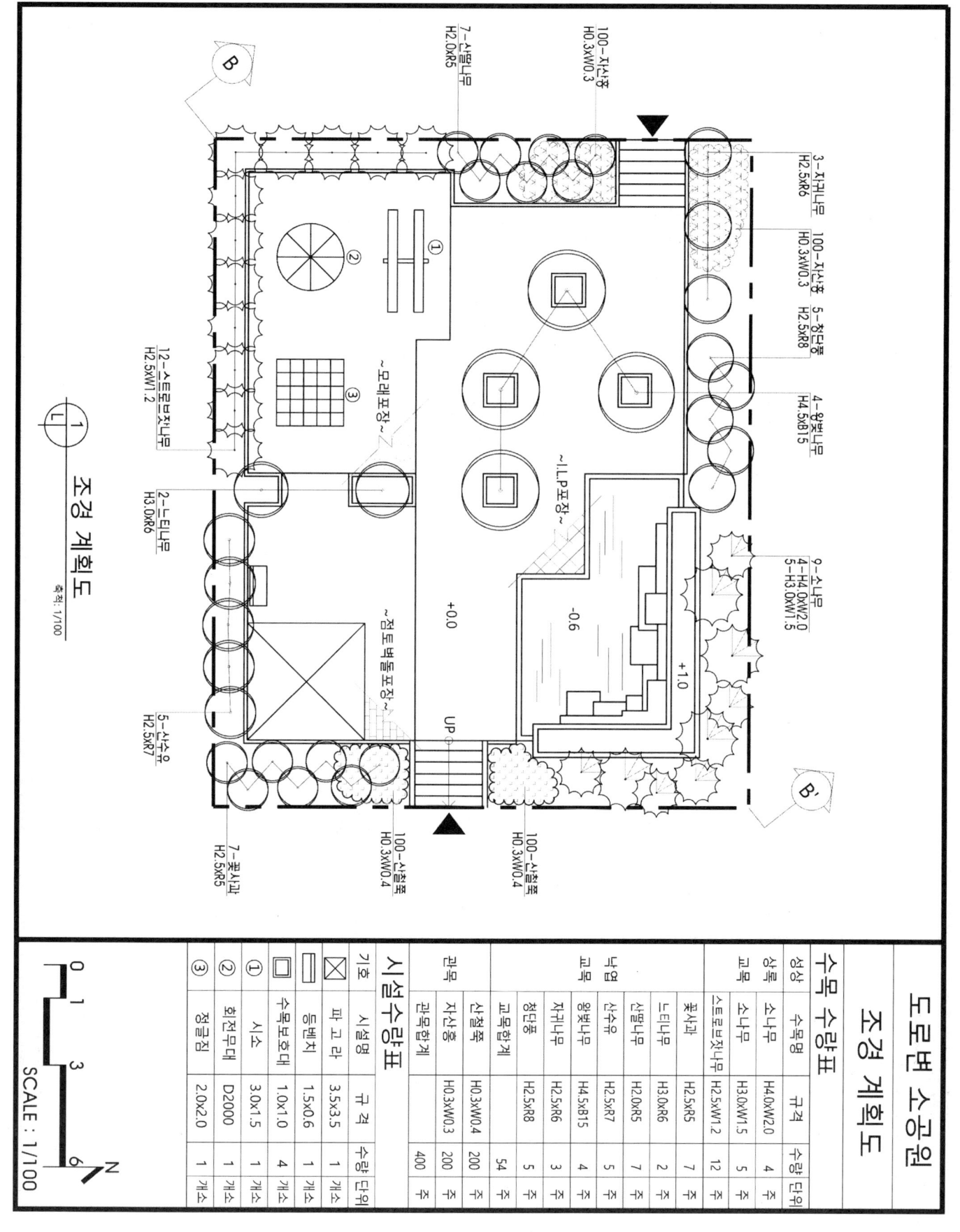

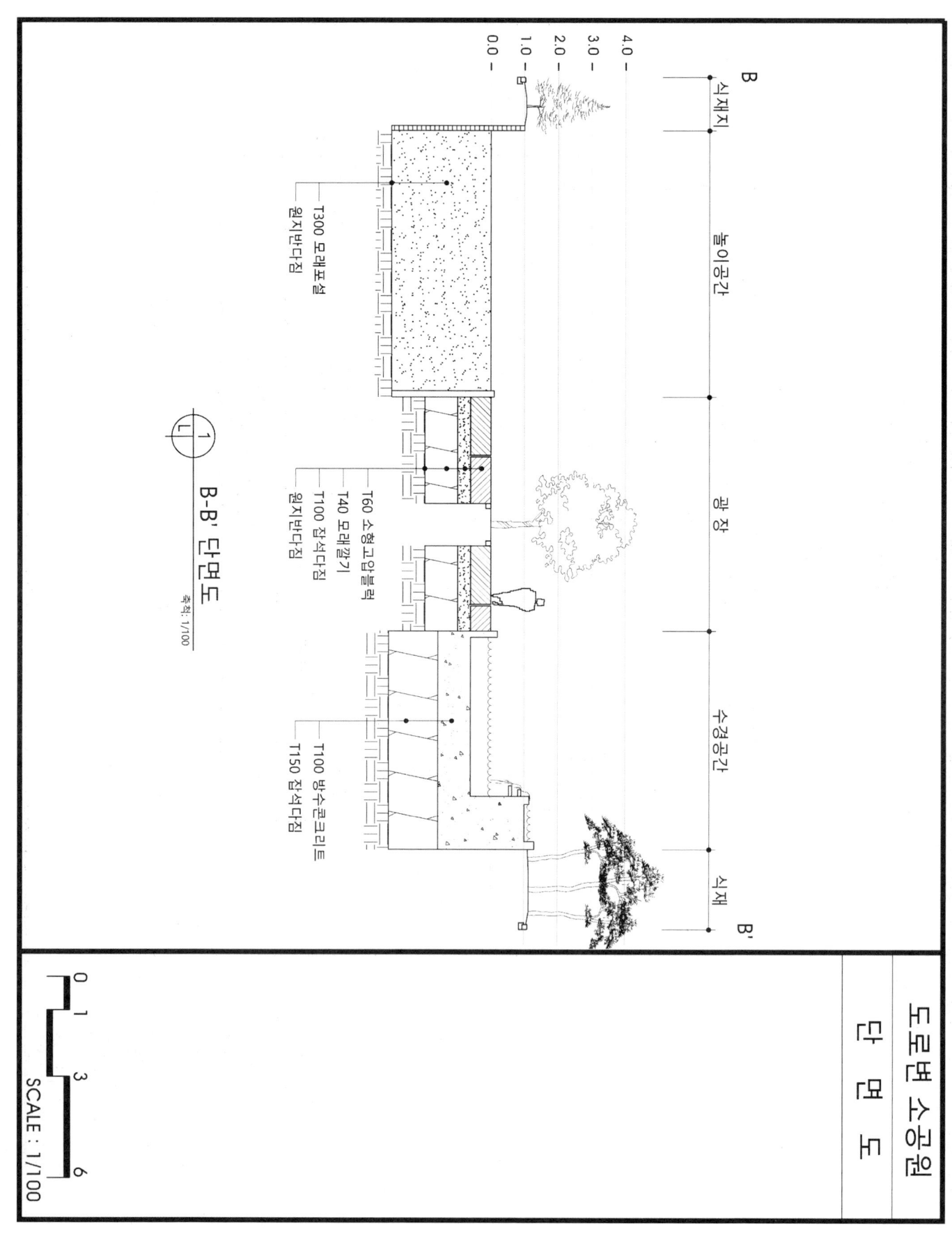

 **2012년 : 도로변 소공원**

1. 설계 문제

우리나라 중부지역에 위치한 도로변 빈 공간에 대한 조경설계를 하고자 한다.
주어진 현황도 및 아래 사항을 참조하여 설계 조건에 따라 조경계획도를 작성하시오. (단, 일점쇄선 안 부분이 조경설계 대상지임, 격자 한 눈금이 1m임)

2. 요구 사항

① 식재평면도를 위주로 한 조경계획도를 축척 1/100을 작성하시오. (지급용지 1)
② 도면 오른쪽 위에 작업 명칭을 작성하시오.
③ 도면 오른쪽에는 "중요시설물 수량표와 식재(수목)수량표"를 작성하고, 수량표 아래쪽에 "방위표시와 막대축척"을 그려 넣으시오. (단, 전체 대상지의 길이를 고려하여 범례표의 폭을 조정할 수 있다.)
④ 도면의 전체적인 안정감을 위하여 "테두리선"을 넣으시오.
⑤ B-B′ 단면도를 축척 1/100으로 작성하시오. (지급용지 2)

3. 요구 조건

① 해당지역은 도로변 자투리 공간을 휴식과 어린이들이 즐길 수 있는 특성을 고려하여 조경계획도를 작성하시오.
② 포장지역을 제외한 곳에는 가능한 식재를 하시오. (녹지공간은 빗금친 부분)
③ 포장지역은 "소형고압블럭, 콘크리트, 고무칩, 마사토, 투수콘크리트" 중에서 적당한 위치에 선택하여 표시하고, 포장명을 기입하시오.
④ "가" 지역은 놀이공간으로 주변보다 1m 높은 지역으로 놀이시설 3종(회전무대, 시소, 정글짐) 배치하시오.
⑤ "나" 지역은 소형 벽천, 연못으로 계류형 단(실선) 1개당 30cm가 높으며, 담수용 바닥은 "다" 지역과 동일한 높이이며, 담수 가이드 라인은 전체적으로 "다" 지역에 비해 60cm 높게 설치하시오.
⑥ "다" 지역은 휴식공간으로 파고라(3.5×3.5) 1개와 필요한 곳에 앉아서 휴식을 즐길 수 있도록 등벤치 2개를 설치하고, 수목보호대(3개)에 동일한 수종의 낙엽교목을 식재하시오.
⑦ "라" 지역은 주차공간으로 소형자동차(2,500×5,000mm) 2대가 주차할 수 있는 공간으로 계획 설계하시오.
⑧ 대상지 내에 유도식재, 녹음식재, 경관식재, 소나무군식 등의 식재패턴을 필요한 곳에 적당히 배식하고 필요한 곳에 수목보호대를 설치하여 포장 내에 식재를 한다.
⑨ 수목은 아래 주어진 수종 중에서 13가지를 선정하여 골고루 안정적인 배식이 될 수 있도록 계획하며, 인출선을 이용하여 수량, 수종명, 규격을 반드시 표기하시오.

소나무(H4.0×W2.0), 소나무(H3.0×W1.5), 소나무(H2.5×W1.2), 스트로브잣나무(H2.5×W1.2), 스트로브잣나무(H2.0×W1.0), 왕벚나무(H4.5×B15), 버즘나무(H3.5×B8), 느티나무(H3.0×R6), 청단풍(H2.5 ×R8), 다정큼나무(H1.0×W0.6), 동백나무(H2.5×R8), 중국단풍(H2.5×R5), 굴거리나무(H2.5×W0.6), 자귀나무(H2.5×R6), 태산목(H1.5×W0.5), 먼나무(H2.0×R5), 산딸나무(H2.0×R5), 산수유(H2.5×R7), 꽃사과(H2.5×R5), 수수꽃다리(H1.5×W0.6), 병꽃나무(H1.0×W0.4), 쥐똥나무(H1.0×W0.3), 명자나무(H0.6×W0.4), 산철쭉(H0.3×W0.4), 자산홍(H0.3×W0.3), 조릿대(H0.6×7가지)
---

⑩ B-B′ 단면도는 경사, 포장재료, 경계선 및 기타 시설물의 기초, 주변의 수목, 중요시설물, 이용자 등을 단면도 상에 반드시 표기하시오.

> **문제해설**

① 요구 조건 3) : 놀이공간은 고무매트포장, 광장에는 소형고압블포장(ILP), 주차공간에는 콘크리트포장을 적용한다.

② 요구 조건 4) : "다", "라" 지역은 공원 내 주요 공간으로 레벨을 +0.0으로 정한다. "가"는 주변보다 1m 높으므로 레벨이 +1.0이 된다.

③ 요구 조건 5) : 계류형 단 1개당 30cm씩 올라가므로 소형 벽천의 최종 높이는 +1.5 가 된다. "다" 지역은 광장으로 레벨을 +0.0으로 정하고, 담수가이드 라인(수조 높이)은 레벨이 +0.6이 된다.

④ 요구 조건 9) : 최근 출제 문제에서는 수종 13가지를 선정하도록 하고 있다.

⑤ 요구 조건 10) : 단면도 작성 시 수경공간은 각 30cm씩 5단을 계단처럼 표현하도록 한다.

[계단형 벽천 사례 사진]

| 자격종목 | 조경기능사 | 작품명 | 도로변 소공원 |

< 현황도 >

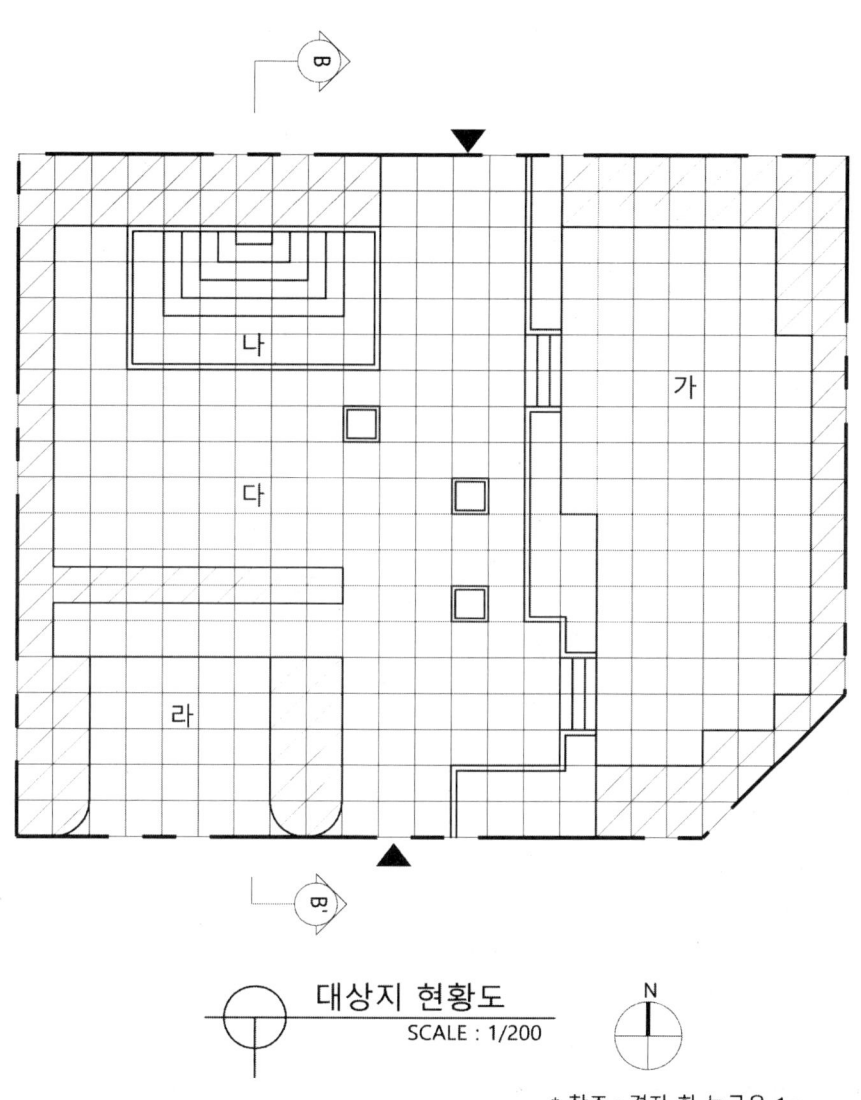

대상지 현황도
SCALE : 1/200

N

* 참조 : 격자 한 눈금은 1m

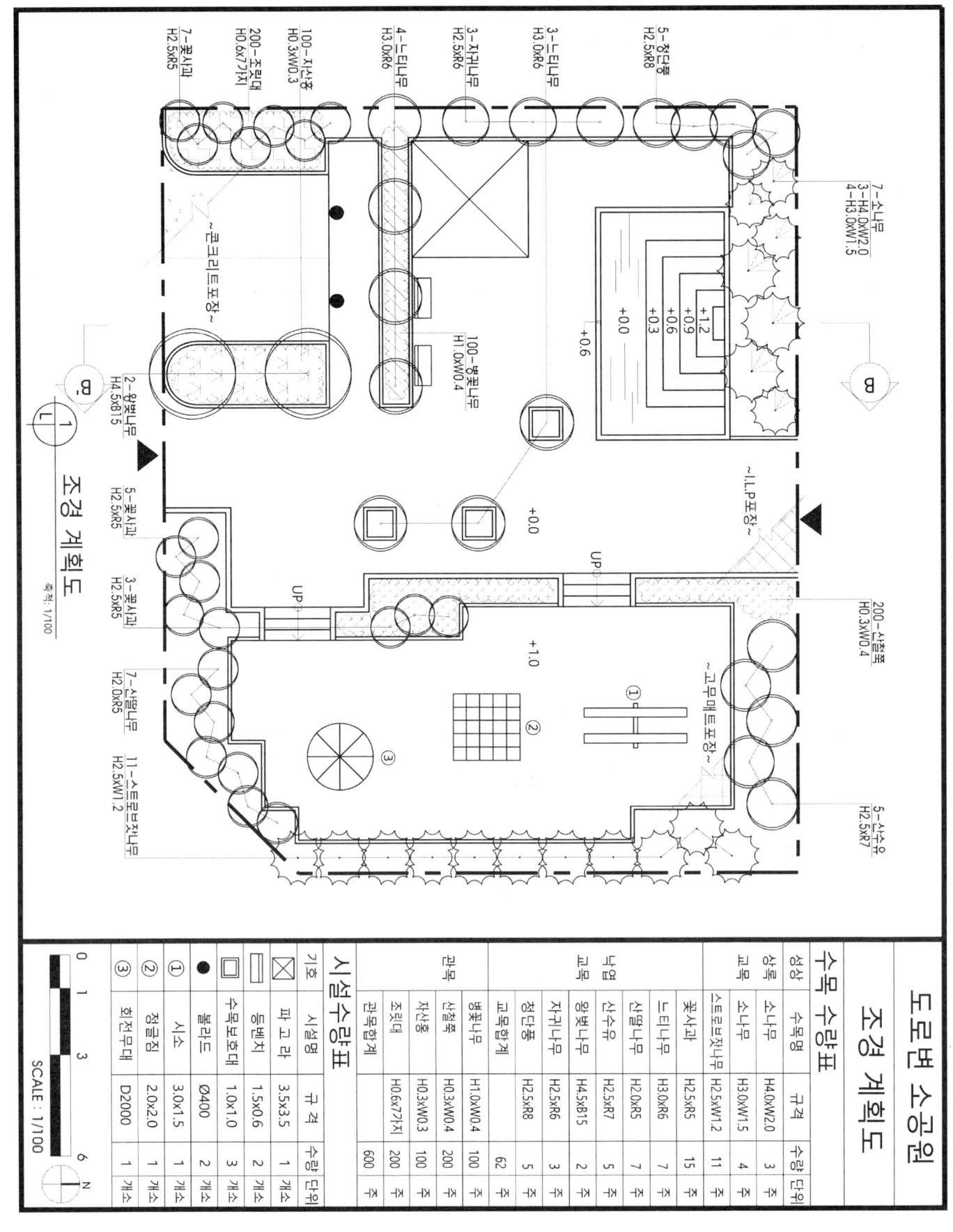

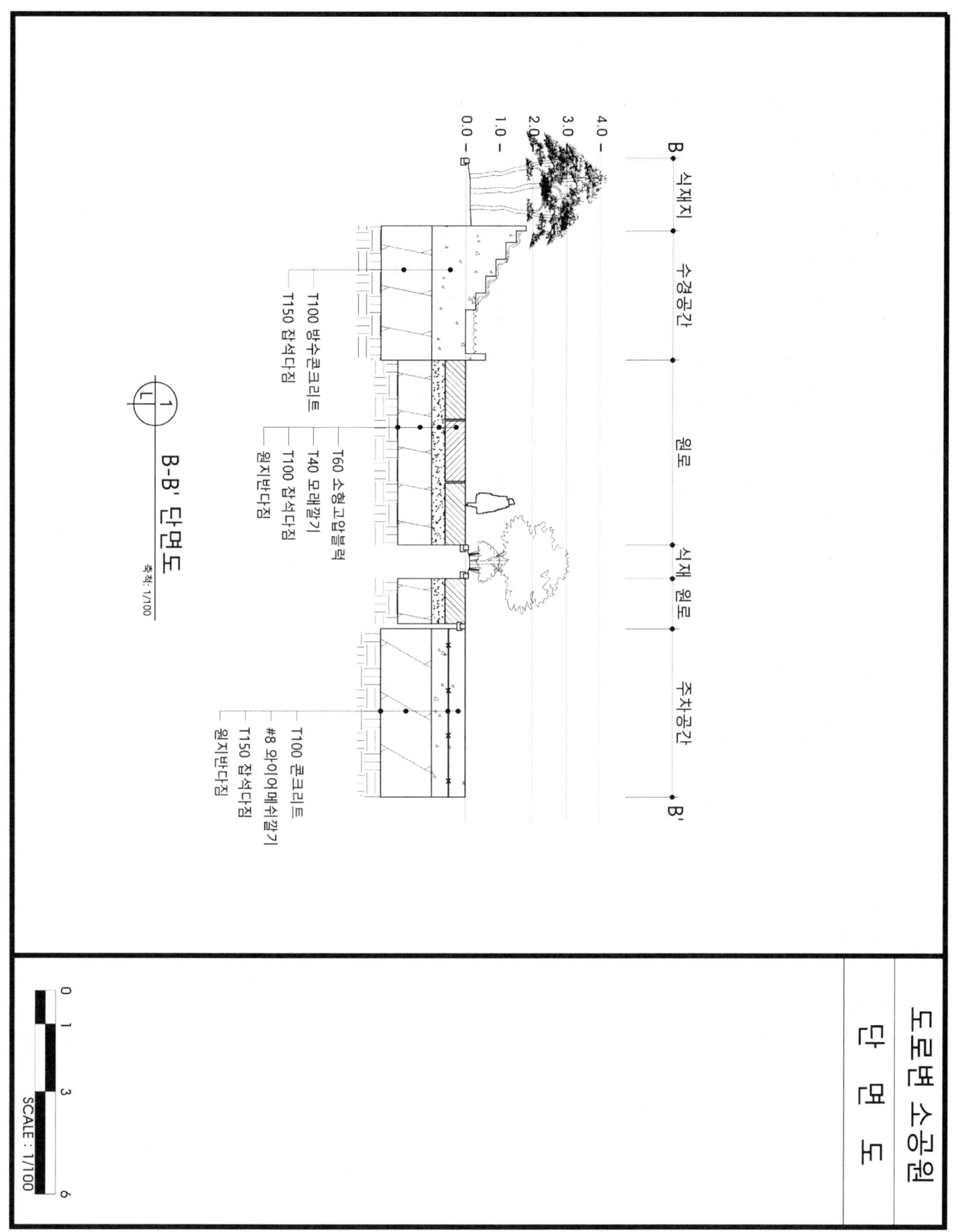

기출...8 2013년 : 도로변 소공원

1. 설계 문제

우리나라 중부지역에 위치한 도로변 빈 공간에 대한 조경설계를 하고자 한다.
주어진 현황도 및 아래 사항을 참조하여 설계 조건에 따라 조경계획도를 작성하시오. (단, 일점쇄선 안 부분이 조경설계 대상지임, 격자 한 눈금이 1m임)

2. 요구 사항

① 식재평면도를 위주로 한 조경계획도를 축척 1/100을 작성하시오. (지급용지 1)
② 도면 오른쪽 위에 작업 명칭을 작성하시오.
③ 도면 오른쪽에는 "중요시설물 수량표와 식재(수목)수량표"를 작성하고, 수량표 아래쪽에 "방위표시와 막대축척"을 그려 넣으시오. (단, 전체 대상지의 길이를 고려하여 범례표의 폭을 조정할 수 있다.)
④ 도면의 전체적인 안정감을 위하여 "테두리선"을 넣으시오.
⑤ B-B′ 단면도를 축척 1/100으로 작성하시오. (지급용지 2)

3. 요구 조건

① 해당지역은 도로변 자투리 공간을 휴식과 어린이들이 즐길 수 있는 특성을 고려하여 조경계획도를 작성하시오.
② 포장지역을 제외한 곳에는 가능한 식재를 하시오. (녹지공간은 빗금친 부분)
③ 포장지역은 "소형고압블럭, 벽돌, 자연석판석포장, 고무매트, 투수콘크리트" 중에서 적당한 위치에 선택하여 표시하고, 포장명을 기입하시오.
④ "가" 지역은 휴식공간으로 장파고라(6.0×3.5) 1개와 필요한 곳에 앉아서 휴식을 즐길 수 있도록 등벤치 1개를 계획하시오.
⑤ "나" 지역은 연못으로 물이 차 있으며, "라"와 "마1" 지역보다 60cm 정도 낮은 위치로 계획하시오.
⑥ "다" 지역은 놀이공간으로 계획하고, 그 안에 회전무대(H1.1×W2.3), 4인식 철봉(H2.2×L4), 단주식 미끄럼틀(H2.7×L4.0×W1.0) 3종을 배치한다.
⑦ "라" 지역은 "나" 연못의 인접지역으로 수목보호대 3개에 낙엽교목을 식재하고 평벤치 2개를 설치하시오.
⑧ "마2" 지역은 "마1", "라" 지역보다 높이 차가 1m 높은 지역으로 등벤치 3개소 설치하고, 벤치 주변에 휴지통 1개를 설치하시오.
⑨ "A" 시설은 폭 1m의 장방형 정형식 캐스케이드(계류)로 약 9m 정도 흘러가 연못과 합류한다.
  3번의 단 차로 자연스럽게 연못으로 흘러 들어가며, "마2" 지역과 동일한 높이를 유지하고 있으므로 "라" 지역과는 옹벽을 설치하여 단 차이를 자연스럽게 해소하시오.
⑩ 수목은 아래 주어진 수종 중에서 10가지를 선정하여 골고루 안정적인 배식이 될 수 있도록 계획하며, 인출선을 이용하여 수량, 수종명, 규격을 반드시 표기하시오.

조경설계도면작성

> 소나무(H4.0×W2.0), 소나무(H3.0×W1.5), 소나무(H2.5×W1.2), 스트로브잣나무(H2.5×W1.2), 스트로브잣나무(H2.0×W1.0), 왕벚나무(H4.5×B15), 버즘나무(H3.5×B8), 느티나무(H3.0×R6), 청단풍(H2.5 ×R8), 다정큼나무(H1.0×W0.6), 동백나무(H2.5×R8), 중국단풍(H2.5×R5), 굴거리나무(H2.5×W0.6), 자귀나무(H2.5×R6), 태산목(H1.5×W0.5), 먼나무(H2.0×R5), 산딸나무(H2.0×R5), 산수유(H2.5×R7), 꽃사과(H2.5×R5), 수수꽃다리(H1.5×W0.6), 병꽃나무(H1.0×W0.4), 쥐똥나무(H1.0×W0.3), 명자나무(H0.6×W0.4), 산철쭉(H0.3×W0.4), 자산홍(H0.3×W0.3), 조릿대(H0.6×7가지)

⑪ B-B' 단면도는 경사, 포장재료, 경계선 및 기타 시설물의 기초, 주변의 수목, 중요시설물, 이용자 등을 단면도 상에 반드시 표기하시오.

문제해설

① 요구 조건 3) : 휴식공간은 자연석판석포장, 놀이공간은 고무매트포장, 광장에는 점토벽돌포장을 적용하고, 수경공간 주변은 투수콘포장을 하여 광장공간과 구분한다.
② 요구 조건 8) : "가", "다", "라", "마1" 지역은 공원 내 주요 공간으로 레벨을 +0.0으로 정한다. "마2"는 주변보다 1m 높으므로 레벨이 +1.0이 된다.
③ 요구 조건 5) : 연못은 "라", "마1"보다 60cm 낮으므로 바닥 레벨을 -0.6으로 본다.
④ 요구 조건 9) : "A"는 계단형 수경시설로 3번의 단차를 -0.6, +0.2, +0.6, +1.0으로 설계한다. 상단부 원은 토출구이다.
⑤ 요구 조건 10) : 대상지는 중부지방으로 남부수종(다정큼나무, 동백나무, 굴거리나무, 태산목, 먼나무)은 식재하지 않는다.
⑥ 요구 조건 11) : 수경공간 단면도 작성 시 포장구간과 연못 구간이 반복되므로 주의를 기울여 작성한다.

[캐스케이드 사례 사진]

자격종목	조경기능사	작품명	도로변 소공원

< 현황도 >

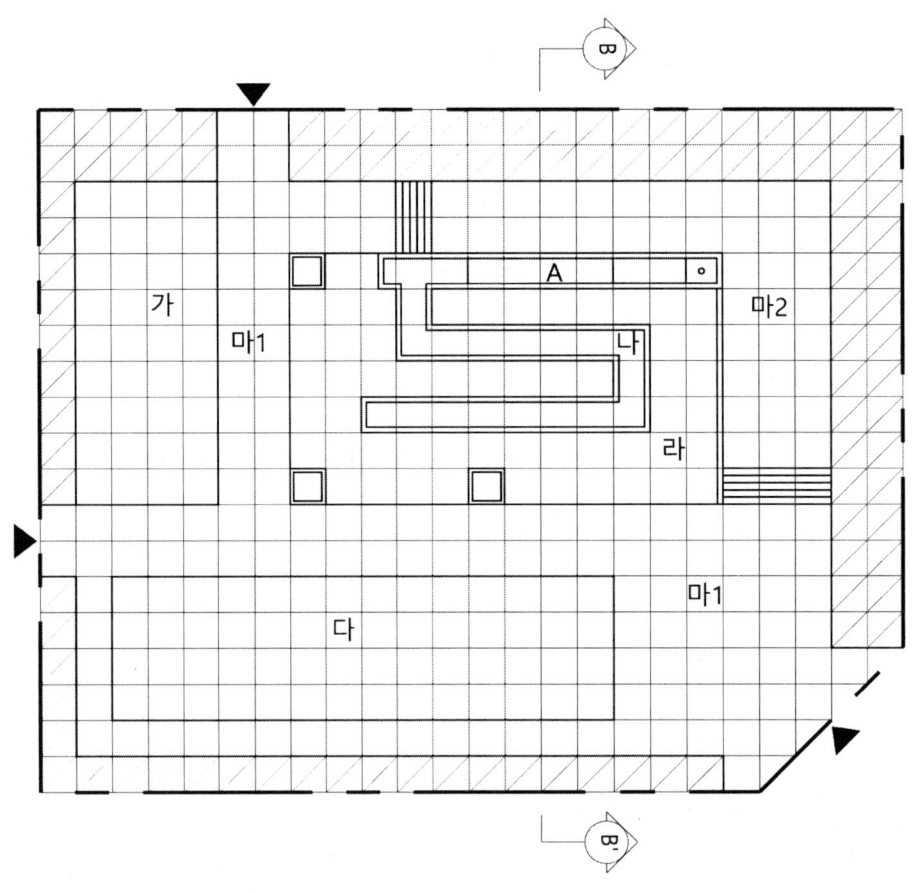

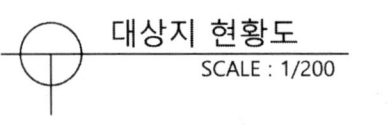
대상지 현황도
SCALE : 1/200

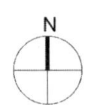
N

* 참조 : 격자 한 눈금은 1m

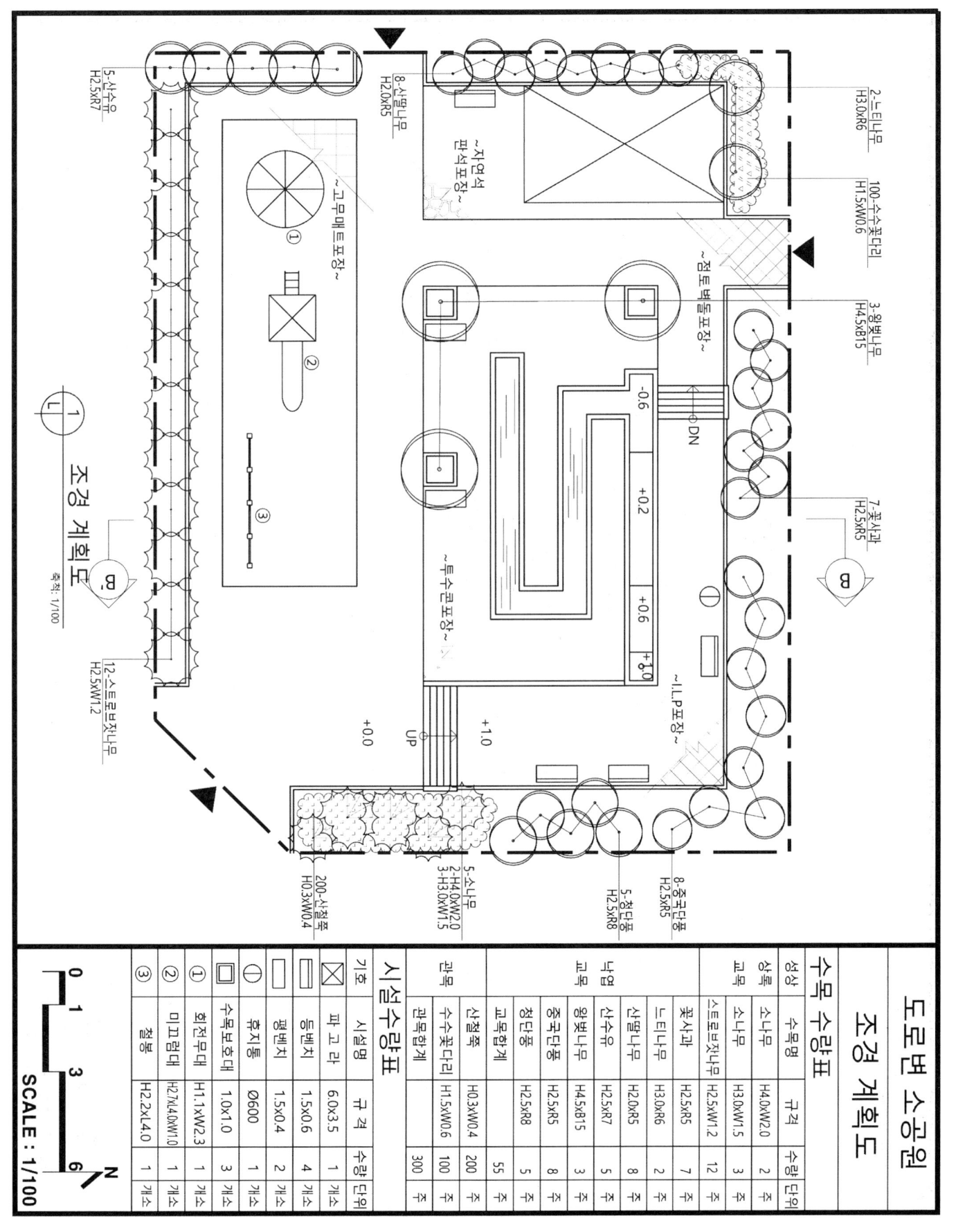

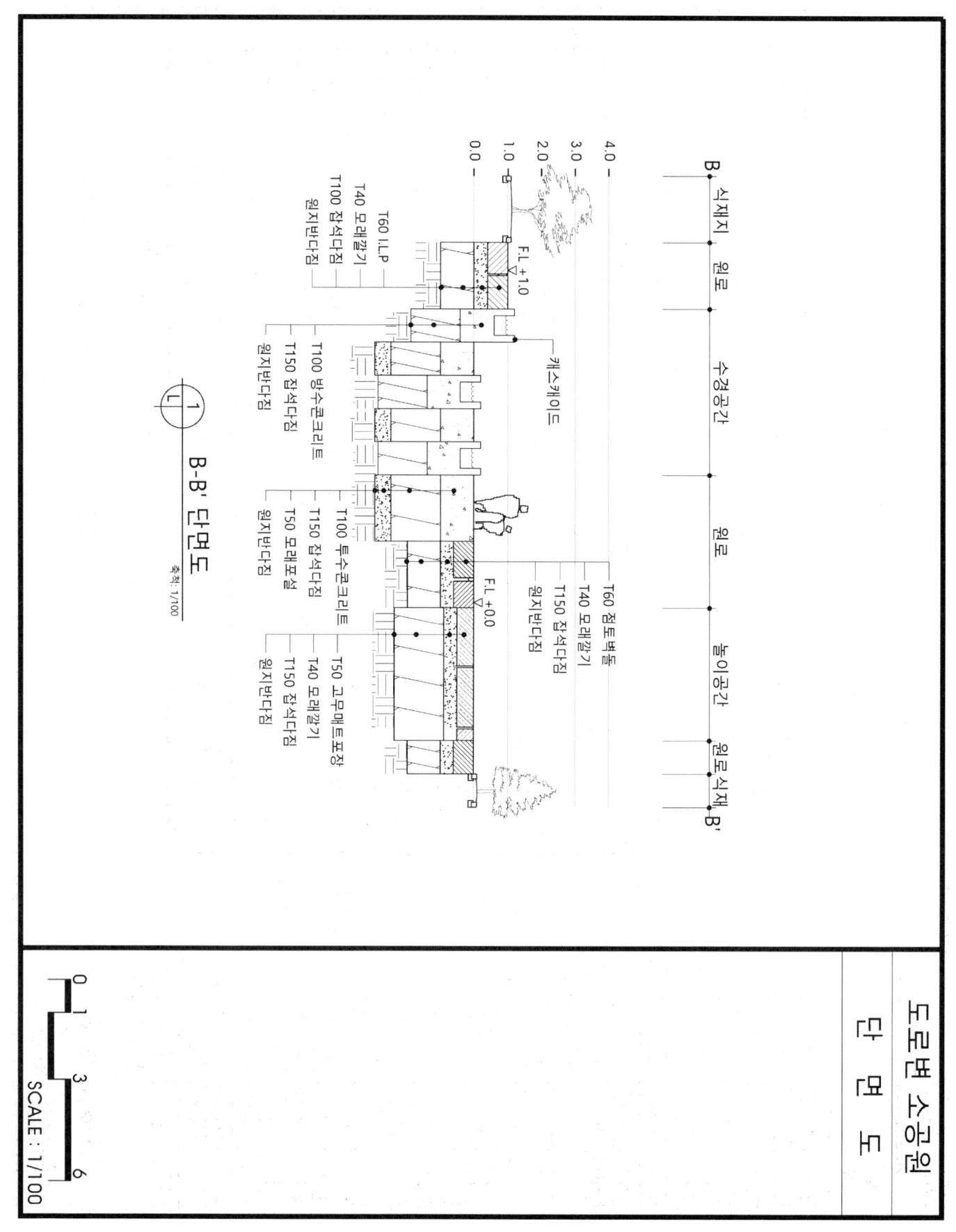

 **2013년 : 도로변 소공원**

1. 설계 문제

우리나라 중부지역에 위치한 도로변 빈 공간에 대한 조경설계를 하고자 한다.
주어진 현황도 및 아래 사항을 참조하여 설계 조건에 따라 조경계획도를 작성하시오. (단, 일점쇄선 안 부분이 조경설계 대상지임, 격자 한 눈금이 1m임)

2. 요구 사항

① 식재평면도를 위주로 한 조경계획도를 축척 1/100을 작성하시오. (지급용지 1)
② 도면 오른쪽 위에 작업 명칭을 작성하시오.
③ 도면 오른쪽에는 "중요시설물 수량표와 식재(수목)수량표"를 작성하고, 수량표 아래쪽에 "방위표시와 막대축척"을 그려 넣으시오. (단, 전체 대상지의 길이를 고려하여 범례표의 폭을 조정할 수 있다.)
④ 도면의 전체적인 안정감을 위하여 "테두리선"을 넣으시오.
⑤ B-B' 단면도를 축척 1/100으로 작성하시오. (지급용지 2)

3. 요구 조건

① 해당지역은 도로변 자투리 공간을 휴식과 어린이들이 즐길 수 있는 특성을 고려하여 조경계획도를 작성하시오.
② 포장지역을 제외한 곳에는 가능한 식재를 하시오. (녹지공간은 빗금친 부분)
③ 포장지역은 "소형고압블럭, 벽돌, 콘크리트, 고무칩, 마사토, 모래포장" 중에서 적당한 위치에 선택하여 표시하고, 포장명을 기입하시오.
④ "가" 지역은 주변보다 1m 높은 휴게공간으로 파고라(3.5×3.5) 1개와 앉아서 휴식을 즐길 수 있도록 등벤치 2개를 설치하시오.
⑤ "나" 지역은 놀이공간으로 놀이시설 3종(미끄럼틀, 그네, 시소)을 배치하시오.
⑥ "다" 지역은 수경공간으로 깊이 60cm이고 공간 내에 전체 높이 1.6m, 전체 면적 16m²의 계단식 사각벽천(계단 높이 40cm, 계단 너비 50cm, 정상부 면적 1m²)이 위치하고 있으며, 벽천 중앙 상단에 토출구(내측 ϕ100mm, 외측 ϕ200mm, 높이 100mm)를 계획하고 설계하시오.
⑦ "라" 지역은 이동공간으로 필요한 곳에 녹음수를 식재하고 휴지통 1개소, 벤치 2개소 이상을 설치하시오.
⑧ 대상지 내에 유도식재, 녹음식재, 경관식재, 소나무군식 등의 식재패턴을 필요한 곳에 적당히 배식하시오.
⑨ 수목은 아래 주어진 수종 중에서 13가지를 선정하여 골고루 안정적인 배식이 될 수 있도록 계획하며, 인출선을 이용하여 수량, 수종명, 규격을 반드시 표기하시오.

> 소나무(H4.0×W2.0), 소나무(H3.0×W1.5), 소나무(H2.5×W1.2), 스트로브잣나무(H2.5×W1.2), 스트로브잣나무(H2.0×W1.0), 왕벚나무(H4.5×B15), 버즘나무(H3.5×B8), 느티나무(H3.0×R6), 청단풍(H2.5×R8), 다정큼나무(H1.0×W0.6), 동백나무(H2.5×R8), 중국단풍(H2.5×R5), 굴거리나무(H2.5×W0.6), 자귀나무(H2.5×R6), 태산목(H1.5×W0.5), 먼나무(H2.0×R5), 산딸나무(H2.0×R5), 산수유(H2.5×R7), 꽃사과(H2.5×R5), 수수꽃다리(H1.5×W0.6), 병꽃나무(H1.0×W0.4), 쥐똥나무(H1.0×W0.3), 명자나무(H0.6×W0.4), 산철쭉(H0.3×W0.4), 자산홍(H0.3×W0.3), 조릿대(H0.6×7가지)

⑩ B-B' 단면도는 경사, 포장재료, 경계선 및 기타 시설물의 기초, 주변의 수목, 중요시설물, 이용자 등을 단면도 상에 반드시 표기하시오.

문제해설

① 요구 조건 3) : 휴식공간은 점토벽돌포장, 놀이공간은 모래포장, 광장에는 소형고압블럭(ILP)을 적용한다.

② 요구 조건 4) : "나", "다", "라" 지역은 공원 내 주요 공간으로 레벨을 +0.0으로 정한다. "가"는 주변보다 1m 높으므로 레벨이 +1.0이 된다.

③ 요구 조건 6) : "다" 지역은 수경공간의 수심이 60cm이므로 담수 가이드 라인(수조 높이)을 +0.6으로 본다. 계단식 사각벽천은 1개당 40cm씩 4단 올라가므로 최종 높이는 +1.6이 된다. 토출구란 물이 나오는 노즐 부분이다. 세부 규격에 맞게 표현한다.

④ 요구 조건 9) : 대상지는 중부지방으로 남부수종(다정큼나무, 동백나무, 굴거리나무, 태산목, 먼나무)은 식재하지 않는다.

| 자격종목 | 조경기능사 | 작품명 | 도로변 소공원 |

< 현황도 >

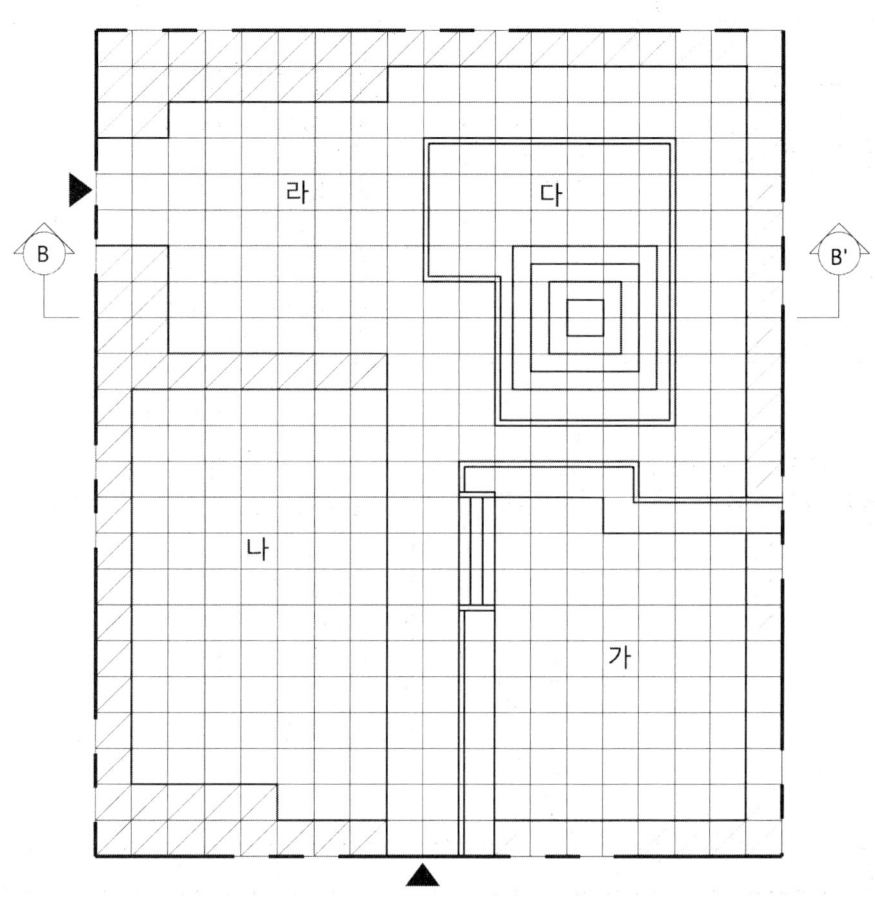

대상지 현황도
SCALE : 1/200

N

* 참조 : 격자 한 눈금은 1m

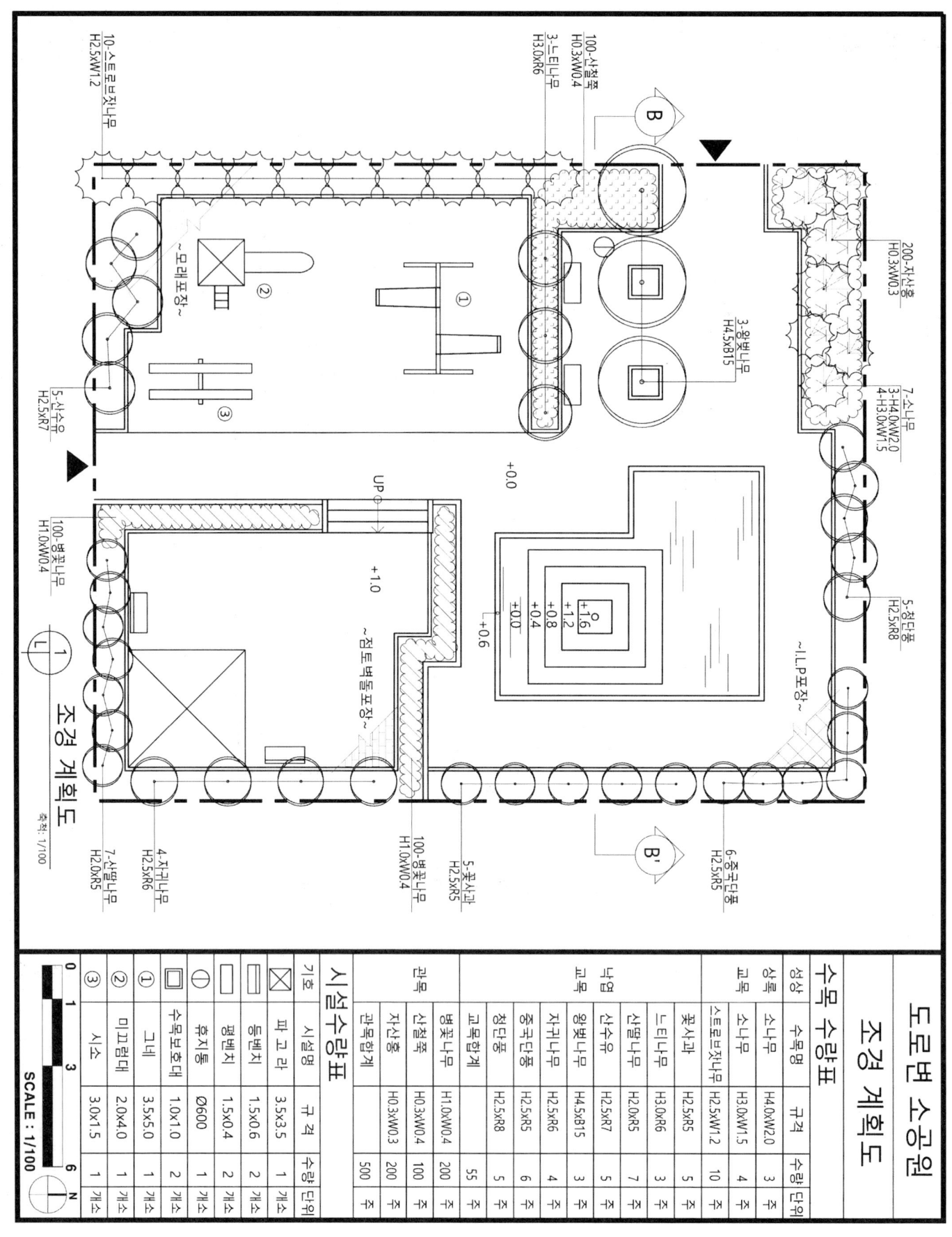

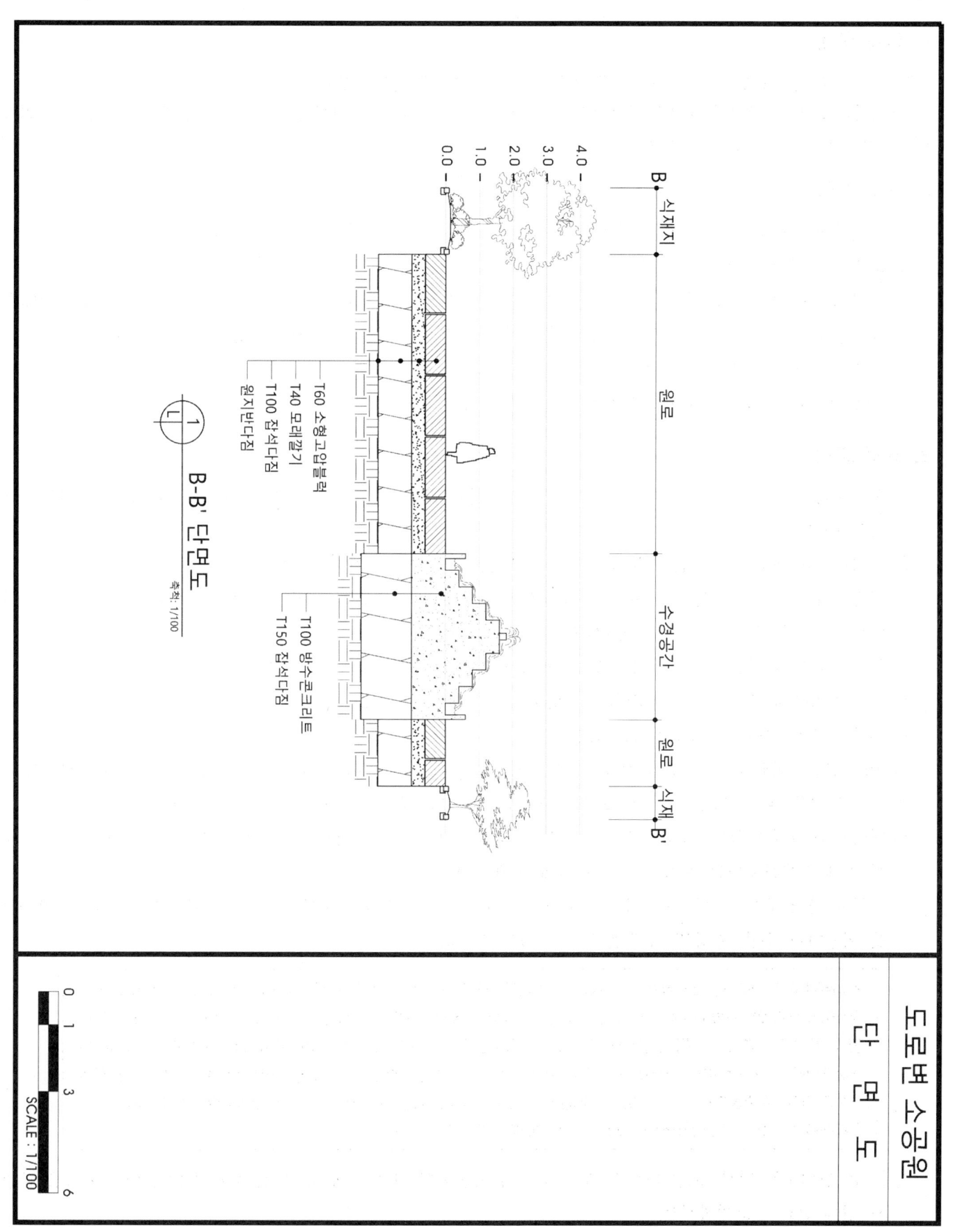

Part 2 조경설계도면작성

 **2014년 : 도로변 소공원**

1. 설계 문제

우리나라 중부지역에 위치한 도로변 빈 공간에 대한 조경설계를 하고자 한다.
주어진 현황도 및 아래 사항을 참조하여 설계 조건에 따라 조경계획도를 작성하시오. (단, 일점쇄선 안 부분이 조경설계 대상지임, 격자 한 눈금이 1m임)

2. 요구 사항

① 식재평면도를 위주로 한 조경계획도를 축척 1/100을 작성하시오. (지급용지 1)
② 도면 오른쪽 위에 작업 명칭을 작성하시오.
③ 도면 오른쪽에는 "중요시설물 수량표와 식재(수목)수량표"를 작성하고, 수량표 아래쪽에 "방위표시와 막대축척"을 그려 넣으시오. (단, 전체 대상지의 길이를 고려하여 범례표의 폭을 조정할 수 있다.)
④ 도면의 전체적인 안정감을 위하여 "테두리선"을 넣으시오.
⑤ B-B′ 단면도를 축척 1/100으로 작성하시오. (지급용지 2)

3. 요구 조건

① 해당지역은 도로변 자투리 공간을 휴식과 어린이들이 즐길 수 있는 미로 및 놀이 소공원으로 조경계획도를 작성하시오.
② 포장지역을 제외한 곳에는 가능한 식재를 하시오. (녹지공간은 빗금친 부분)
③ 포장지역은 "소형고압블럭, 점토벽돌, 화강석판석포장, 콘크리트, 고무칩, 마사토" 중에서 적당한 위치에 선택하여 표시하고, 포장명을 기입하시오.
④ "가" 지역은 놀이공간으로 계획하고, 그 안에 어린이 놀이시설 3종을 배치한다.
⑤ "나" 지역은 휴게공간으로 파고라(3.0×5.0) 1개 설치하시오.
⑥ "다" 지역은 어린이 미로공간으로 담장높이는 1m, 두께는 60cm로 설계하시오.
⑦ "라" 지역은 진입 및 각 공간을 원활하게 연결시킬 수 있도록 계획하며, 보행흐름에 지장이 없도록 설계하시오.
⑧ "가" 지역은 "나", "다", "라" 지역보다 높이 차가 1m 발생하며, 그 높이 차이를 식수대로 처리하시오.
⑨ 대상지 내에 유도식재, 녹음식재, 경관식재, 소나무군식 등의 식재패턴을 필요한 곳에 적당히 배식하고, 필요한 곳에 수목보호대를 설치하여 포장 내에 식재를 한다.
⑩ 수목은 아래 주어진 수종 중에서 10가지를 선정하여 골고루 안정적인 배식이 될 수 있도록 계획하며, 인출선을 이용하여 수량, 수종명, 규격을 반드시 표기하시오.

> 소나무(H4.0×W2.0), 소나무(H3.0×W1.5), 소나무(H2.5×W1.2), 스트로브잣나무(H2.5×W1.2), 스트로브잣나무(H2.0×W1.0), 왕벚나무(H4.5×B15), 버즘나무(H3.5×B8), 느티나무(H3.0×R6), 청단풍(H2.5 ×R8), 다정큼나무(H1.0×W0.6), 동백나무(H2.5×R8), 중국단풍(H2.5×R5), 굴거리나무(H2.5×W0.6), 자귀나무(H2.5×R6), 태산목(H1.5×W0.5), 먼나무(H2.0×R5), 산딸나무(H2.0×R5), 산수유(H2.5×R7), 꽃사과(H2.5×R5), 수수꽃다리(H1.5×W0.6), 병꽃나무(H1.0×W0.4), 쥐똥나무(H1.0×W0.3), 명자나무(H0.6×W0.4), 산철쭉(H0.3×W0.4), 자산홍(H0.3×W0.3), 조릿대(H0.6×7가지)

⑪ B-B′ 단면도는 경사, 포장재료, 경계선 및 기타 시설물의 기초, 주변의 수목, 중요시설물, 이용자 등을 단면도 상에 반드시 표기하시오.

문제해설

① 요구 조건 3) : 휴식공간은 점토벽돌포장, 놀이공간은 고무칩포장, 광장에는 화강석판석포장을, 미로공간은 마사토포장을 적용한다.

② 요구 조건 6) : "다" 공간의 굵은 선(A)은 미로원 담장의 중심선으로 설계 시 점선으로 그리고, 그 중심선에서 양쪽으로 30cm씩 이격하여 담장의 외곽선을 굵게 실선으로 표현한다. 담장의 폭이 60cm이므로 동선 폭은 40cm이다.

③ 요구 조건 8) : "나", "다", "라" 지역은 동선으로 레벨을 +0.0으로 정한다. "가" 공간은 1m 높이차가 발생하므로 레벨 +1.0이 된다.

④ 요구 조건 10) : 대상지는 중부지방으로 남부수종(다정큼나무, 동백나무, 굴거리나무, 태산목, 먼나무)은 식재하지 않는다.

⑤ 요구 조건 11) : 단면도 작성 시 미로원 담장을 4번 통과하므로 4개의 산석담장을 그린다.

[미로원 사례 사진]

| 자격종목 | 조경기능사 | 작품명 | 도로변 소공원 |

< 현황도 >

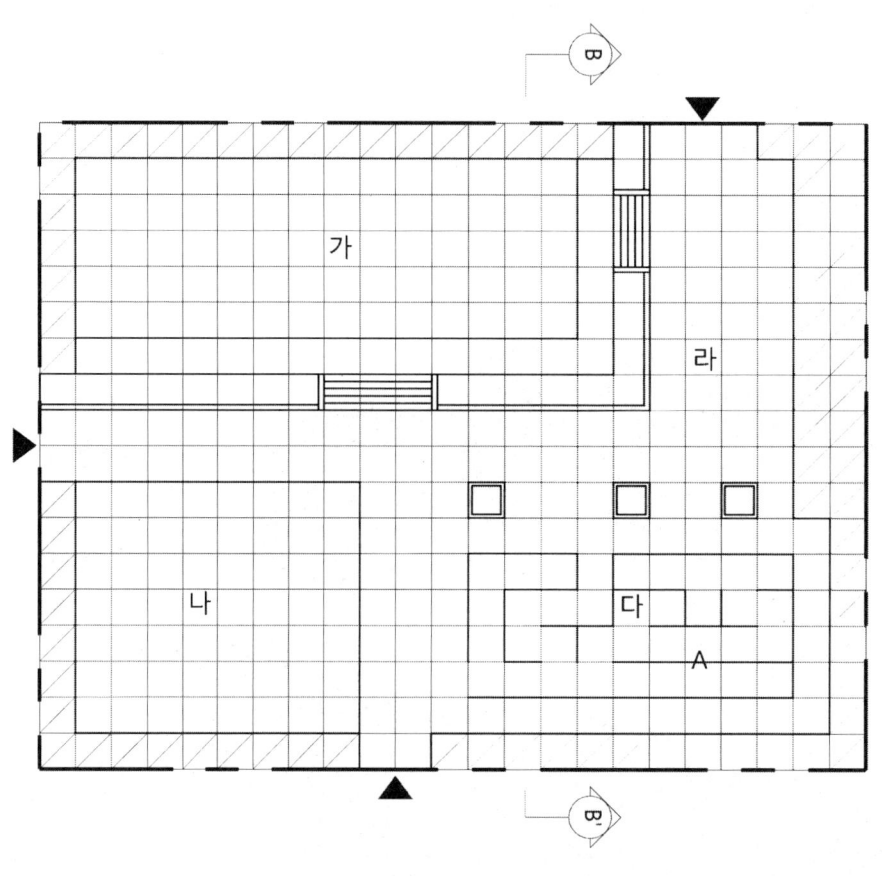

대상지 현황도
SCALE : 1/200

N

* 참조 : 격자 한 눈금은 1m

자격종목명	수험번호
조경기능사	
	성　명
	감독자확인

국가기술자격검정 실기시험 답안지

*수험번호와 성명은 반드시 흑색 또는 청색 필기구(연필류 제외) 중 동일한 색의 필기구만을 사용하고, 도면의 내용은 제도용 연필 및 샤프등을 사용하여 작성합니다.
*우측의 점선은 편철하여 접히는 부분이므로 이점을 고려하여 제도시 테두리선은 포함되어도 관련이 없으나 도면 및 인출선 등의 내용이 포함되지 않도록 주의합니다.

도로변 소공원

조경 계획도

수목 수량표

성상	수목명	규격	수량	단위
상록 교목	소나무	H4.0xW2.0	2	주
	소나무	H3.0xW1.5	5	주
	스트로브잣나무	H2.5xW1.2	11	주
낙엽 교목	꽃사과	H2.5xR5	5	주
	산딸나무	H2.0xR5	5	주
	왕벚나무	H4.5xB15	3	주
	자귀나무	H2.5xR6	7	주
	중국단풍	H2.5xR5	8	주
	청단풍	H2.5xR8	5	주
	교목합계		51	주
관목	산철쭉	H0.3xW0.4	200	주
	수수꽃다리	H1.5xW0.6	100	주
	관목합계		300	주

시설수량표

기호	시설명	규 격	수량	단위
⊠	파 고 라	5.0x3.0	1	개소
▭	평벤치	1.5x0.4	3	개소
⦶	휴지통	Ø600	3	개소
▣	수목보호대	1.0x1.0	3	개소
①	회전무대	D2000	1	개소
②	시소	3.0x1.5	1	개소
③	정글짐	2.0x2.0	1	개소

0 1 3 6 N
SCALE : 1/100

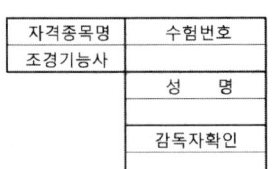

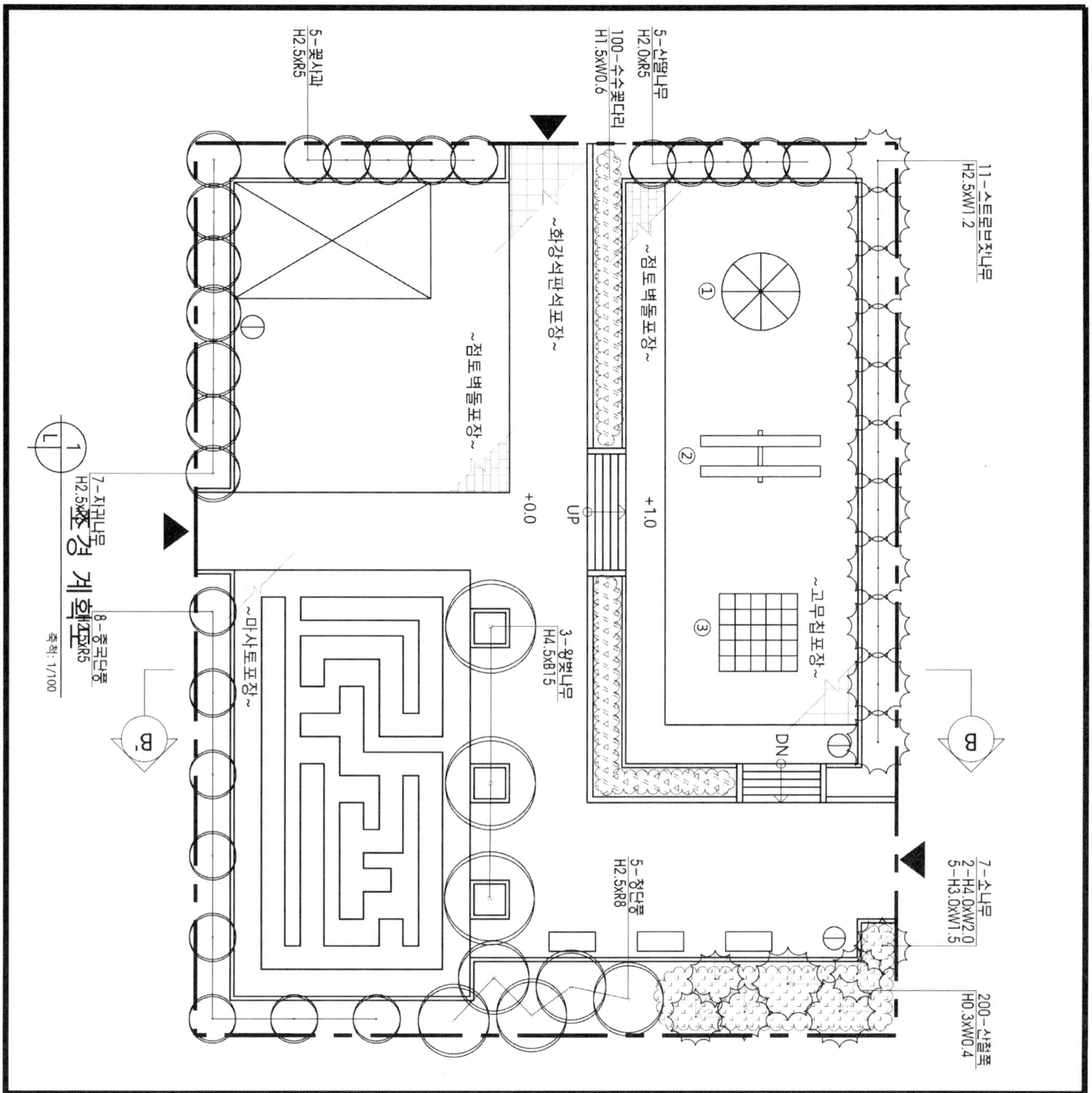

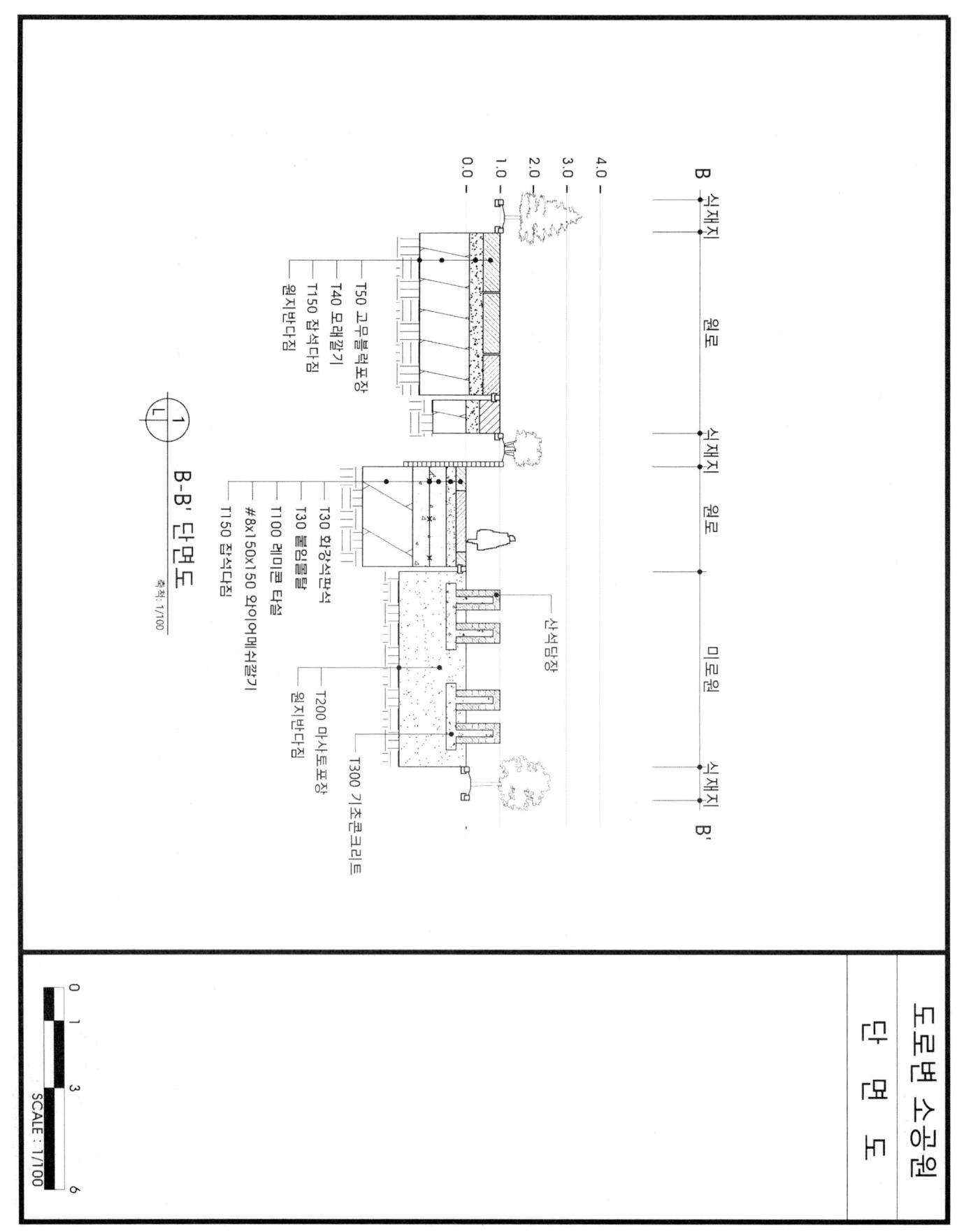

2014년 : 도로변 소공원

1. 설계 문제

우리나라 중부지역에 위치한 도로변 빈 공간에 대한 조경설계를 하고자 한다.
주어진 현황도 및 아래 사항을 참조하여 설계 조건에 따라 조경계획도를 작성하시오. (단, 일점쇄선 안 부분이 조경설계 대상지임, 격자 한 눈금이 1m임)

2. 요구 사항

① 식재평면도를 위주로 한 조경계획도를 축척 1/100을 작성하시오. (지급용지 1)
② 도면 오른쪽 위에 작업 명칭을 작성하시오.
③ 도면 오른쪽에는 "중요시설물 수량표와 식재(수목)수량표"를 작성하고, 수량표 아래쪽에 "방위표시와 막대축척"을 그려 넣으시오. (단, 전체 대상지의 길이를 고려하여 범례표의 폭을 조정할 수 있다.)
④ 도면의 전체적인 안정감을 위하여 "테두리선"을 넣으시오.
⑤ B-B′ 단면도를 축척 1/100으로 작성하시오. (지급용지 2)

3. 요구 조건

① 해당지역은 도로변 자투리 공간을 휴식과 어린이들이 즐길 수 있는 미로 및 놀이 소공원으로 조경계획도를 작성하시오.
② 포장지역을 제외한 곳에는 가능한 식재를 하시오. (녹지공간은 빗금친 부분)
③ 포장지역은 "점토블럭, 화강석블럭포장, 콘크리트, 고무블럭, 마사토, 투수콘크리트" 중에서 적당한 위치에 선택하여 표시하고, 포장명을 기입하시오.
④ "가" 지역은 놀이공간으로 계획하고, 그 안에 어린이 놀이시설 3종을 배치한다.
⑤ "나" 지역은 휴게공간으로 파고라(3.0×5.0) 1개, 음수대 1개를 설치하시오.
⑥ "다" 지역은 어린이 미로공간으로 담장높이는 1m, 점토벽돌 1.0B 쌓기 하시오.
⑦ "라" 지역은 진입 및 각 공간을 원활하게 연결시킬 수 있도록 계획하며, 보행흐름에 지장이 없도록 설계하시오.
⑧ "가" 지역은 "나", "다", "라" 지역보다 높이 차가 1m 발생하며, 그 높이 차이를 식수대로 처리하시오.
⑨ 대상지 내에 보행자 통행에 지장을 주지 않는 곳에 2인용 평상용 벤치(1,200×500) 3개와 휴지통 3개를 설치하시오.
⑩ 대상지 내에 유도식재, 녹음식재, 경관식재, 소나무군식 등의 식재패턴을 필요한 곳에 적당히 배식하고, 필요한 곳에 수목보호대를 설치하여 포장 내에 식재를 한다.
⑪ 수목은 아래 주어진 수종 중에서 10가지를 선정하여 골고루 안정적인 배식이 될 수 있도록 계획하며, 인출선을 이용하여 수량, 수종명, 규격을 반드시 표기하시오.

> 소나무(H4.0×W2.0), 소나무(H3.0×W1.5), 소나무(H2.5×W1.2), 스트로브잣나무(H2.5×W1.2), 스트로브잣나무(H2.0×W1.0), 왕벚나무(H4.5×B15), 버즘나무(H3.5×B8), 느티나무(H3.0×R6), 청단풍(H2.5×R8), 다정큼나무(H1.0×W0.6), 동백나무(H2.5×R8), 중국단풍(H2.5×R5), 굴거리나무(H2.5×W0.6), 자귀나무(H2.5×R6), 태산목(H1.5×W0.5), 먼나무(H2.0×R5), 산딸나무(H2.0×R5), 산수유(H2.5×R7), 꽃사과(H2.5×R5), 수수꽃다리(H1.5×W0.6), 병꽃나무(H1.0×W0.4), 쥐똥나무(H1.0×W0.3), 명자나무(H0.6×W0.4), 산철쭉(H0.3×W0.4), 자산홍(H0.3×W0.3), 조릿대(H0.6×7가지)

⑫ B-B' 단면도는 경사, 포장재료, 경계선 및 기타 시설물의 기초, 주변의 수목, 중요시설물, 이용자 등을 단면도 상에 반드시 표기하시오.

> **문제해설**
>
> ① 요구 조건 3) : 휴게공간은 점토벽돌포장, 놀이공간은 고무블럭포장, 동선에는 소형고압블럭포장(ILP)을, 미로공간은 마사토포장을 적용한다.
> ② 요구 조건 6) : "다" 공간의 굵은 선(A)은 미로원 담장의 중심선으로 제도 시 점선으로 그리고, 그 중심선에서 양쪽으로 10cm씩 이격하여 담장의 외곽선을 굵게 표현한다. 벽돌 1.0B 쌓기의 폭은 19cm이지만 편의상 20cm로 계산하여 작성한다.
> ③ 요구 조건 8) : "나", "다", "라" 지역은 공원의 중심 공간으로 레벨을 +0.0으로 정한다. "가" 공간은 1m 높이 차가 발생하므로 레벨 +1.0이 된다.
> ④ 요구 조건 11) : 대상지는 중부지방으로 남부수종(다정큼나무, 동백나무, 굴거리나무, 태산목, 먼나무)은 식재하지 않는다.
> ⑤ 요구 조건 12) : 단면도 작성 시 미로원 담장을 2번 통과하므로 2개의 벽돌담장을 그린다.

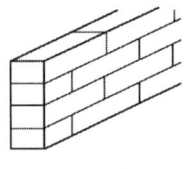
[0.5B 쌓기]

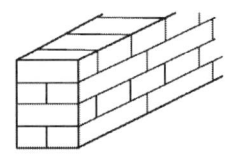
[1.0B 쌓기]

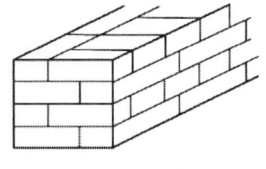
[1.5B 쌓기]

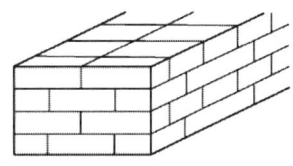
[2.0B 쌓기]

[벽돌 쌓기]

| 자격종목 | 조경기능사 | 작품명 | 도로변 소공원 |

< 현황도 >

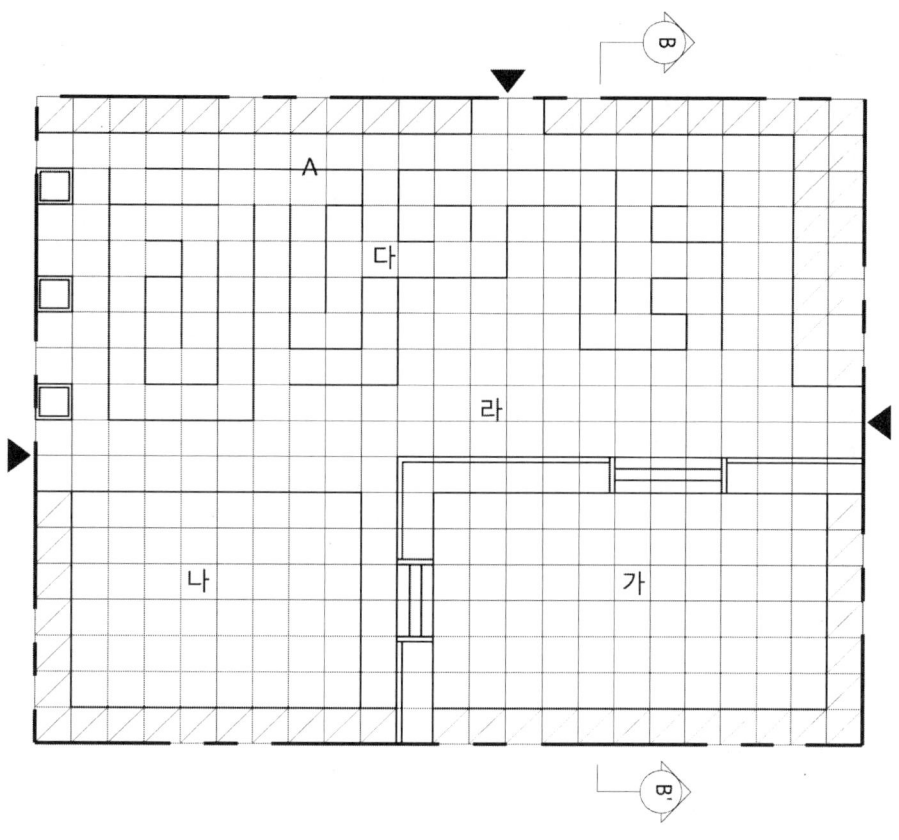

대상지 현황도
SCALE : 1/200

N

* 참조 : 격자 한 눈금은 1m

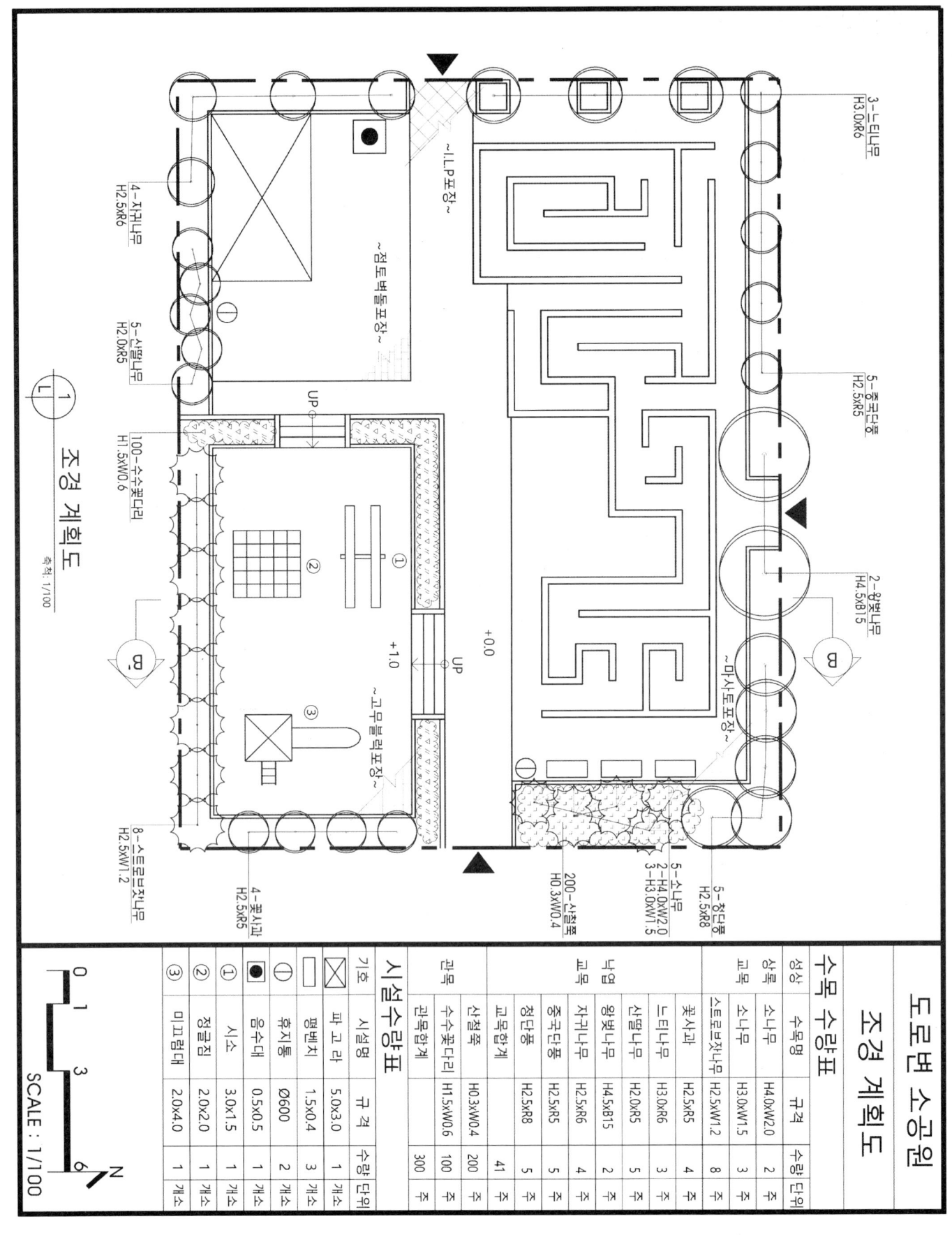

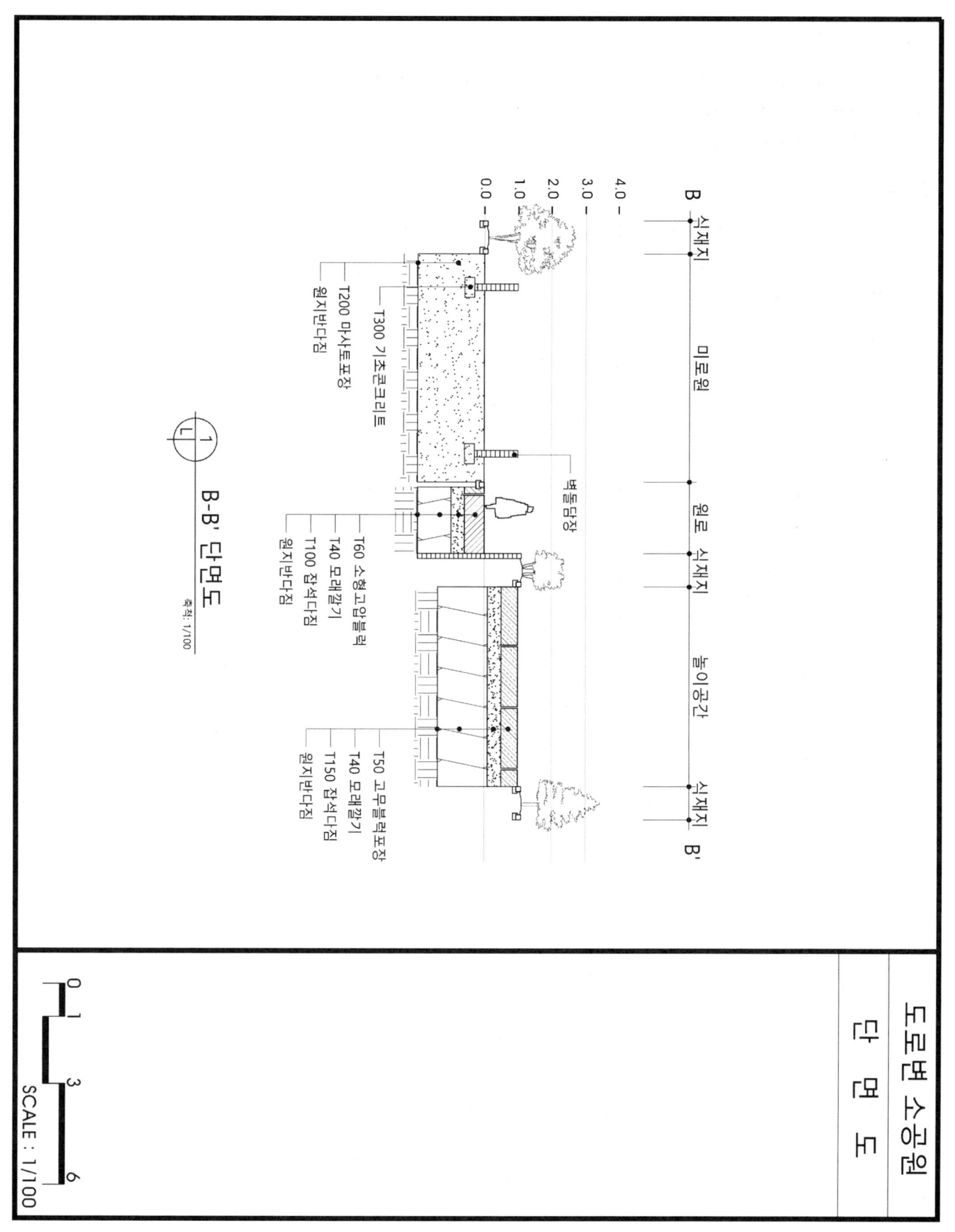

Part 2 조경설계도면작성

기출...12 2015년 : 도로변 소공원

1. 설계 문제

우리나라 중부지역에 위치한 도로변 빈 공간에 대한 조경설계를 하고자 한다.
주어진 현황도 및 아래 사항을 참조하여 설계 조건에 따라 조경계획도를 작성하시오. (단, 일점쇄선 안 부분이 조경설계 대상지임, 격자 한 눈금이 1m임)

2. 요구 사항

① 식재평면도를 위주로 한 조경계획도를 축척 1/100을 작성하시오. (지급용지 1)
② 도면 오른쪽 위에 작업 명칭을 작성하시오.
③ 도면 오른쪽에는 "중요시설물 수량표와 식재(수목)수량표"를 작성하고, 수량표 아래쪽에 "방위표시와 막대축척"을 그려 넣으시오. (단, 전체 대상지의 길이를 고려하여 범례표의 폭을 조정할 수 있다.)
④ 도면의 전체적인 안정감을 위하여 "테두리선"을 넣으시오.
⑤ B-B′ 단면도를 축척 1/100으로 작성하시오. (지급용지 2)

3. 요구 조건

① 해당지역은 도로변 자투리 공간을 휴식과 어린이들이 즐길 수 있는 도로변 소공원으로 조경계획도를 작성하시오.
② 포장지역을 제외한 곳에는 가능한 식재를 하시오. (녹지공간은 빗금친 부분)
③ 포장지역은 "점토블럭, 자연석판석포장, 콘크리트, 고무칩, 마사토, 소형고압블럭, 목재데크" 중에서 적당한 위치에 선택하여 표시하고, 포장명을 기입하시오.
④ "가" 지역은 야외무대 공간으로 "나" 지역보다는 60cm 높고, 바닥포장 재료는 공연 시 미끄러짐이 없는 것을 선택하시오. (단, 녹지대 쪽 가림벽(2.5m)이 설치된 경우 그 높이를 고려하여 계획함)
⑤ "나" 지역은 공연장과 관람석과의 완충공간으로 공연이 없을 경우 동적인 휴식 공간으로 활용하고자 하며, "마" 지역보다 1.0m 낮게 배치하시오.
⑥ "다" 지역은 놀이공간으로 "마", "라" 지역보다 1.0m 낮게 계획하고, 그 안에 어린이 놀이 시설물을 3종류(회전무대, 3연식 철봉, 정글짐, 2연식 시소 등)를 배치하시오. A는 "장애인 경사로"로 장애인들이 편안히 접근할 수 있도록 하는 보행공간으로 계획하시오.
⑦ "라" 지역은 휴식공간으로 파고라(3,500×3,500) 1개와 등벤치 2개, 휴지통 1개를 설치하시오.
⑧ "마" 지역은 보행공간으로 각각의 공간을 연계할 수 있으며 주진입구에는 동일한 수종을 3주 식재하며, 적합한 장소를 선택하여 평상형 벤치와 휴지통을 추가로 설치하시오.
⑨ 대상지 내에 유도식재, 녹음식재, 경관식재, 소나무군식 등의 식재패턴을 필요한 곳에 적당히 배식하고, 3개의 수목보호대에는 녹음식재를 실시하고, 필요한 곳에 수목보호대를 설치하여 포장 내에 식재를 한다.
⑩ 수목은 아래 주어진 수종 중에서 10가지를 선정하여 골고루 안정적인 배식이 될 수 있도록 계획하며, 인출선을 이용하여 수량, 수종명, 규격을 반드시 표기하시오.

소나무(H4.0×W2.0), 소나무(H3.0×W1.5), 소나무(H2.5×W1.2), 스트로브잣나무(H2.5×W1.2), 스트로브잣나무(H2.0×W1.0), 왕벚나무(H4.5×B15), 버즘나무(H3.5×B8), 느티나무(H3.0×R6), 청단풍(H2.5 ×R8), 다정큼나무(H1.0×W0.6), 동백나무(H2.5×R8), 중국단풍(H2.5×R5), 굴거리나무(H2.5×W0.6), 자귀나무(H2.5×R6), 태산목(H1.5×W0.5), 먼나무(H2.0×R5), 산딸나무(H2.0×R5), 산수유(H2.5×R7), 꽃사과(H2.5×R5), 수수꽃다리(H1.5×W0.6), 병꽃나무(H1.0×W0.4), 쥐똥나무(H1.0×W0.3), 명자나무(H0.6×W0.4), 산철쭉(H0.3×W0.4), 자산홍(H0.3×W0.3), 조릿대(H0.6×7가지)

⑪ B-B´ 단면도는 경사, 포장재료, 경계선 및 기타 시설물의 기초, 주변의 수목, 중요시설물, 이용자 등을 단면도 상에 반드시 표기하시오.

> **문제해설**
>
> ① 요구 조건 3) : 휴게공간은 자연석판석포장, 놀이공간은 고무칩포장, 동선에는 소형고압블럭포장(ILP)을, 야외무대는 목재데크를 적용한다.
> ② 요구 조건 4)~6) :
>   • "마", "라" 지역은 동선과 휴게공간으로 레벨을 +0.0으로 정한다.
>   • "나", "다"의 레벨은 -1.0, "가"의 레벨은 -0.4, 가림벽의 높이는 +2.1이 된다.
> ③ 요구 조건 6) : "A" 시설은 장애인 경사로로 1m의 단차를 경사면으로 이동할 수 있는 시설이다. 경사로는 U자 형태로 그리고, 시설 중간에 화살표를 표시하여 올라갈 때는 UP, 내려갈 때는 DN을 적는다. (본서 Chapter 2. 조경설계 9. 계단, 경사로 단원을 참조)
> ④ 요구 조건 10) : 대상지는 중부지방으로 남부수종(다정큼나무, 동백나무, 굴거리나무, 태산목, 먼나무)은 식재하지 않는다.
> ⑤ 요구 조건 11) : 단면도 작성 시 단차의 변화가 심하므로 주의하여 레벨을 체크한다.

[야외무대, 가림벽 사례 사진]

[계단, 경사로 사례 사진]

| 자격종목 | 조경기능사 | 작품명 | 도로변 소공원 |

< 현황도 >

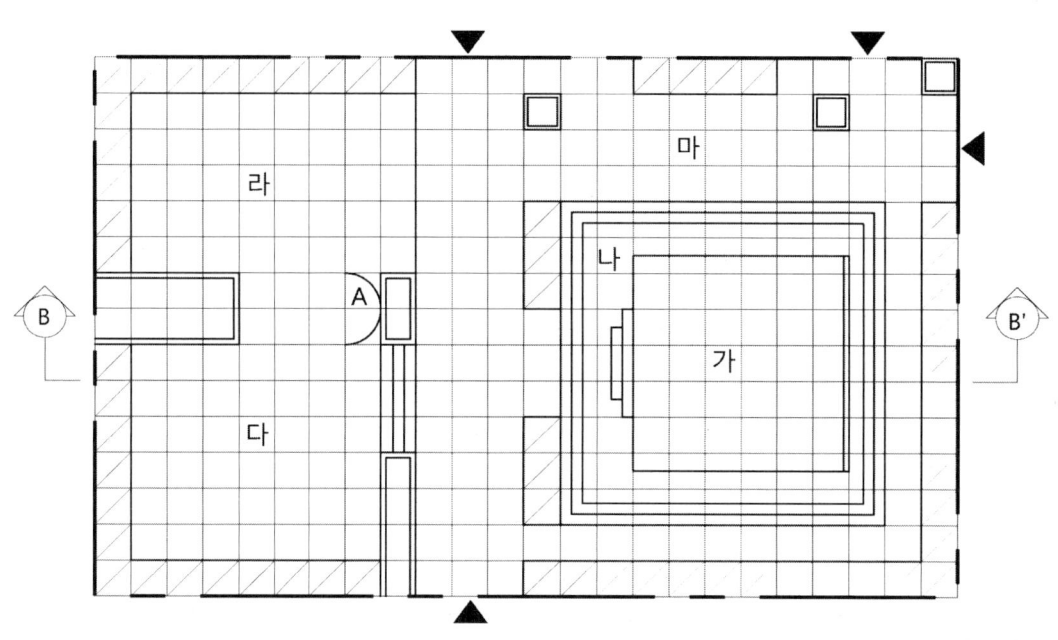

대상지 현황도
SCALE : 1/200

N

* 참조 : 격자 한 눈금은 1m

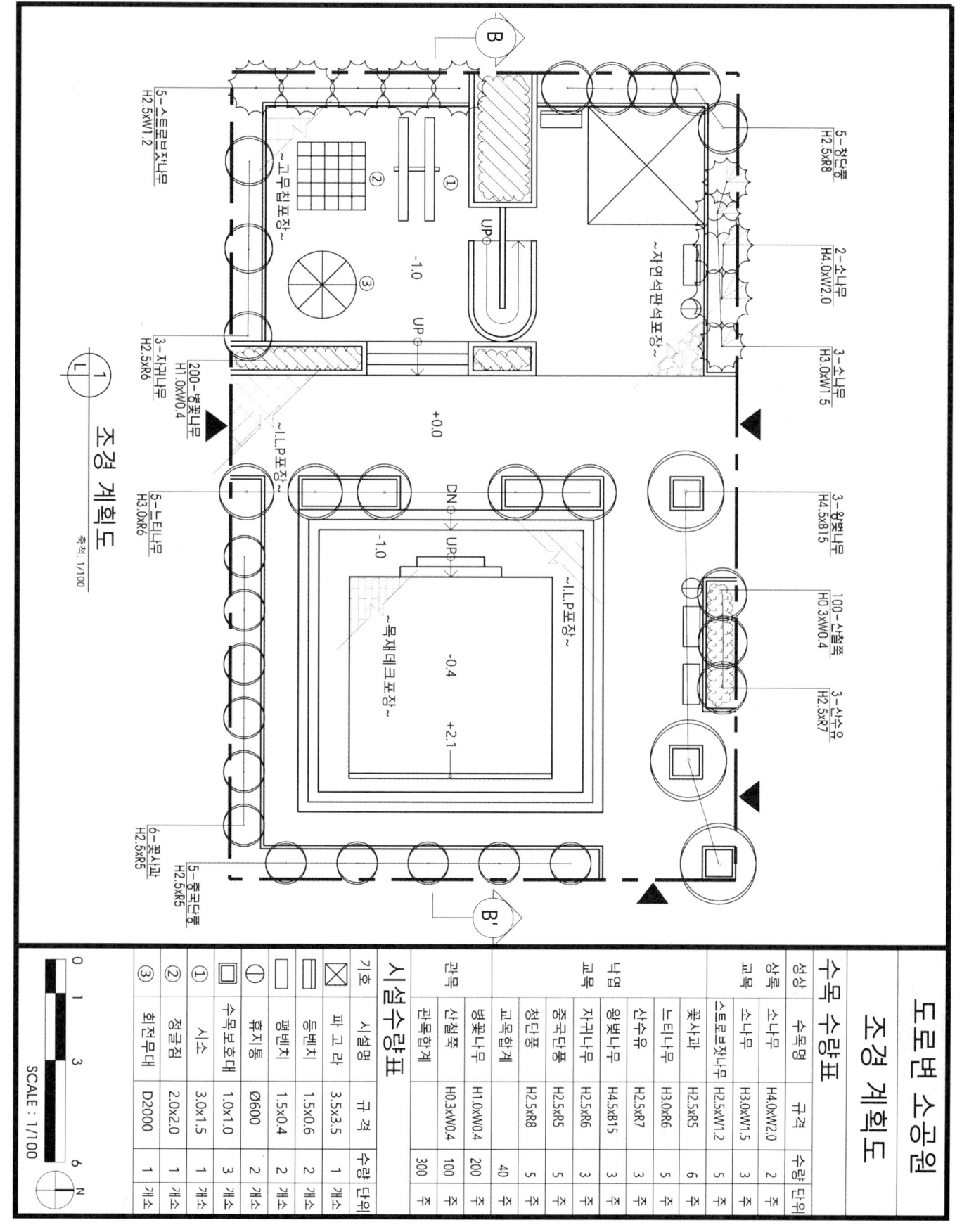

국가기술자격검정 실기시험 답안지

자격종목명	수험번호
조경기능사	
	성 명
	감독자확인

*수험번호와 성명은 반드시 흑색 또는 청색 필기구(연필류 제외) 중 동일한 색의 필기구만을 사용하고, 도면의 내용은 제도용 연필 및 샤프등을 사용하여 작성합니다.
*우측의 점선은 편철하여 접히는 부분이므로 이점을 고려하여 제도시 테두리선은 포함되어도 관련이 없으나 도면 및 인출선 등의 내용이 포함되지 않도록 주의합니다.

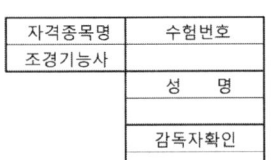

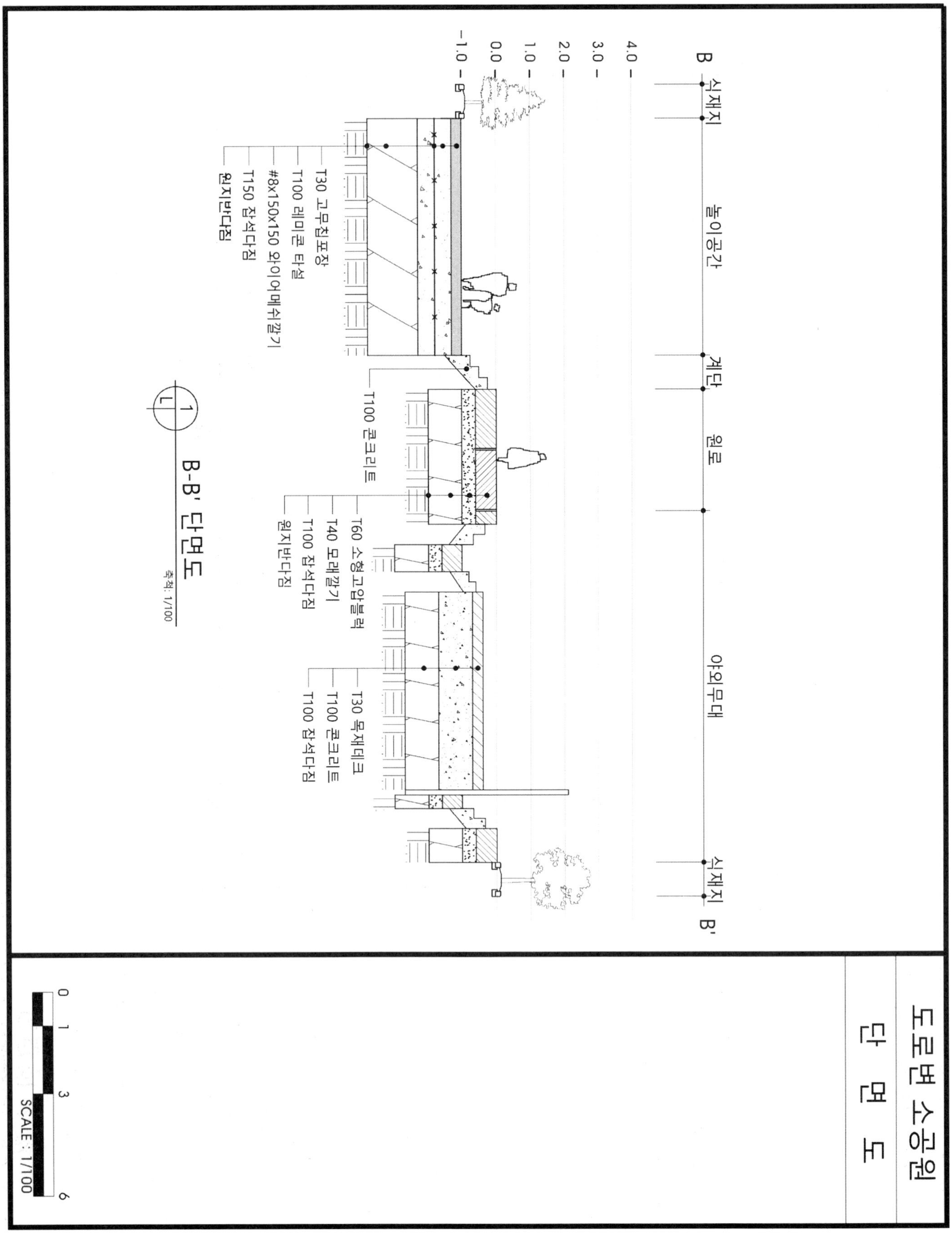

 **2016년 : 도심 소공원**

1. 설계 문제

우리나라 중부지역에 위치한 도심 소공원에 대한 조경설계를 하고자 한다.
주어진 현황도 및 아래 사항을 참조하여 설계 조건에 따라 조경계획도를 작성하시오. (단, 일점쇄선 안 부분이 조경설계 대상지임, 격자 한 눈금이 1m임)

2. 요구 사항

① 식재평면도를 위주로 한 조경계획도를 축척 1/100을 작성하시오. (지급용지 1)
② 도면 오른쪽 위에 작업 명칭을 작성하시오.
③ 도면 오른쪽에는 "중요시설물 수량표와 식재(수목)수량표"를 작성하고, 수량표 아래쪽에 "방위표시와 막대축척"을 그려 넣으시오. (단, 전체 대상지의 길이를 고려하여 범례표의 폭을 조정할 수 있다.)
④ 도면의 전체적인 안정감을 위하여 "테두리선"을 넣으시오.
⑤ B-B′ 단면도를 축척 1/100으로 작성하시오. (지급용지 2)

3. 요구 조건

① 해당지역은 도로변 자투리 공간을 휴식과 어린이들이 즐길 수 있는 도심 소공원으로 조경계획도를 작성하시오.
② 포장지역을 제외한 곳에는 가능한 식재를 하시오. (녹지공간은 빗금친 부분)
③ 포장지역은 "점토벽돌, 화강석판석, 콘크리트, 고무칩, 마사토, 소형고압블럭, 투수콘크리트" 중에서 적당한 위치에 선택하여 표시하고, 포장명을 기입하시오.
④ "가" 지역은 주차공간으로 (2,500×5,000)로 설계하시오.
⑤ "나" 지역은 놀이공간으로 그 안에 어린이 놀이 시설물 3종류(회전무대, 3연식 철봉, 정글짐 등)를 배치하시오.
⑥ "다" 지역은 휴식공간으로 파고라(3,000×4,000) 1개와 등받이형 벤치(1200×500) 2개를 설치하여, 보호자의 놀이공간 관찰이 용의하도록 한다.
⑦ "라" 지역은 보행공간으로 각각의 공간을 연계할 수 있으며, 2개의 공간에는 "띠녹지"를 조성한다. 적합한 장소를 선택하여 평상형 벤치와 휴지통을 추가로 설치하시오.
⑧ "마" 지역은 진입공간으로 "초화원"으로 계획하시오.
⑨ "바" 지역은 기념조각상이 있는 공간으로 주변보다 3m가 높게 계획되어 있으며, 진입계단을 통해 주변은 식수대로 처리한다.
⑩ "사" 지역은 주변 "바" 지역에 비해 30cm가 높으며, 적당한 곳에 상징조각물(1,000×1,000) 높이 0.8m로 설치하고, 뒷면은 "벽면조경물" 높이 1.0m로 배경처리되어 있다.
⑪ 대상지 내에 유도식재, 녹음식재, 경관식재, 소나무군식 등의 식재패턴을 필요한 곳에 적당히 배식하고, 3개의 수목보호대에는 녹음식재를 실시하고, 필요한 곳에 수목보호대를 설치하여 포장 내에 식재를 한다.
⑫ 수목은 아래 주어진 수종 중에서 10가지를 선정하여 골고루 안정적인 배식이 될 수 있도록 계획하며, 인출선을 이용하여 수량, 수종명, 규격을 반드시 표기하시오.

> 소나무(H4.0×W2.0), 소나무(H3.0×W1.5), 소나무(H2.5×W1.2), 스트로브잣나무(H2.5×W1.2), 스트로브잣나무(H2.0×W1.0), 왕벚나무(H4.5×B15), 버즘나무(H3.5×B8), 느티나무(H3.0×R6), 청단풍(H2.5 ×R8), 다정큼나무(H1.0×W0.6), 동백나무(H2.5×R8), 중국단풍(H2.5×R5), 굴거리나무(H2.5×W0.6), 자귀나무(H2.5×R6), 태산목(H1.5×W0.5), 먼나무(H2.0×R5), 산딸나무(H2.0×R5), 산수유(H2.5×R7), 꽃사과(H2.5×R5), 수수꽃다리(H1.5×W0.6), 병꽃나무(H1.0×W0.4), 쥐똥나무(H1.0×W0.3), 명자나무(H0.6×W0.4), 산철쭉(H0.3×W0.4), 자산홍(H0.3×W0.3), 조릿대(H0.6×7가지)

⑬ B-B' 단면도는 경사, 포장재료, 경계선 및 기타 시설물의 기초, 주변의 수목, 중요시설물, 이용자 등을 단면도 상에 반드시 표기하시오.

 문제해설

① 요구 조건 3) : 휴게공간은 점토벽돌포장, 놀이공간은 고무칩포장, 동선에는 소형고압블럭포장(ILP)을, 초화원은 마사토포장, 주차장은 콘크리트포장, 기념조각상이 있는 공간에는 화강석판석포장을 적용한다.

② 요구 조건 7) : 띠녹지란 길고 좁은 형태의 녹지공간으로 녹지경계석을 그리고, 수목을 열식한다.

③ 요구 조건 8) : 초화원에는 비비추, 감국, 후록스 등 초화류를 심는다. 초화류는 m^2당 36본을 식재하는 것으로 본다. 수목 수량표에 지피 항목을 추가하여 적는다.

④ 요구 조건 9) : "바"와 "라" 공간은 3m의 단차가 발생하므로 중간에 계단참(+1.5)을 계획한다. 계단에는 화살표를 그리고, 올라갈 때는 UP, 내려갈 때는 DN을 표시한다.

⑤ 요구 조건 9)~10) : "가", "나", "다", "라", "마" 지역은 동선과 휴게공간으로 레벨을 +0.0으로 정한다. "바"의 레벨은 +3.0, "사"의 레벨은 +3.3, 벽면조경물의 높이는 +4.3이 된다.

⑥ 요구 조건 10) : 기념공간에서 잘 보이는 중심 지역에 기단과 단순한 형태의 상징조각물을 표현한다.

⑦ 요구 조건 12) : 대상지는 중부지방으로 남부수종(다정큼나무, 동백나무, 굴거리나무, 태산목, 먼나무)은 식재하지 않는다.

| 자격종목 | 조경기능사 | 작품명 | 도심 소공원 |

< 현황도 >

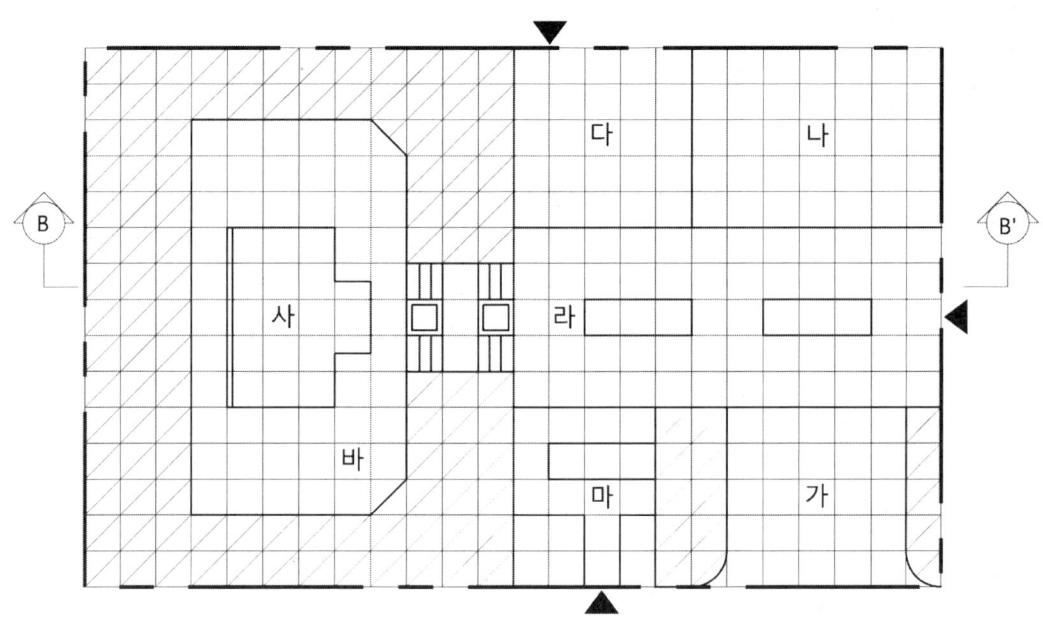

대상지 현황도
SCALE : 1/200

N

* 참조 : 격자 한 눈금은 1m

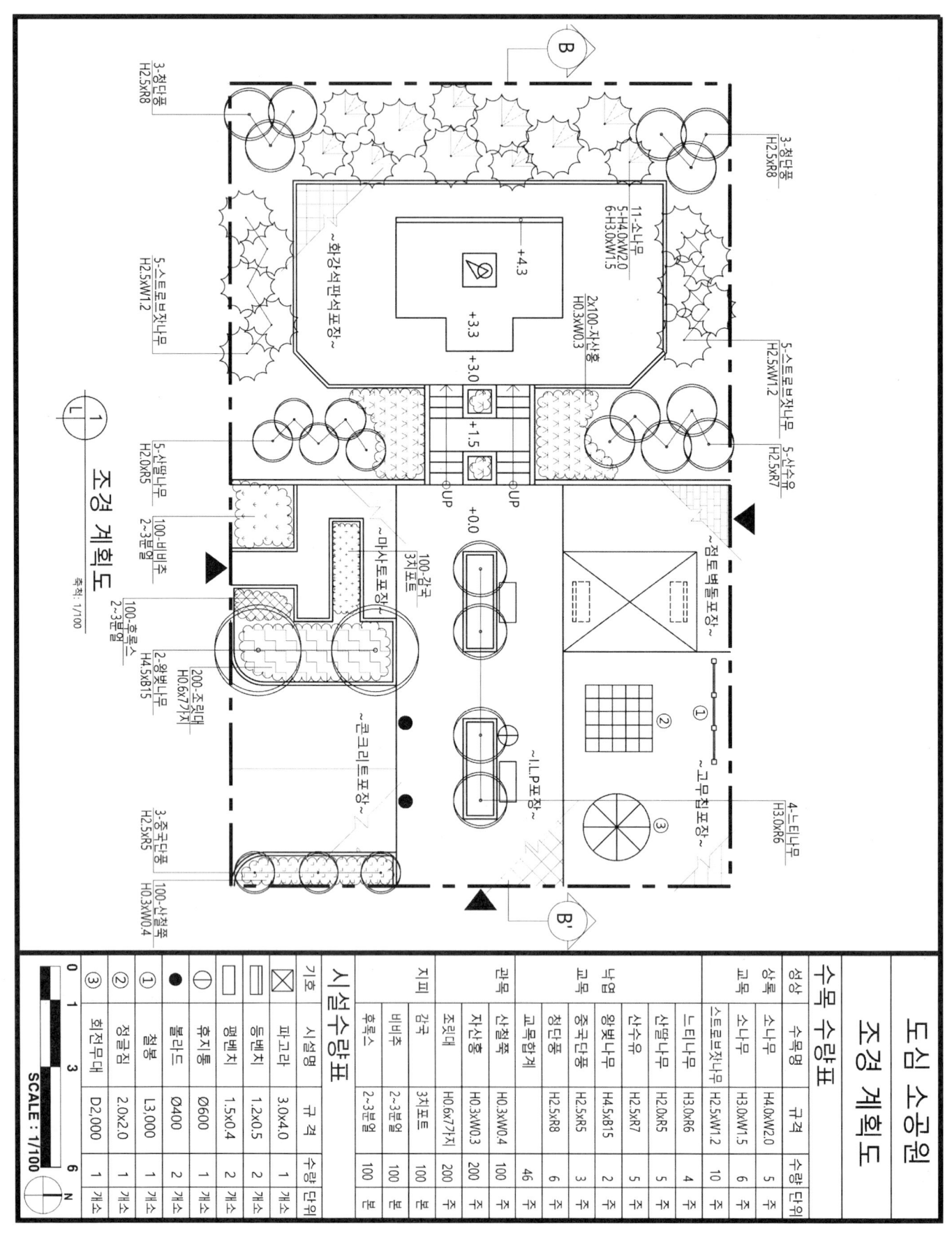

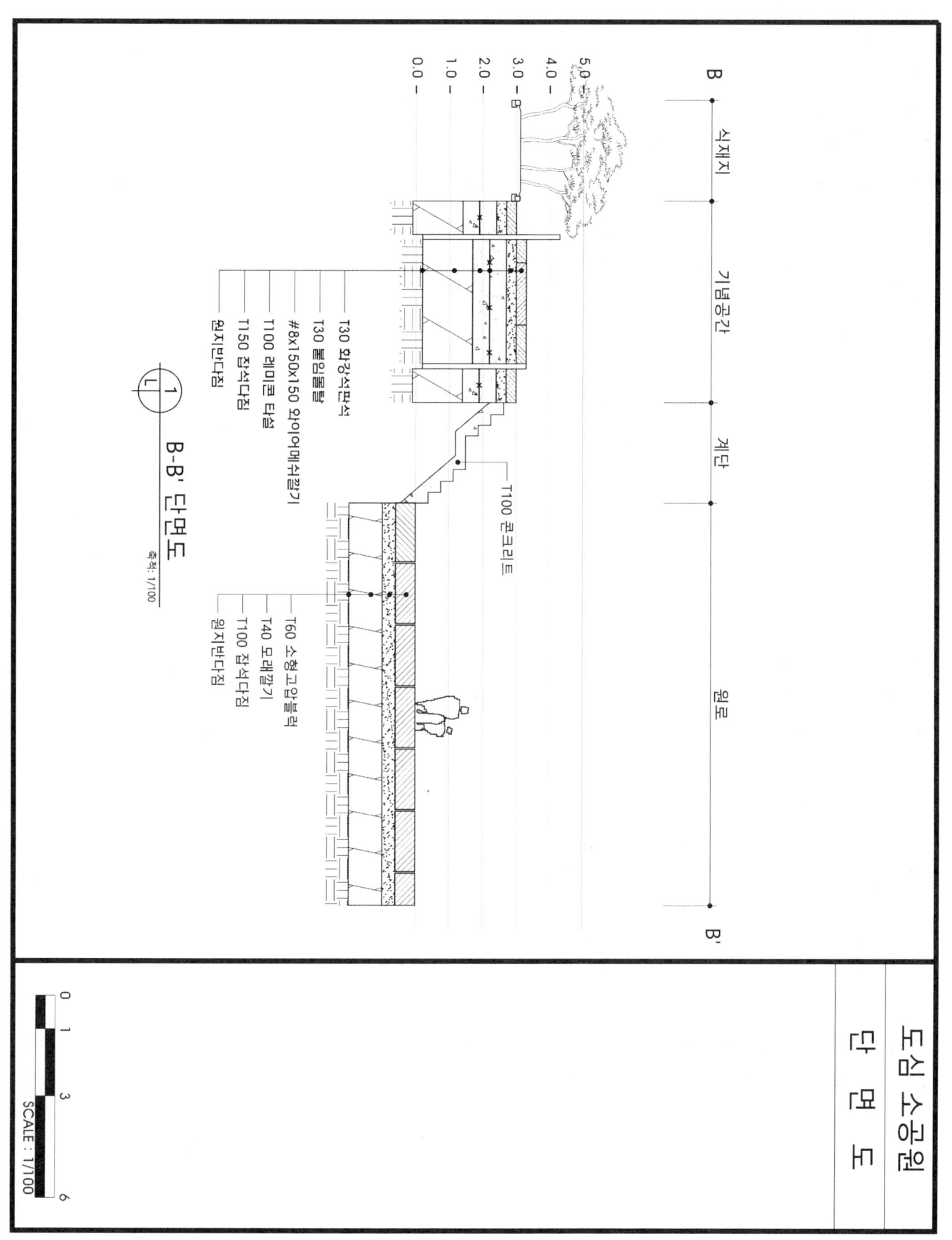

Part 2 조경설계도면작성

 2017년 : 도로변 소공원

1. 설계 문제

우리나라 중부지역에 위치한 도심 소공원에 대한 조경설계를 하고자 한다.
주어진 현황도 및 아래 사항을 참조하여 설계 조건에 따라 조경계획도를 작성하시오. (단, 일점쇄선 안 부분이 조경설계 대상지임, 격자 한 눈금이 1m임)

2. 요구 사항

① 식재평면도를 위주로 한 조경계획도를 축척 1/100을 작성하시오. (지급용지 1)
② 도면 오른쪽 위에 작업 명칭을 작성하시오.
③ 도면 오른쪽에는 "중요시설물 수량표와 식재(수목)수량표"를 작성하고, 수량표 아래쪽에 "방위표시와 막대축척"을 그려 넣으시오. (단, 전체 대상지의 길이를 고려하여 범례표의 폭을 조정할 수 있다.)
④ 도면의 전체적인 안정감을 위하여 "테두리선"을 넣으시오.
⑤ B-B′ 단면도를 축척 1/100으로 작성하시오. (지급용지 2)

3. 요구 조건

① 해당지역은 도로변 자투리 공간을 휴식과 어린이들이 즐길 수 있는 소공원으로 조경계획도를 작성하시오.
② 포장지역을 제외한 곳에는 가능한 식재를 하시오. (녹지공간은 빗금친 부분)
③ 포장지역은 "점토벽돌, 화강석블럭포장, 콘크리트, 고무칩, 마사토, 투수콘크리트" 중에서 적당한 위치에 선택하여 표시하고, 포장명을 기입하시오.
④ "가" 지역은 정적인 휴식공간으로 파고라(3,000×3,000)로 설계하시오.
⑤ "나" 지역은 놀이공간으로 그 안에 어린이 놀이 시설물을 3종류(회전무대, 3연식 철봉, 정글짐, 2연식 시소 등)를 배치하시오.
⑥ "다" 지역은 진입 및 각 공간을 원활하게 연결시킬 수 있도록 계획하며, 보행 흐름에 지장이 없도록 설계하시오.
⑦ "라" 지역은 정적인 휴식공간으로 연못, 정자(P) 및 어린이용 도섭지를 설치하며 3개의 수목보호대를 통해 적합한 수목을 식재하시오.
⑧ "라" 지역은 "다" 지역보다 높이 차가 1m 낮으며, 공간별 높이 차이는 식수대(plant box)로 처리하시오.
⑨ "마" 지역은 "라" 지역 높이보다 수심이 1m 정도의 연못이 위치하며, 연못과 연결되는 도섭지의 경우 수심을 30cm로 설치하고, 적합한 곳에 평상형 벤치와 휴지통을 추가로 설치하시오. "A" 시설은 "장애인 경사로"로 1m 높이 차를 장애인들이 편안히 접근할 수 있도록 계획하시오.
⑩ 대상지 내에 유도식재, 녹음식재, 경관식재, 소나무군식 등의 식재패턴을 필요한 곳에 적당히 배식하고, 3개의 수목보호대에는 녹음식재를 실시하고, 필요한 곳에 수목보호대를 설치하여 포장 내에 식재를 한다.
⑪ 수목은 아래 주어진 수종 중에서 10가지를 선정하여 골고루 안정적인 배식이 될 수 있도록 계획하며, 인출선을 이용하여 수량, 수종명, 규격을 반드시 표기하시오.

조경설계도면작성

소나무(H4.0×W2.0), 소나무(H3.0×W1.5), 소나무(H2.5×W1.2), 스트로브잣나무(H2.5×W1.2), 스트로브잣나무(H2.0×W1.0), 왕벚나무(H4.5×B15), 버즘나무(H3.5×B8), 느티나무(H3.0×R6), 청단풍(H2.5×R8), 다정큼나무(H1.0×W0.6), 동백나무(H2.5×R8), 중국단풍(H2.5×R5), 굴거리나무(H2.5×W0.6), 자귀나무(H2.5×R6), 태산목(H1.5×W0.5), 먼나무(H2.0×R5), 산딸나무(H2.0×R5), 산수유(H2.5×R7), 꽃사과(H2.5×R5), 수수꽃다리(H1.5×W0.6), 병꽃나무(H1.0×W0.4), 쥐똥나무(H1.0×W0.3), 명자나무(H0.6×W0.4), 산철쭉(H0.3×W0.4), 자산홍(H0.3×W0.3), 조릿대(H0.6×7가지)

⑫ B-B′ 단면도는 경사, 포장재료, 경계선 및 기타 시설물의 기초, 주변의 수목, 중요시설물, 이용자 등을 단면도 상에 반드시 표기하시오.

문제해설

① 요구 조건 3) : 휴게공간은 화강석블럭포장, 놀이공간은 고무칩포장, 동선에는 점토벽돌포장을 한다.

② 요구 조건 7)~8) : "가", "나", "다" 지역은 동선과 놀이, 휴게공간으로 레벨을 +0.0으로 정한다. "라" 공간의 레벨은 -1.0, 도섭지는 -1.3, "마" 공간의 레벨은 -2.0이다.

③ 요구 조건 7) : 도섭지란 어린이들이 물놀이를 할 수 있는 수심이 낮은 형태의 수경시설이다.

④ 요구 조건 9) : "A" 시설은 장애인 경사로로 1m의 단 차를 경사면으로 이동할 수 있는 시설이다. 경사로는 U자 형태로 그리고, 시설 중간에 화살표를 표시하여, 올라갈 때는 UP, 내려갈 때는 DN을 적는다. (본서 Chapter 2. 조경설계 9. 계단, 경사로 단원을 참조한다.)

⑤ 요구 조건 11) : 대상지는 중부지방으로 남부수종(다정큼나무, 동백나무, 굴거리나무, 태산목, 먼나무)은 식재하지 않는다.

⑥ 요구 조건 12) : 단면도 작성 시 정자의 기초가 연못에 잠겨 있는 형태로 그린다.

[도섭지 사례 사진]

[연못, 정자 사례 사진]

| 자격종목 | 조경기능사 | 작품명 | 도로변 소공원 |

< 현황도 >

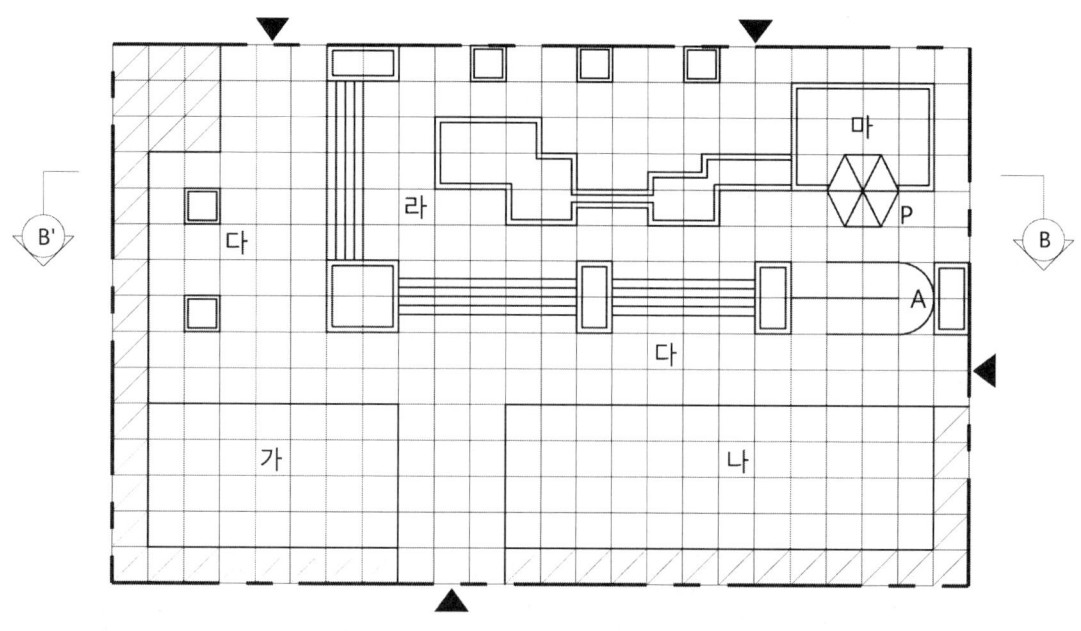

대상지 현황도
SCALE : 1/200

* 참조 : 격자 한 눈금은 1m

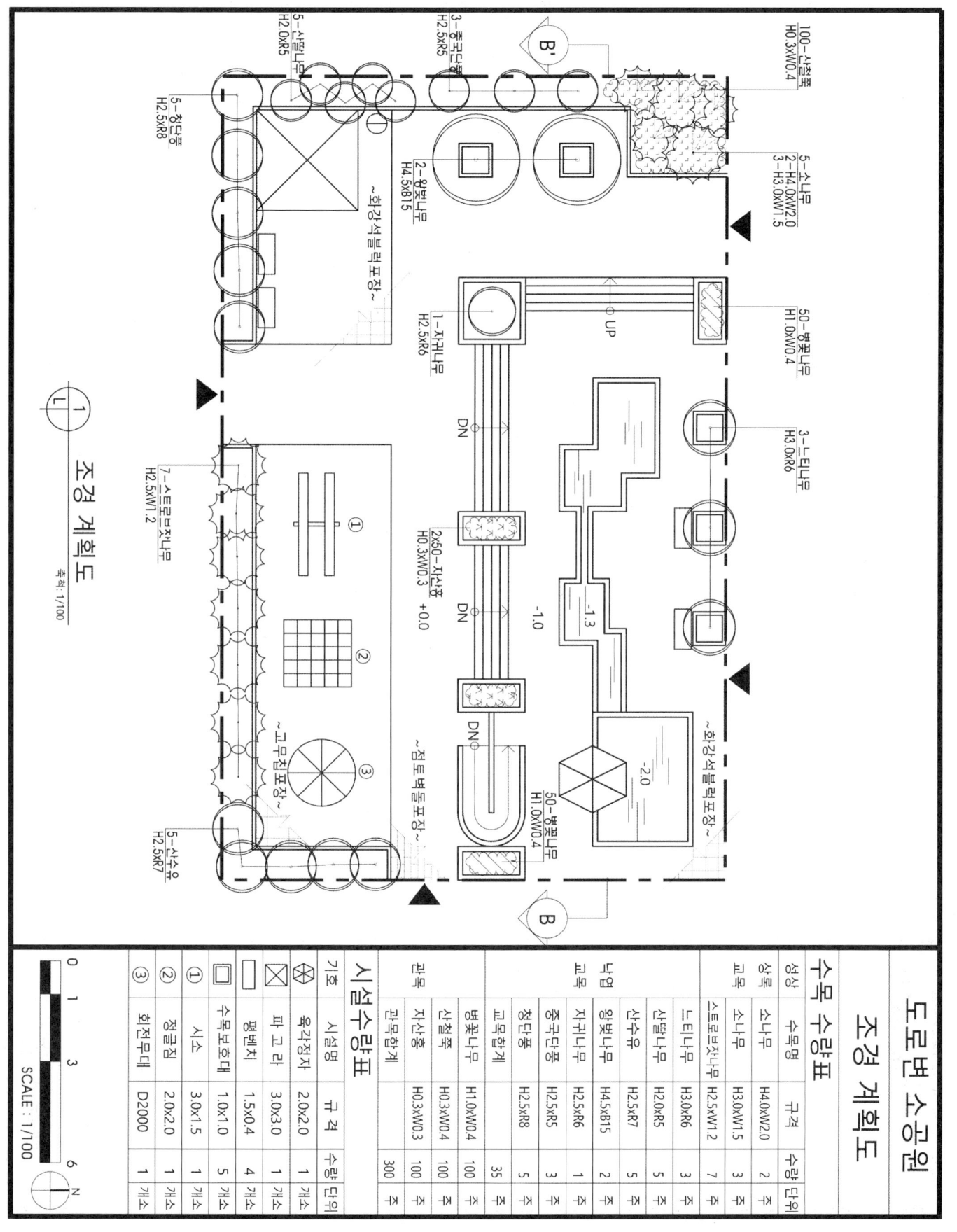

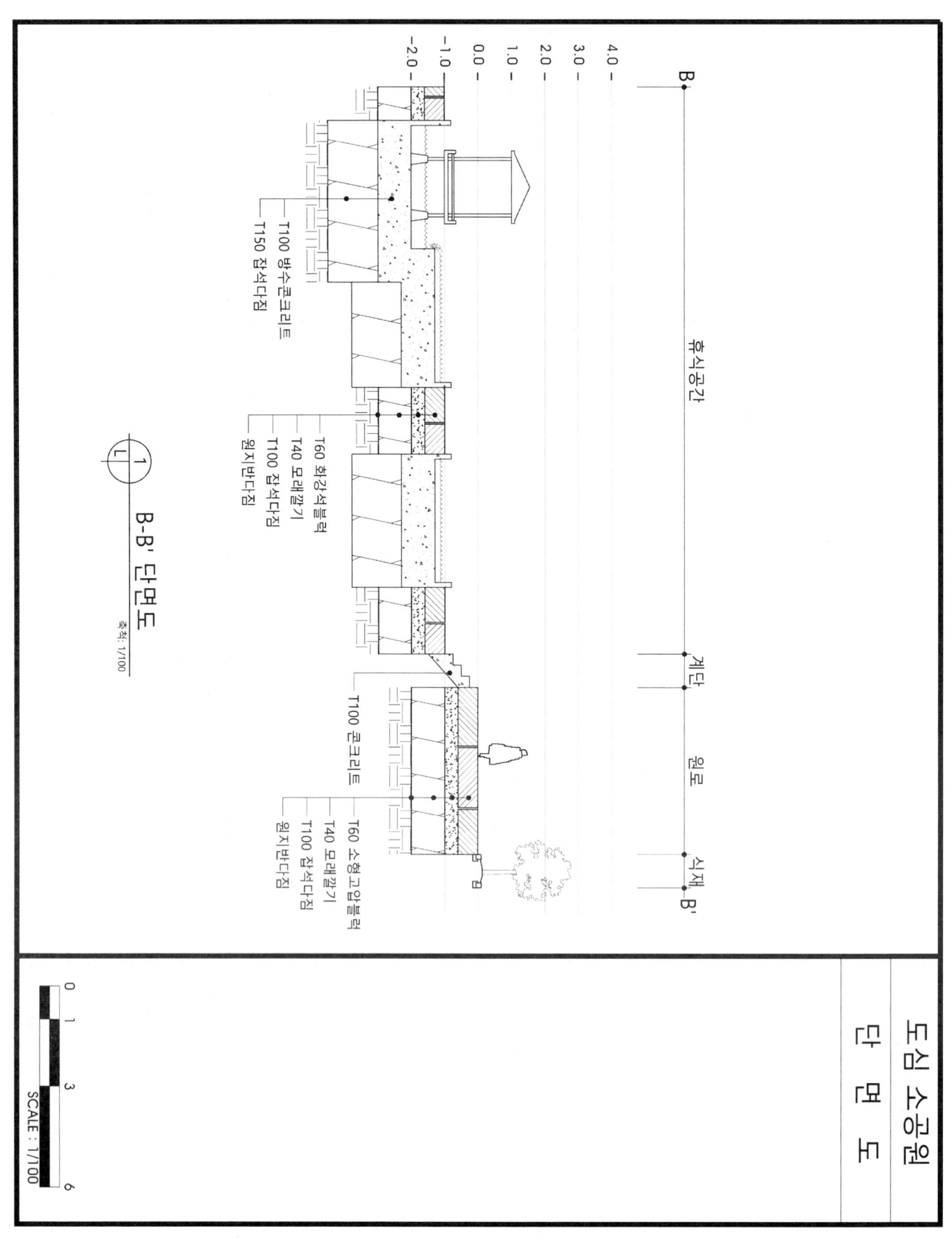

 2019년 : 옥상정원

1. 설계 문제

우리나라 중부지역에 위치한 관공서 옥상에 대한 조경설계를 하고자 한다.
주어진 현황도 및 아래 사항을 참조하여 설계 조건에 따라 조경계획도를 작성하시오. (단, 일점쇄선 안 부분이 조경설계 대상임, 격자 한 눈금이 1m임)

2. 요구 사항

① 식재평면도를 위주로 한 조경계획도를 축척 1/100을 작성하시오. (지급용지 1)
② 도면 오른쪽 위에 작업 명칭을 작성하시오.
③ 도면 오른쪽에는 "중요시설물 수량표와 식재(수목)수량표"를 작성하고, 수량표 아래쪽에 "방위표시와 막대축척"을 그려 넣으시오. (단, 전체 대상지의 길이를 고려하여 범례표의 폭을 조정할 수 있다.)
④ 도면의 전체적인 안정감을 위하여 "테두리선"을 넣으시오.
⑤ B-B′ 단면도를 축척 1/100으로 작성하시오. (지급용지 2)
⑥ 반드시 식재평면도는 성상, 수목명, 규격, 단위, 수량을 명기하여 작성하시오.

3. 요구 조건

① 해당지역은 관공서 옥상 공간으로 만남과 휴식을 위한 옥상정원 조경계획도를 작성하시오.
② 포장지역을 제외한 곳에는 가능한 식재를 하시오. (녹지공간은 빗금친 부분)
③ 포장지역은 "소형고압블럭, 점토벽돌, 콘크리트, 고무칩, 투수콘크리트" 중에서 적당한 위치에 선택하여 표시하고, 포장명을 기입하시오.
④ 옥상정원의 포장 공간에는 휴식을 위한 등의자(1,600×600) 2개, 쉘터(3,000×3,000) 1개와 쉘터 하부에 평의자(1,600×400) 3개를 설치하시오.
⑤ 플랜터는 높이가 다른 2개의 단으로 구성하되, 서측 플랜터는 관목만 식재한다. 각 플랜터의 높이를 조성계획 평면도에 표시하고, B-B′ 단면도 작성 시 인공식재지반은 다음의 조건을 기준으로 한다.

- 배수판 : THK30
- 인공토(배수용) : THK100
- 멀칭 : 적용하지 않음
- 인공토(육성용) : 도입수목 성상에 따른 생존 최소토심을 적용하고, 플랜터보다 5cm 낮게 계획함

⑥ 북측 녹지대에는 차폐식재를 하고, 전체적으로 볼거리가 있도록 화목류 위주로 식재한다.
⑦ 수목은 규격이 크지 않은 수목을 선정하고 낮은 플랜터에는 관목을 식재한다.
⑧ 관목의 식재 기준은 m²당 9주 식재를 적용하고, 10주 단위로 군식하는 것을 원칙으로 한다.
⑨ 수목은 아래 주어진 수종 중에서 10가지를 선정하여 골고루 안정적인 배식이 될 수 있도록 계획하며, 인출선을 이용하여 수량, 수종명, 규격을 반드시 표기하시오.

금목서(H2.0×W1.0), 스트로브잣나무(H2.0×W1.0), 주목(H2.0×W1.0), 왕벚나무(H4.0×B10), 배롱나무(H2.5×R6), 배롱나무(H3.5×R15), 산수유(H2.5×R8), 산수유(H3.5×R15), 청단풍(H3.0×R10), 청단풍(H3.5×R15), 후박나무(H2.5×R6), 매화나무(H2.5×R6), 매화나무(H4.0×R15), 아왜나무(H2.0×W1.0), 먼나무(H2.5×R6), 백철쭉(H0.4×W0.4), 수수꽃다리(H1.2×W0.4), 산철쭉(H0.4×W0.4), 회양목(H0.3×W0.3), 남천(H1.0×3가지)

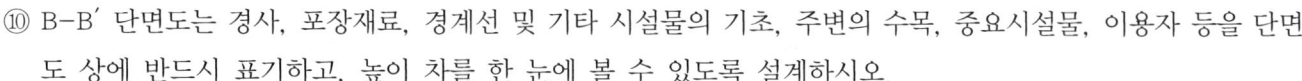

⑩ B-B′ 단면도는 경사, 포장재료, 경계선 및 기타 시설물의 기초, 주변의 수목, 중요시설물, 이용자 등을 단면도 상에 반드시 표기하고, 높이 차를 한 눈에 볼 수 있도록 설계하시오.

- 단면도 답안지 중앙에 평면도의 단면도 선이 지나는 시설물이나 수목 등을 규격에 맞추어 정확하게 설계한다.
- 낮은 플랜터 높이는 0.5m 이하로 하고 식재 토심은 0.43m 이상을 확보하고, 높은 플랜터 높이는 0.8~1.0로 하고, 식재토심은 0.73m 이상을 확보한다.
- 낮은 플랜터 : 배수판 THK30, 인공토(배수용) THK100, 인공토(육성용) THK300 이상
- 높은 플랜터 : 배수판 THK30, 인공토(배수용) THK100, 인공토(육성용) THK600 이상
- 단면도는 도면명과 스케일을 적어주고 수목, 시설물의 이름을 인출선을 이용하여 표기한다.

문제해설

① 요구 조건 3) : 옥상공간은 소형고압블럭포장(ILP)을 적용한다.

② 요구 조건 5) : 옥상공간의 바닥 레벨은 +0.0이지만, 모래와 소형고압블럭의 높이를 고려하여 +0.1로 정한다. 서측 플랜터의 높이는 +0.5, 동측 플랜터의 높이는 +0.8이다.

③ 요구 조건 6) : 북측 녹지대는 스트로브잣나무를 식재하여 차폐한다.

④ 요구 조건 7) : 서측 플랜터에는 수수꽃다리를 식재한다.

⑤ 요구 조건 8) : 관목의 식재면적을 측정하고 9주를 곱하여 수량을 산정한다.
  (백철쭉 5m^2×9주=45주≒50주 적용)

⑥ 요구 조건 9) : 대상지는 중부지방으로 남부수종(금목서, 후박나무, 아왜나무, 먼나무)은 식재하지 않는다.

⑦ 요구 조건 10) : 본서 Chapter 3. 식재 설계 4. 공간별 식재 단원을 참조한다.

| 자격종목 | 조경기능사 | 작품명 | 옥상정원 |

< 현황도 >

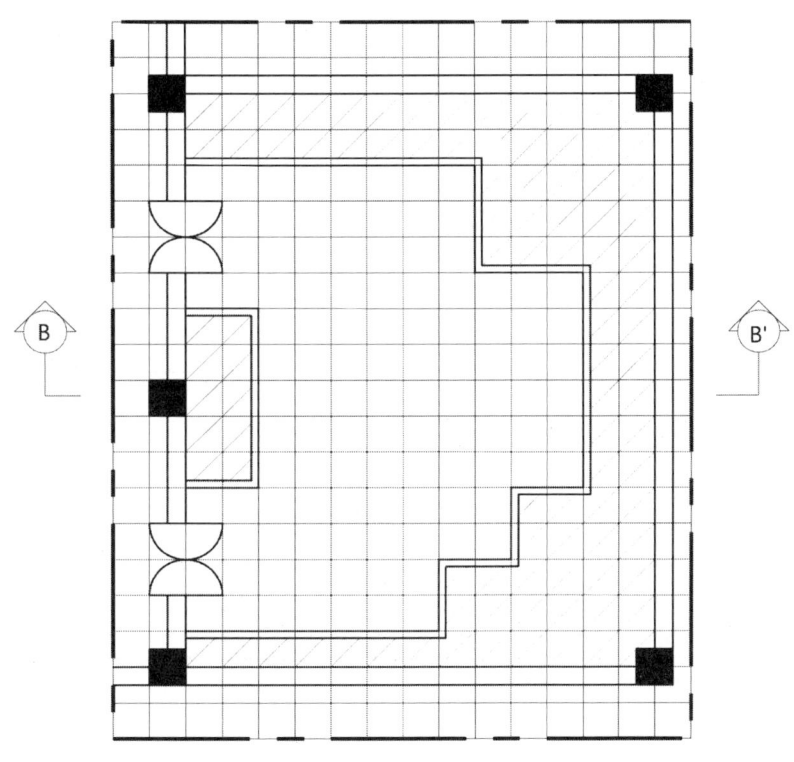

대상지 현황도
SCALE : 1/200

N

* 참조 : 격자 한 눈금은 1m

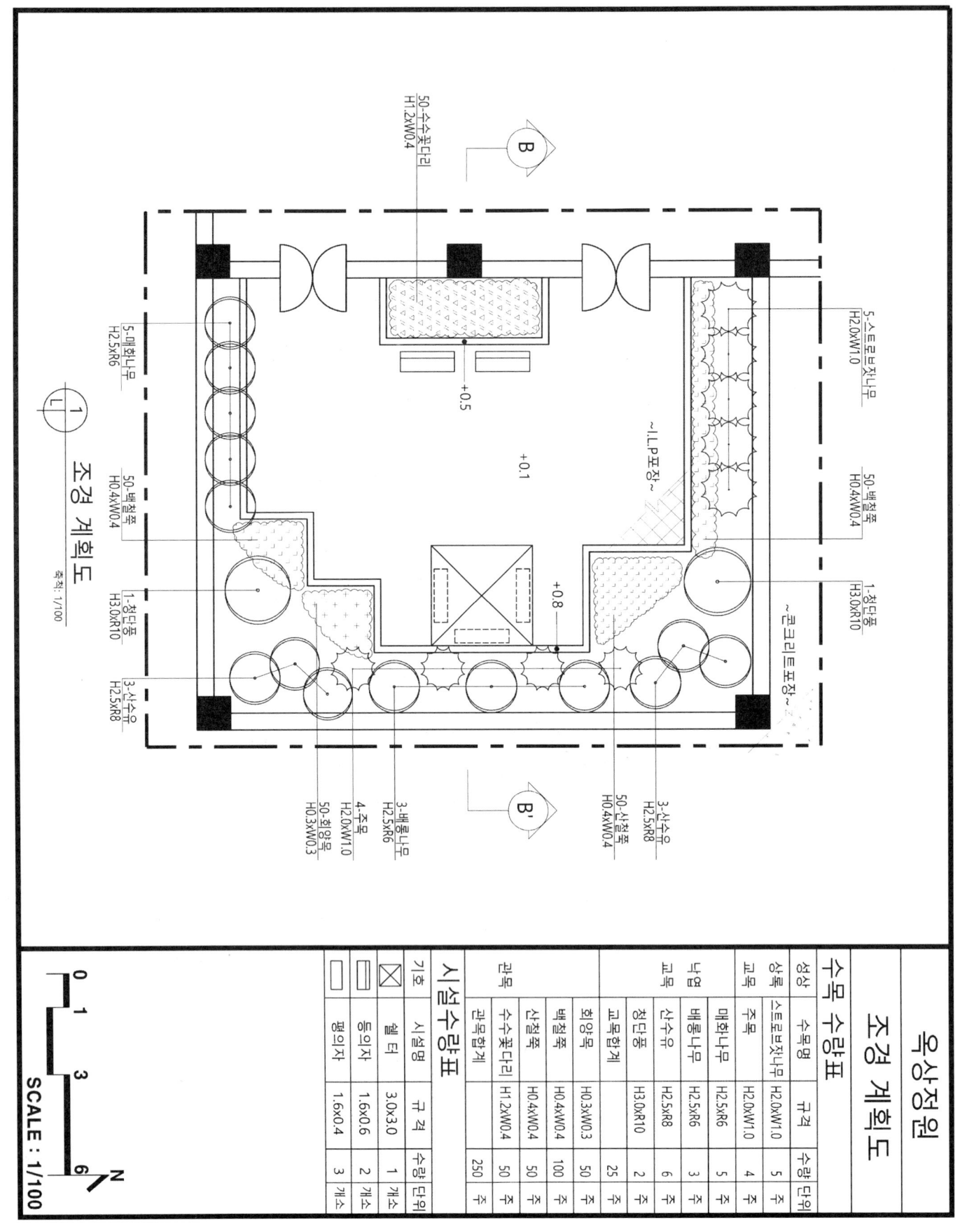

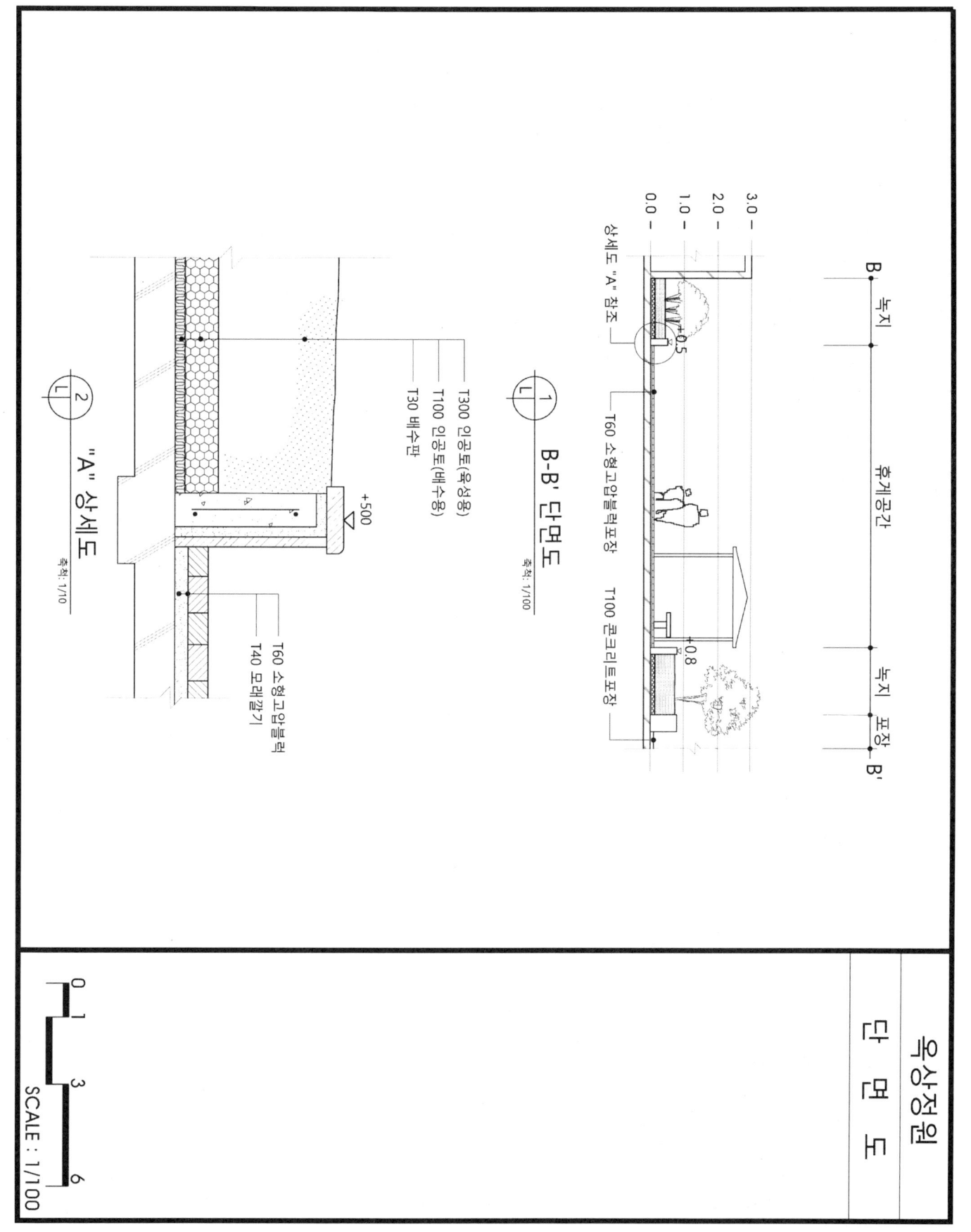

기출...16 2020년 : 도로변 소공원

1. 설계 문제

우리나라 남부지역에 위치한 도로변 소공원에 대한 조경설계를 하고자 한다.
주어진 현황도 및 아래 사항을 참조하여 설계 조건에 따라 조경계획도를 작성하시오. (단, 일점쇄선 안 부분이 조경설계 대상지임, 격자 한 눈금이 1m임)

2. 요구 사항

① 식재평면도를 위주로 한 조경계획도를 축척 1/100을 작성하시오. (지급용지 1)
② 도면 오른쪽 위에 작업 명칭을 작성하시오.
③ 도면 오른쪽에는 "중요시설물 수량표와 식재(수목)수량표"를 작성하고, 수량표 아래쪽에 "방위표시와 막대축척"을 그려 넣으시오. (단, 전체 대상지의 길이를 고려하여 범례표의 폭을 조정할 수 있다.)
④ 도면의 전체적인 안정감을 위하여 "테두리선"을 넣으시오.
⑤ B-B′ 단면도를 축척 1/100으로 작성하시오. (지급용지 2)
⑥ 반드시 식재 평면도는 성상, 수목명, 규격, 단위, 수량을 명기하여 작성하시오.

3. 요구 조건

① 해당지역은 도로변 자투리 공간을 이용하여 휴식과 어린이들을 위한 소공원으로 조경계획도를 작성하시오.
② 포장지역을 제외한 곳에는 가능한 식재를 하시오. (녹지공간은 빗금친 부분)
③ 포장지역은 "소형고압블럭, 점토벽돌, 콘크리트, 고무칩, 투수콘크리트" 중에서 적당한 위치에 선택하여 표시하고, 포장명을 기입하시오.
④ "가" 지역은 수변공간으로 수심 50cm, 주변에는 폭 1m의 걸을 수 있는 데크를 계획하고, 주변 식생은 계절에 상관없이 아름답게 반영 효과를 주는 수목으로 열식하시오.
⑤ "나" 지역은 놀이공간으로 그 안에 어린이 놀이 시설물 2종과 운동시설 1종을 설치하고, 주변 식재는 남부수종으로 수고가 1m 이하의 수목을 식재하시오.
⑥ "다" 지역은 휴식공간으로 바닥분수 (2,000×2,500)을 적당한 곳에 설치하고, 이용자들의 편안한 휴식을 위해 쉘터 (3,500×4,000) 1개소와 평벤치 4개소를 설치하시오.
⑦ "라" 지역은 주차공간으로 소형자동차 2대를 주차할 수 있도록 계획하시오.
⑧ 대상지 내에 유도식재, 녹음식재, 경관식재, 소나무군식 등의 식재패턴을 필요한 곳에 적당히 배식하고, 수목보호대에는 녹음식재를 실시하고, 필요한 곳에 수목보호대를 설치하여 포장 내에 식재를 한다.
⑨ 수목은 아래 주어진 수종 중에서 10가지를 선정하여 골고루 안정적인 배식이 될 수 있도록 계획하며, 인출선을 이용하여 수량, 수종명, 규격을 반드시 표기하시오.

> 소나무(H4.0×W2.0), 소나무(H3.0×W1.5), 소나무(H2.5×W1.2), 스트로브잣나무(H2.5×W1.2), 스트로브잣나무(H2.0×W1.0), 왕벚나무(H4.5×B15), 버즘나무(H3.5×B8), 느티나무(H3.0×R6), 청단풍(H2.5 ×R8), 다정큼나무(H1.0×W0.6), 동백나무(H2.5×R8), 중국단풍(H2.5×R5), 굴거리나무(H1.0×W0.5), 자귀나무(H2.5×R6), 태산목(H1.5×W0.5), 먼나무(H2.0×R5), 산딸나무(H2.0×R5), 산수유(H2.5×R7), 꽃사과(H2.5×R5), 수수꽃다리(H1.5×W0.6), 병꽃나무(H1.0×W0.4), 쥐똥나무(H1.0×W0.3), 명자나무(H0.6×W0.4), 산철쭉(H0.3×W0.4), 자산홍(H0.3×W0.3), 조릿대(H0.6×7가지), 잔디(0.3×0.3×0.03)

⑩ B-B' 단면도는 경사, 포장재료, 경계선 및 기타 시설물의 기초, 주변의 수목, 중요시설물, 이용자 등을 단면도 상에 반드시 표기하시오.

> **문제해설**
>
> ① 요구 조건 3) : 휴식공간은 점토벽돌포장, 놀이공간은 고무칩포장, 수변공간은 목재데크, 주차공간은 콘크리트포장을 적용한다.
> ② 요구 조건 4) : "나", "다", "라" 지역은 동선과 휴게공간으로 레벨을 +0.0으로 정한다. "가"의 레벨은 -0.5가 된다. 반영 효과란 물에 빛이 반사하여 비치는 현상으로 계절에 상관없는 소나무를 식재하여 효과를 극대화 할 수 있다.
> ③ 요구 조건 5) : 남부수종 중 다정큼나무(H1.0×W0.6)를 식재한다.
> ④ 요구 조건 6) : 바닥분수란 여름에는 수경을 즐기고, 그 외 계절에는 광장으로 활용할 수 있는 바닥 하부에 수조가 있는 포장면 형태의 수경시설이다.
> ⑤ 요구 조건 9) : 대상지는 남부지방으로 남부수종(다정큼나무, 동백나무, 굴거리나무, 태산목, 먼나무)을 식재할 수 있다.

[바닥분수 사례 사진]

[반영 효과 사례 사진]

| 자격종목 | 조경기능사 | 작품명 | 도로변 소공원 |

< 현황도 >

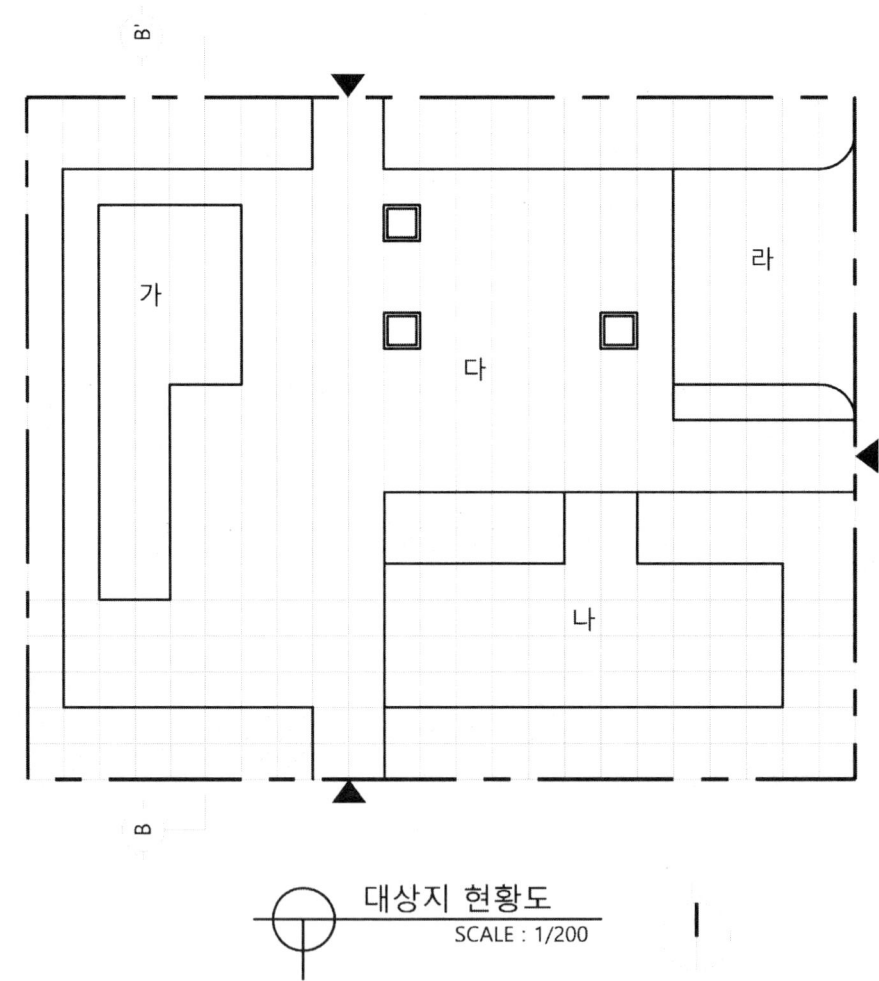

대상지 현황도
SCALE : 1/200

* 참조 : 격자 한 눈금은 1m

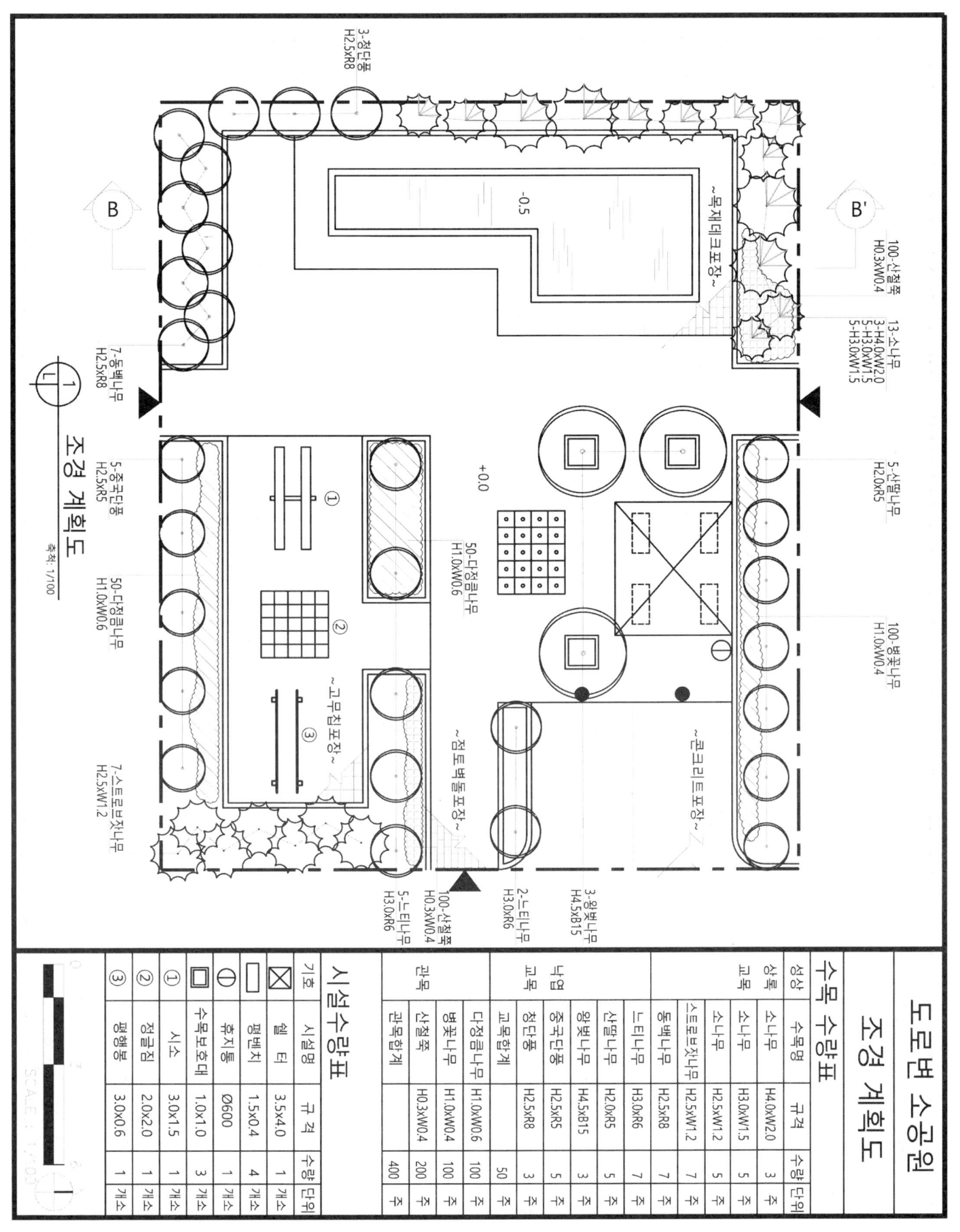

국가기술자격검정 실기시험 답안지

*수험번호와 성명은 반드시 흑색 또는 청색 필기구(연필류 제외) 중 동일한 색의 필기구만을 사용하고, 도면의 내용은 제도용 연필 및 샤프등을 사용하여 작성합니다.
*우측의 점선은 편철하여 접히는 부분이므로 이점을 고려하여 제도시 테두리선은 포함되어도 관련이 없으나 도면 및 인출선 등의 내용이 포함되지 않도록 주의합니다.

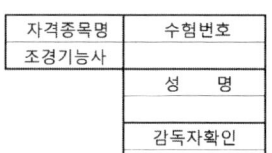

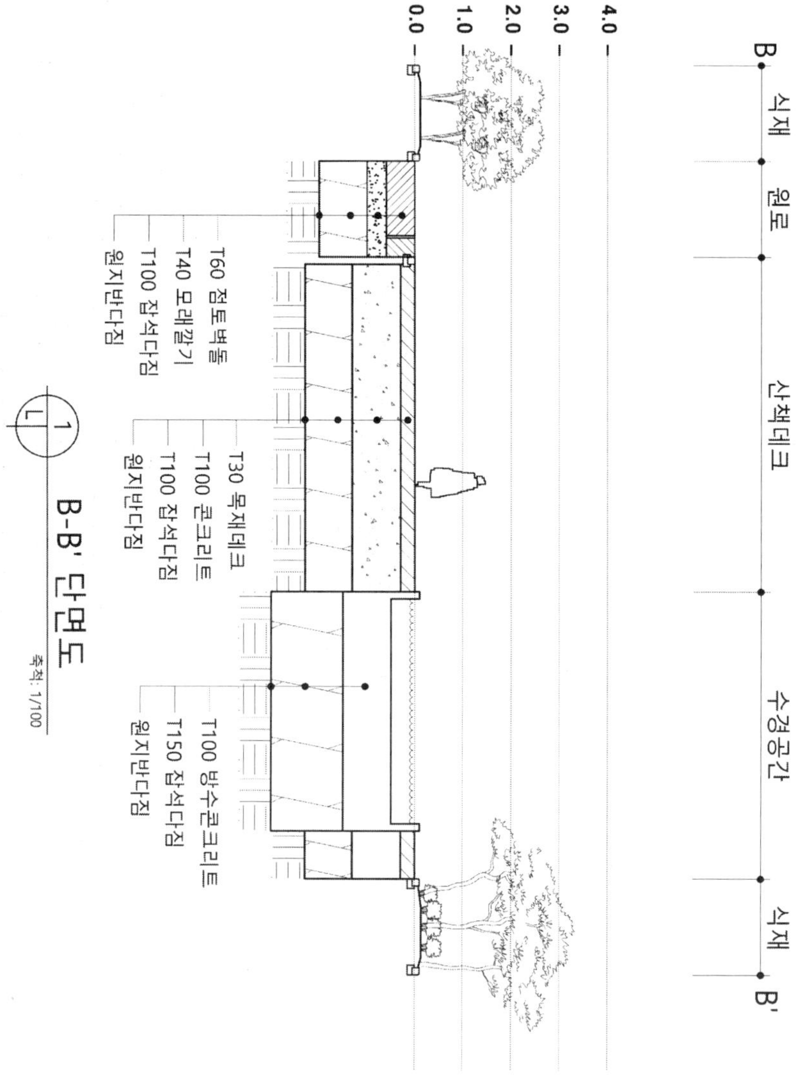

2020년 : 생태공원

1. 설계 문제

우리나라 남부지역에 위치한 도로변 소공원에 대한 조경설계를 하고자 한다.
주어진 현황도 및 아래 사항을 참조하여 설계 조건에 따라 조경계획도를 작성하시오. (단, 일점쇄선 안 부분이 조경설계 대상지임, 격자 한 눈금이 1m임)

2. 요구 사항

① 식재평면도를 위주로 한 조경계획도를 축척 1/100을 작성하시오. (지급용지 1)
② 도면 오른쪽 위에 작업 명칭을 작성하시오.
③ 도면 오른쪽에는 "중요시설물 수량표와 식재(수목)수량표"를 작성하고, 수량표 아래쪽에 "방위표시와 막대축척"을 그려 넣으시오. (단, 전체 대상지의 길이를 고려하여 범례표의 폭을 조정할 수 있다.)
④ 도면의 전체적인 안정감을 위하여 "테두리선"을 넣으시오.
⑤ B-B' 단면도를 축척 1/100으로 작성하시오. (지급용지 2)
⑥ 반드시 식재 평면도는 성상, 수목명, 규격, 단위, 수량을 명기하여 작성하시오.

3. 요구 조건

① 해당지역은 도심 자투리 공간을 이용하여 휴식과 어린이들을 위한 생태공원 조경계획도를 작성하시오.
② 포장지역을 제외한 곳에는 가능한 식재를 하시오. (녹지공간은 빗금친 부분)
③ 포장지역은 "소형고압블럭, 점토벽돌, 콘크리트, 고무칩, 마사토, 투수콘크리트" 중에서 적당한 위치에 선택하여 표시하고, 포장명을 기입하시오.
④ "가" 지역은 원로 및 광장으로 통행에 지장을 주지 않는 위치에 수목보호대 2개소, 평상형 벤치(1.2×0.5m) 2개소를 설치하고, 그늘을 제공할 수 있도록 수목을 식재하시오.
⑤ "나" 지역은 놀이 및 운동공간으로 그 안에 어린이 놀이 시설물 2종과 운동시설 1종을 설치하시오.
⑥ "다" 지역은 수심 60cm의 생태연못으로 주변을 관찰할 수 있도록 순환형 목재데크를 폭 1m, 난간높이 1m로 설치하고, 출입구 3곳을 선정하시오.
⑦ "라" 지역은 주차공간으로 소형자동차 2대가 일렬 주차하고, 공원 내로 차량이 진입하지 못하도록 하시오.
⑧ "마" 지역은 휴식공간으로 파고라(3.0×3.0m)를 설치하시오.
⑨ 수목은 아래 주어진 수종 중에서 10가지를 선정하여 골고루 안정적인 배식이 될 수 있도록 계획하며, 인출선을 이용하여 수량, 수종명, 규격을 반드시 표기하시오.

> 소나무(H4.0×W2.0), 소나무(H3.0×W1.5), 소나무(H2.5×W1.2), 스트로브잣나무(H2.5×W1.2), 스트로브잣나무(H2.0×W1.0), 왕벚나무(H4.5×B15), 버즘나무(H3.5×B8), 느티나무(H3.0×R6), 청단풍(H2.5×R8), 다정큼나무(H1.0×W0.6), 동백나무(H2.5×R8), 중국단풍(H2.5×R5), 굴거리나무(H1.0×W0.5), 자귀나무(H2.5×R6), 태산목(H1.5×W0.5), 먼나무(H2.0×R5), 산딸나무(H2.0×R5), 산수유(H2.5×R7), 꽃사과(H2.5×R5), 수수꽃다리(H1.5×W0.6), 병꽃나무(H1.0×W0.4), 쥐똥나무(H1.0×W0.3), 명자나무(H0.6×W0.4), 산철쭉(H0.3×W0.4), 자산홍(H0.3×W0.3), 조릿대(H0.6×7가지), 잔디(0.3×0.3×0.03)

⑩ B-B' 단면도는 경사, 포장재료, 경계선 및 기타 시설물의 기초, 주변의 수목, 중요시설물, 이용자 등을 단면도 상에 반드시 표기하시오.

문제해설

① 요구 조건 3) : 휴식공간은 점토벽돌포장, 놀이공간은 고무칩포장, 동선에는 소형고압블럭포장(ILP), 주차장에는 콘크리트를 포장한다.

② 요구 조건 4) : "가" 지역에는 기존 수목보호대를 포함하여 추가로 2개소를 더 설치한다.

③ 요구 조건 5) : 놀이시설은 시소, 회전무대를 설치하고, 운동시설은 평행봉을 설치한다.

④ 요구 조건 6) :
- "가", "나", "마", "라" 지역은 동선과 놀이, 휴게공간으로 레벨을 +0.0으로 정한다. "다" 지역은 생태연못으로 레벨이 -0.6이다.
- "다" 주변 순환형 목재데크 레벨은 +1.0이고, 난간은 +2.0이다. 목재데크 출입구에는 1m의 단차가 발생하므로 계단을 설치한다. 계단에는 화살표를 그리고, 올라갈 때는 UP, 내려갈 때는 DN을 표시한다.

⑤ 요구 조건 9) : 대상지는 중부지방으로 남부수종(다정큼나무, 동백나무, 굴거리나무, 태산목, 먼나무)은 식재하지 않는다.

⑥ 요구 조건 10) : 단면도 작성 시 생태연못의 수심 0.6m를 고려하고 목재데크와 난간을 레벨값에 맞게 그린다.

[생태연못 사례 사진]

[목재데크 사례 사진]

| 자격종목 | 조경기능사 | 작품명 | 생태 공원 |

< 현황도 >

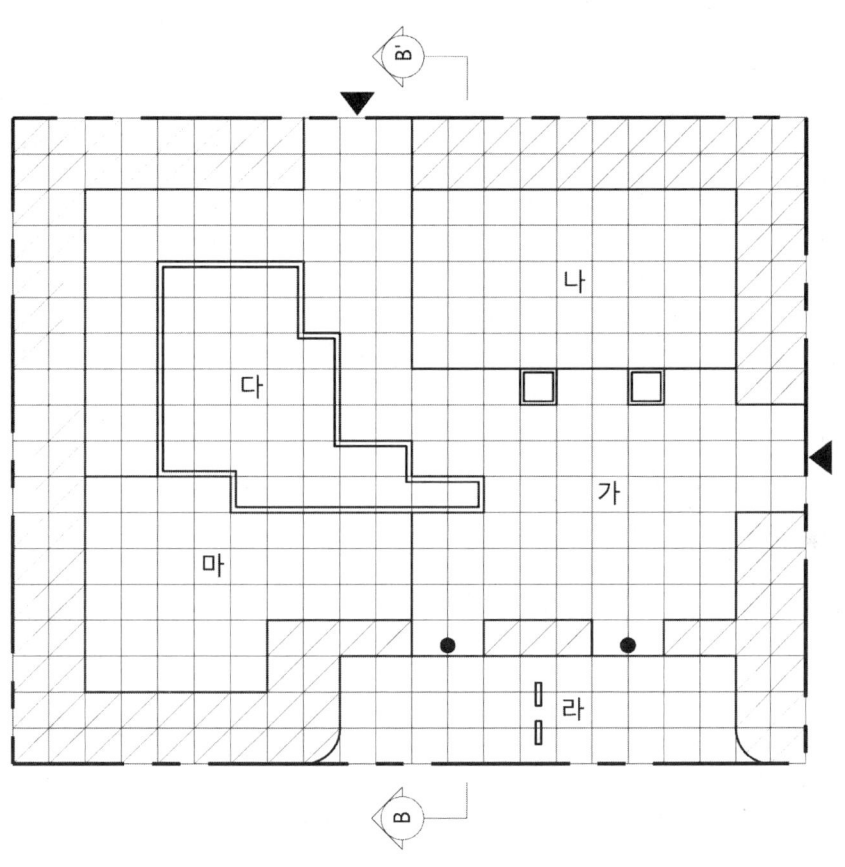

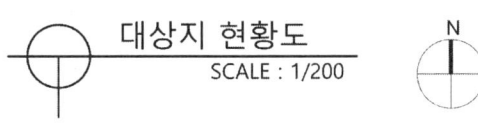
대상지 현황도
SCALE : 1/200

N

* 참조 : 격자 한 눈금은 1m

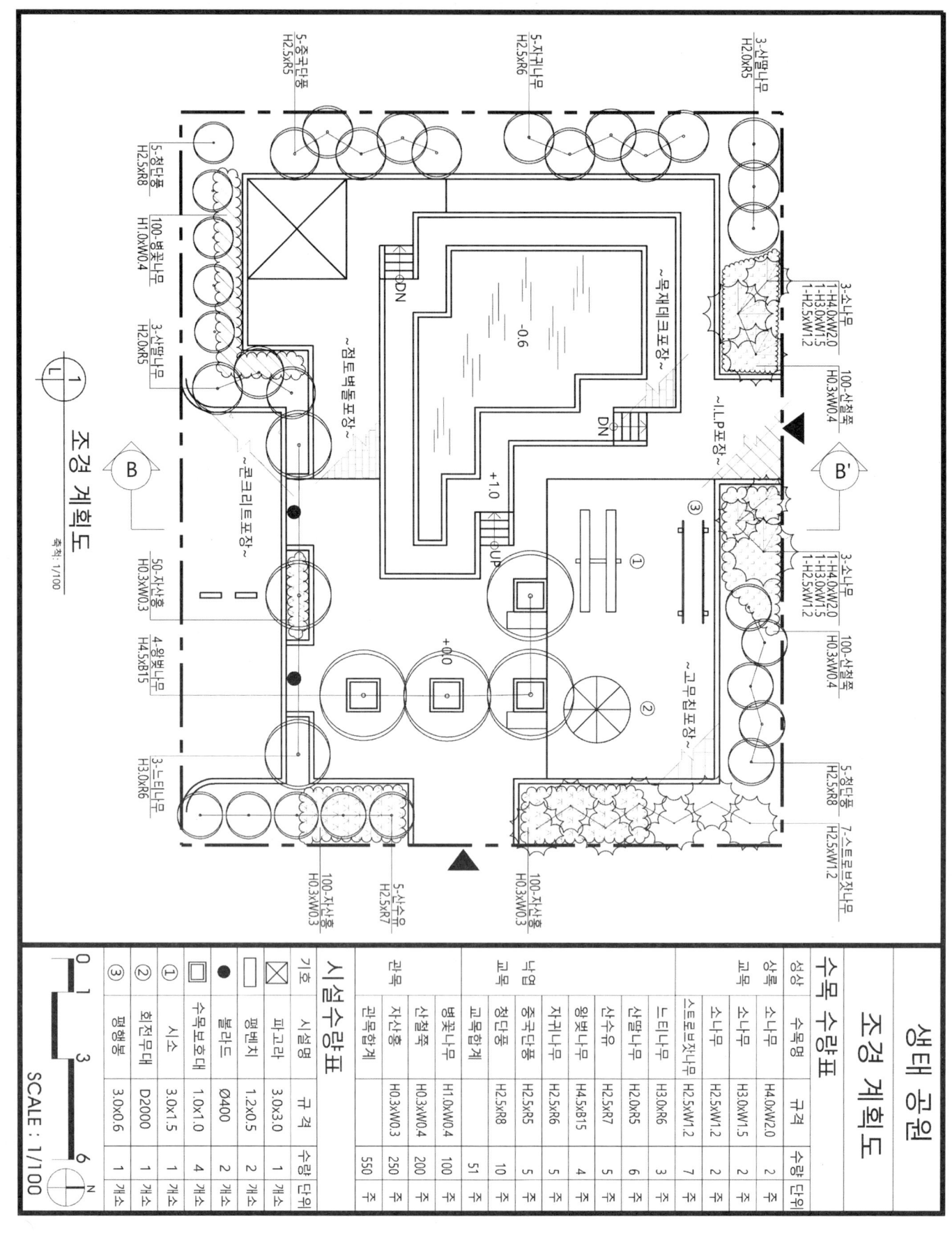

국가기술자격검정 실기시험 답안지

*수험번호와 성명은 반드시 흑색 또는 청색 필기구(연필류 제외) 중 동일한 색의 필기구만을 사용하고, 도면의 내용은 제도용 연필 및 샤프등을 사용하여 작성합니다.
*우측의 점선은 편철하여 접히는 부분이므로 이점을 고려하여 제도시 테두리선은 포함되어도 관련이 없으나 도면 및 인출선 등의 내용이 포함되지 않도록 주의합니다.

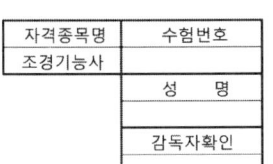

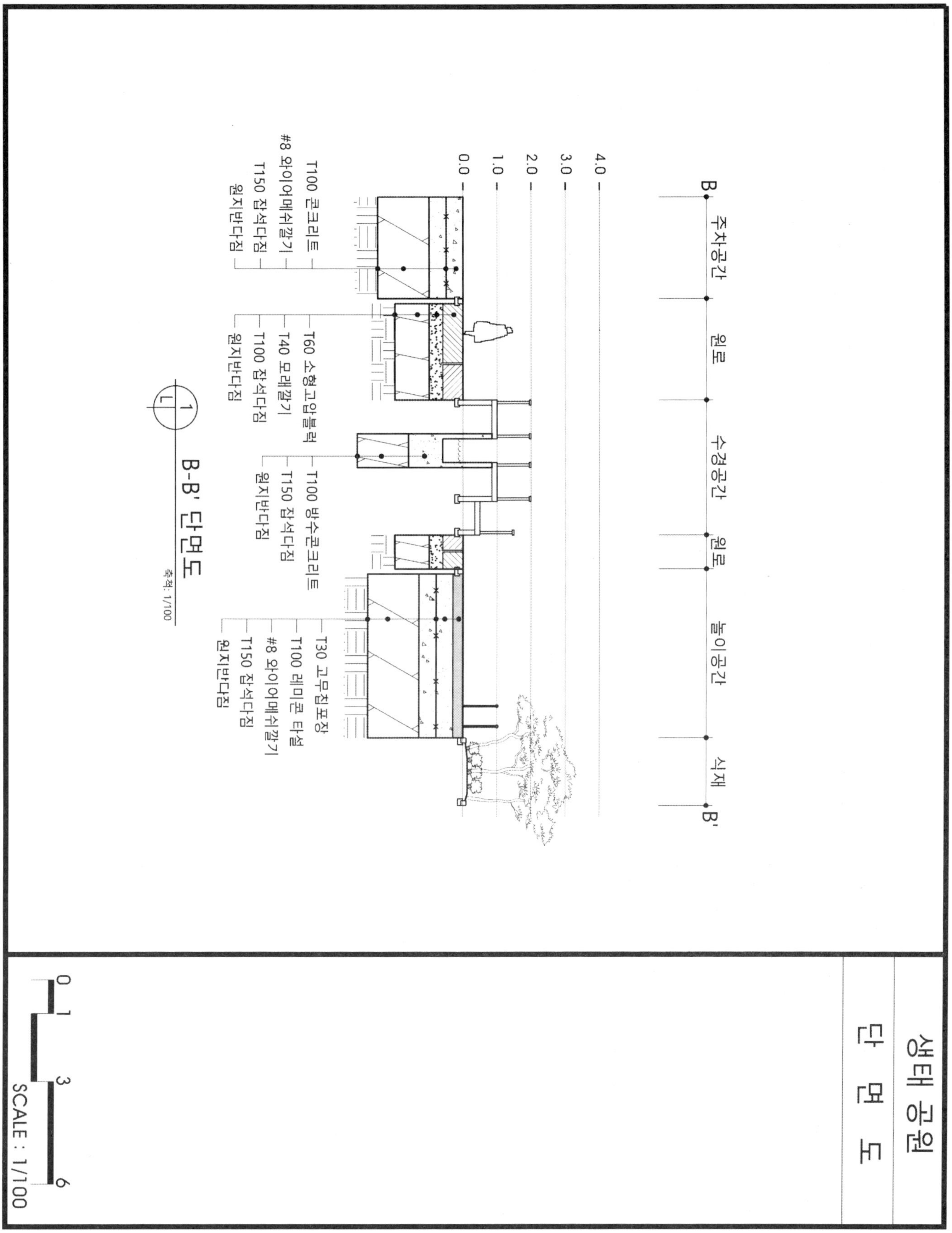

생태공원 단면도

기출...18 2021년 : 옥상정원

1. 설계 문제

우리나라 대전지역에 위치한 옥상에 대한 조경설계를 하고자 한다.
주어진 현황도 및 아래 사항을 참조하여 설계 조건에 따라 조경계획도를 작성하시오. (단, 일점쇄선 안 부분이 조경설계 대상지임, 격자 한 눈금이 1m임)

2. 요구 사항

① 식재평면도를 위주로 한 조경계획도를 축척 1/100을 작성하시오. (지급용지 1)
② 도면 오른쪽 위에 작업 명칭을 작성하시오.
③ 도면 오른쪽에는 "중요시설물 수량표와 식재(수목)수량표"를 작성하고, 수량표 아래쪽에 "방위표시와 막대축척"을 그려 넣으시오. (단, 전체 대상지의 길이를 고려하여 범례표의 폭을 조정할 수 있다.)
④ 도면의 전체적인 안정감을 위하여 "테두리선"을 넣으시오.
⑤ B-B´ 단면도를 축척 1/100으로 작성하시오. (지급용지 2)
⑥ 반드시 식재 평면도는 성상, 수목명, 규격, 단위, 수량을 명기하여 작성하시오.

3. 요구 조건

① 해당지역은 옥상 공간으로 만남과 휴식을 위한 옥상정원 조경계획도를 작성하시오.
② 포장지역을 제외한 곳에는 가능한 식재를 하시오. (녹지공간은 빗금친 부분)
③ 포장지역은 "소형고압블럭, 점토벽돌, 화강석판석, 콘크리트, 인조잔디" 중에서 2가지 이상 적당한 위치에 선택하여 표시하고, 포장명을 기입하시오.
④ "가" 지역은 그늘시렁이 설치되어 있어, 한낮에는 그늘을 제공하고 있다. 그늘시렁 하부에는 시설물을 설치하지 않는다.
⑤ "나" 지역은 수경공간으로 휴식을 위한 쉘터(3,000×3,000) 1개소, 평의자 4개를 설치하고, 깊이가 30cm인 정사각형 담수공간(1,500×1,500 3개소, 1,000×1,000 3개소)을 조성한다. 담수공간 바닥은 자갈로 마감한다.
⑥ 플랜터는 높이가 다른 3개의 단(다, 라, 마)으로 구성하고, 점표고를 나타내시오. 단, 인공식재지반은 다음의 조건을 기준으로 한다.

> - 배수판 : THK30
> - 인공토(배수용) : THK300
> - 인공토(육성용) : 도입수목 성상에 따른 생존 최소토심을 적용하고, 플랜터보다 5cm 낮게 계획함
> - 가장 낮은 플랜터 높이는 0.5m 이하, 식재토심은 0.43m 이상, 인공토(육성용) THK300 이상
> - 가장 높은 플랜터 높이는 1.0m 이상, 식재토심은 0.73m 이상, 인공토(육성용) THK600 이상

⑦ "바" 지역은 등고선 1개당 30cm가 높게 마운딩을 나타내시오.
⑧ 북측 녹지대에는 차폐식재를 하고, 전체적으로 볼거리가 있도록 화목류 위주로 식재한다.
⑨ 대상지에 조명등 5개 이상 설치하시오.
⑩ 수목은 규격이 크지 않은 수목을 선정하고 낮은 플랜터에는 관목을 식재한다.
⑪ 관목의 식재기준은 m²당 9주를 식재하고 10주 단위로 군식하는 것을 원칙으로 한다.
⑫ 수목은 아래 주어진 수종 중에서 10가지(초화류 포함)를 선정하여 교목 30주 이상, 관목 1,000주 이상 계획하며, 인출선을 이용하여 수량, 수종명, 규격을 반드시 표기하시오.

> 구상나무(H2.0×W1.0), 금목서(H2.0×W1.0), 스트로브잣나무(H2.0×W1.0), 주목(H2.0×W1.0), 왕벚나무(H4.0×B10), 배롱나무(H2.5×R6), 배롱나무(H3.5×R15), 산수유(H2.5×R8), 산수유(H3.5×R15), 청단풍(H3.0×R10), 청단풍(H3.5×R15), 후박나무(H2.5×R6), 매화나무(H2.5×R6), 매화나무(H4.0×R15), 아왜나무(H2.0×W1.0), 먼나무(H2.5×R6), 백철쭉(H0.4×W0.4), 수수꽃다리(H1.2×W0.4), 산철쭉(H0.3×W0.3), 자산홍(H0.3×W0.3), 영산홍(H0.3×W0.3), 회양목(H0.3×W0.3), 남천(H1.0×3가지), 구절초(8cm), 맥문동(8cm), 비비추(2~3분얼), 원추리(2~3분얼)

⑬ B-B′ 단면도는 경사, 포장재료, 경계선 및 기타 시설물의 기초, 주변의 수목, 중요시설물, 이용자 등을 단면도 상에 반드시 표기하고, 높이 차를 한 눈에 볼 수 있도록 설계하시오.

문제해설

① 요구 조건 3) : 옥상공간은 인조잔디포장, 그늘시렁이 있는 공간은 점토벽돌포장을 적용

② 요구 조건 6) : 옥상공간의 바닥 레벨은 +0.0으로 정한다. "다" 공간의 점표고는 +0.5, "라" 높이는 +0.8, "마" 높이는 +1.0이다.

③ 요구 조건 8) : 북측녹지대는 스트로브잣나무를 식재하여 차폐한다. 기타 녹지대에는 산수유, 배롱나무, 매화나무, 수수꽃다리, 산철쭉 등을 식재한다.

④ 요구 조건 9) : 조명등은 녹지대에 설치한다.

⑤ 요구 조건 11) : 관목의 식재면적을 측정하고 9주를 곱하여 수량을 산정한다.
(백철쭉 5m²×9주=45주≒50주 적용)

⑥ 요구 조건 12) : 대상지는 중부지방으로 남부수종(금목서, 후박나무, 아왜나무, 먼나무)은 식재하지 않는다.

⑦ 요구 조건 13) : 단면도 작성 시 담수공간 바닥은 방수몰탈(T30), 자갈깔기(T30)를 적용하고, 인조잔디포장은 에폭시 접착제와 인조잔디(T20)를 적용한다.

| 자격종목 | 조경기능사 | 작품명 | 옥상 정원 |

< 현황도 >

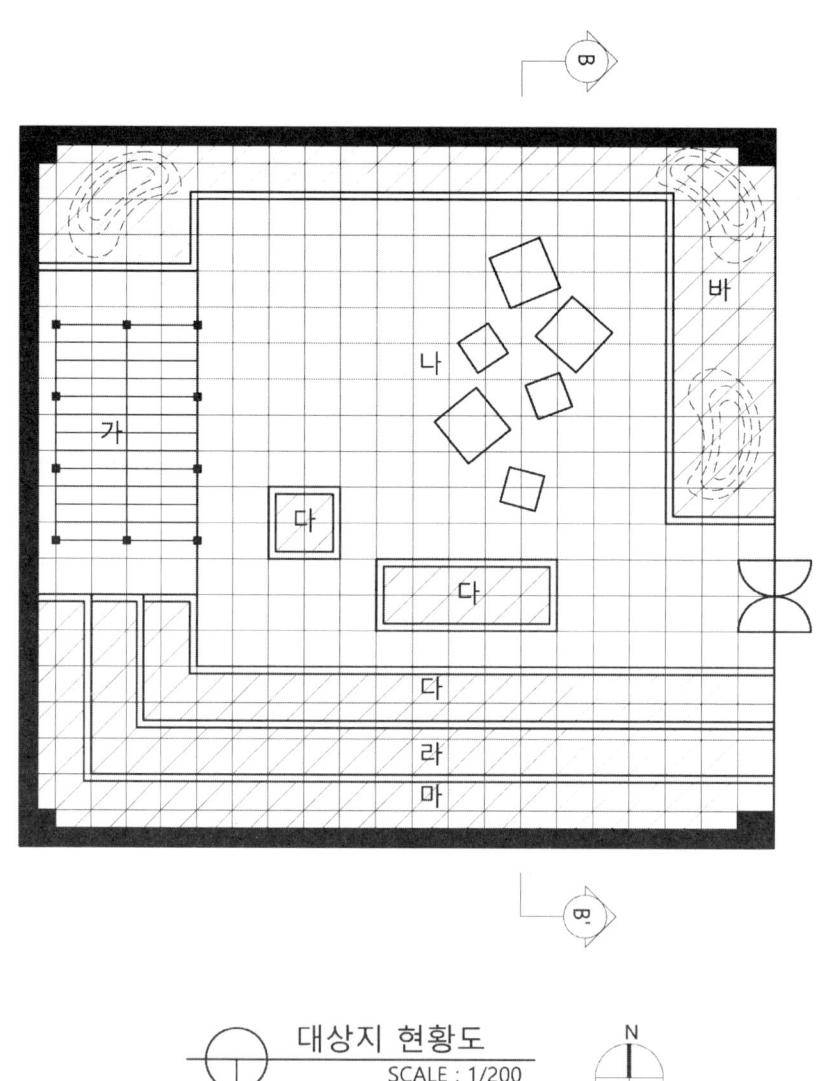

대상지 현황도
SCALE : 1/200

N

* 참조 : 격자 한 눈금은 1m

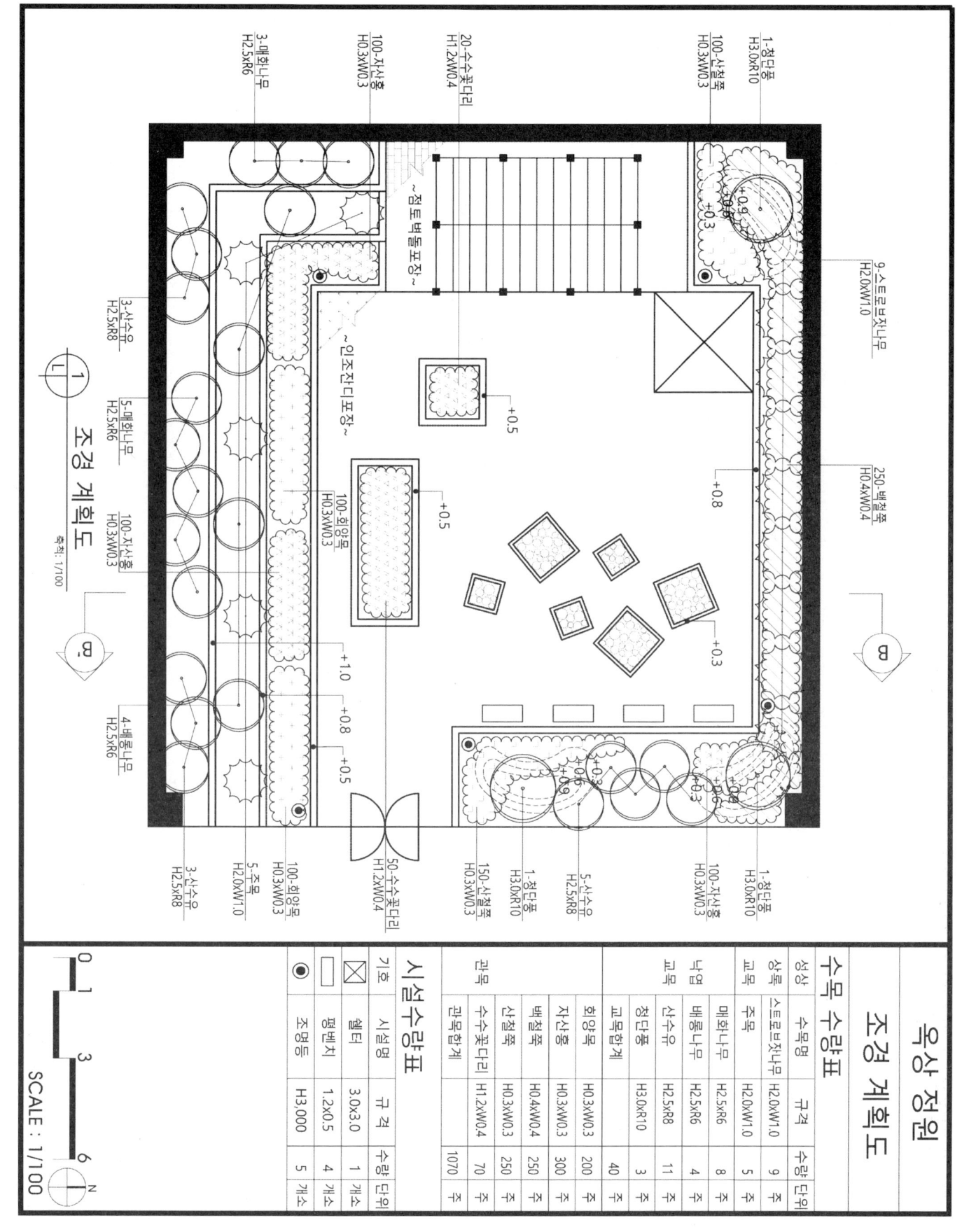

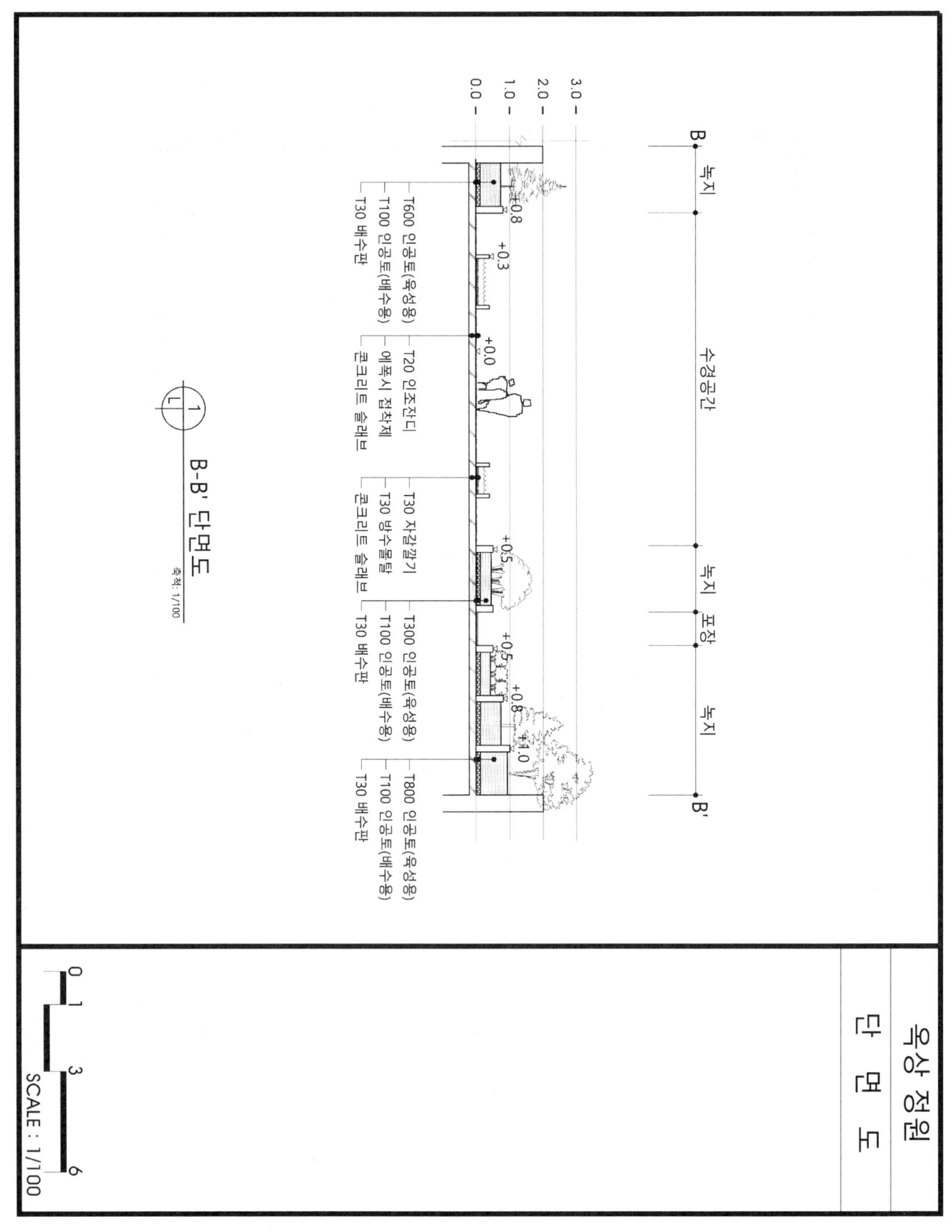

조경설계도면작성

2022년 : 도로변 소공원

1. 설계 문제

우리나라 대전지역에 위치한 도로변 소공원에 대한 조경설계를 하고자 한다.
주어진 현황도 및 아래 사항을 참조하여 설계 조건에 따라 조경계획도를 작성하시오. (단, 일점쇄선 안 부분이 조경설계 대상지임, 격자 한 눈금이 1m임)

2. 요구 사항

① 식재평면도를 위주로 한 조경계획도를 축척 1/100을 작성하시오. (지급용지 1)
② 도면 오른쪽 위에 작업 명칭을 작성하시오.
③ 도면 오른쪽에는 "중요시설물 수량표와 식재(수목)수량표"를 작성하고, 수량표 아래쪽에 "방위표시와 막대축척"을 그려 넣으시오. (단, 전체 대상지의 길이를 고려하여 범례표의 폭을 조정할 수 있다.)
④ 도면의 전체적인 안정감을 위하여 "테두리선"을 넣으시오.
⑤ B-B′ 단면도를 축척 1/100으로 작성하시오. (지급용지 2)
⑥ 반드시 식재 평면도는 성상, 수목명, 규격, 단위, 수량을 명기하여 작성하시오.

3. 요구 조건

① 해당지역은 도로변 소공원으로 휴식공간과 어린이들이 즐길 수 있는 곳으로 조경계획도를 작성하시오.
② 포장지역을 제외한 곳에는 가능한 식재를 하시오. (녹지공간은 빗금친 부분)
③ 포장지역은 "소형고압블럭, 점토벽돌, 콘크리트, 고무칩, 마사토, 투수콘크리트" 중에서 적당한 위치에 선택하여 표시하고, 포장명을 기입하시오.
④ "가" 지역은 휴식공간으로 파고라(3.0m×3.0m) 1개소, 평벤치(1.2m×0.5m) 2개소, 등벤치(1.2m×0.6m) 2개소, 휴지통 1개소를 설치하시오.
⑤ "나" 지역은 놀이공간으로 그 안에 어린이 놀이시설물 3종을 설치하시오.
⑥ "다" 지역은 주변보다 1m 높은 휴식공간으로 평벤치(1.2m×0.5m) 2개소, 휴지통 1개소를 설치하시오.
⑦ "라" 지역은 수경공간으로 깊이 60cm로 설치하시오.
⑧ "마" 지역은 운동공간으로 테니스장을 설치하시오.
⑨ "바" 지역은 등고선 1개당 20cm가 높게 마운딩을 나타내시오.
⑩ 수목은 아래 주어진 수종 중에서 12가지를 선정하여 골고루 안정적인 배식이 될 수 있도록 계획하며, 인출선을 이용하여 수량, 수종명, 규격을 반드시 표기하시오.

> 소나무(H4.0×W2.0), 소나무(H3.0×W1.5), 소나무(H2.5×W1.2), 스트로브잣나무(H2.5×W1.2), 스트로브잣나무(H2.0×W1.0), 왕벚나무(H4.5×B15), 버즘나무(H3.5×B8), 느티나무(H3.0×R6), 청단풍(H2.5×R8), 다정큼나무(H1.0×W0.6), 동백나무(H2.5×R8), 중국단풍(H2.5×R5), 굴거리나무(H1.0×W0.5), 자귀나무(H2.5×R6), 태산목(H1.5×W0.5), 먼나무(H2.0×R5), 산딸나무(H2.0×R5), 산수유(H2.5×R7), 꽃사과(H2.5×R5), 수수꽃다리(H1.5×W0.6), 병꽃나무(H1.0×W0.4), 쥐똥나무(H1.0×W0.3), 명자나무(H0.6×W0.4), 산철쭉(H0.3×W0.4), 자산홍(H0.3×W0.3), 조릿대(H0.6×7가지), 잔디(0.3×0.3×0.03)

⑪ B-B′ 단면도는 경사, 포장재료, 경계선 및 기타 시설물의 기초, 주변의 수목, 중요시설물, 이용자 등을 단면도 상에 반드시 표기하시오.

문제해설

① 요구 조건 3) : 휴게공간은 점토벽돌포장, 놀이공간은 고무칩포장, 동선에는 소형고압블럭 포장(ILP), 운동공간에는 마사토 포장을 적용한다.
② 요구 조건 4) : "가" 지역에 파고라, 평벤치, 등벤치, 휴지통을 설치한다.
③ 요구 조건 5) : 놀이시설은 시소, 정글짐을 설치하고, 운동시설은 평행봉을 설치한다.
④ 요구 조건 6) : "가", "나", "마" 지역은 휴식, 놀이, 운동 공간으로 레벨을 +0.0으로 정한다. "다" 지역 레벨은 +1.0으로 계단에는 화살표를 그리고, 올라갈 때는 UP, 내려갈 때는 DN을 표시한다.
⑤ 요구 조건 7) : "라" 지역은 수경공간으로 레벨이 -0.6이다.
⑥ 요구 조건 8) : "마" 지역은 운동공간으로 테니스장을 설치한다.
⑦ 요구 조건 9) :
- 등고선 1개당 20cm씩 올라가므로 마운딩 최종 높이는 +0.6이 된다. 등고선 상에 반드시 점표고를 표시한다.
- 소나무 3가지 규격을 사용해도 수목 1종으로 본다. 계절성을 느낄 수 있도록 배식하기 위해서는 화관목류를 하부에 식재한다.

⑧ 요구 조건 10) : 대상지는 중부지방으로 남부수종(다정큼나무, 동백나무, 굴거리나무, 태산목, 먼나무)은 식재하지 않는다.
⑨ 요구조건 11) : 단면도 작성 시 수경공간의 수심 -0.6m를 고려하여 작성한다.

| 자격종목 | 조경기능사 | 작품명 | 도로변 소공원 |

< 현황도 >

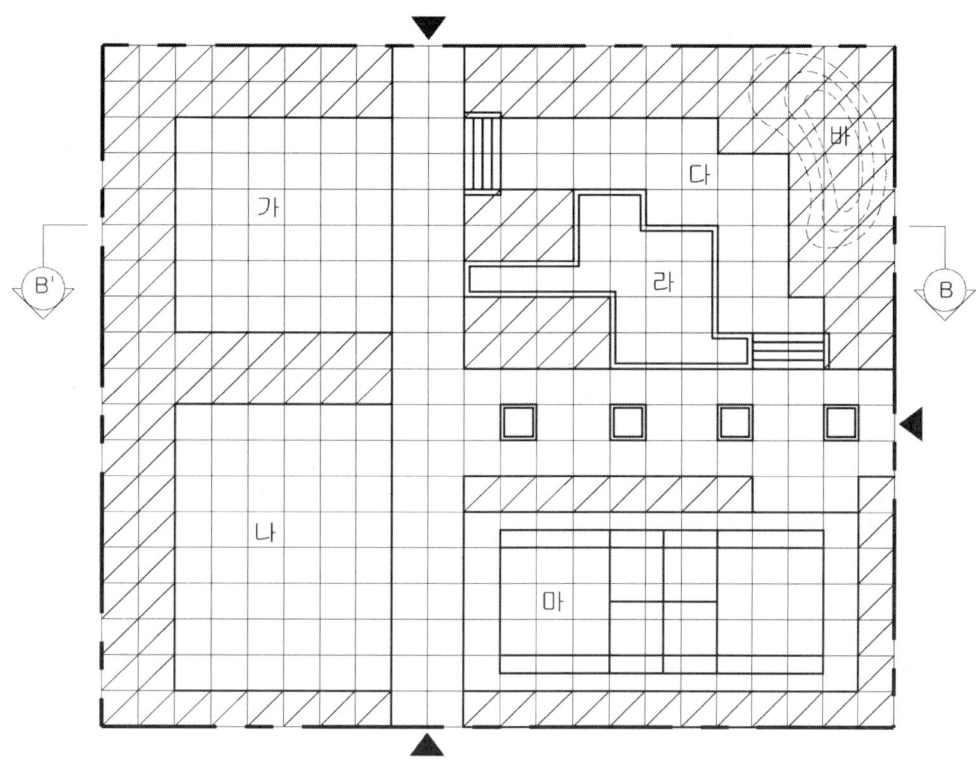

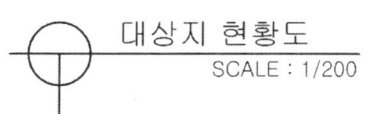 대상지 현황도
SCALE : 1/200

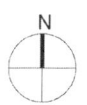

* 참조 : 격자 한 눈금은 1m

국가기술자격검정 실기시험 답안지

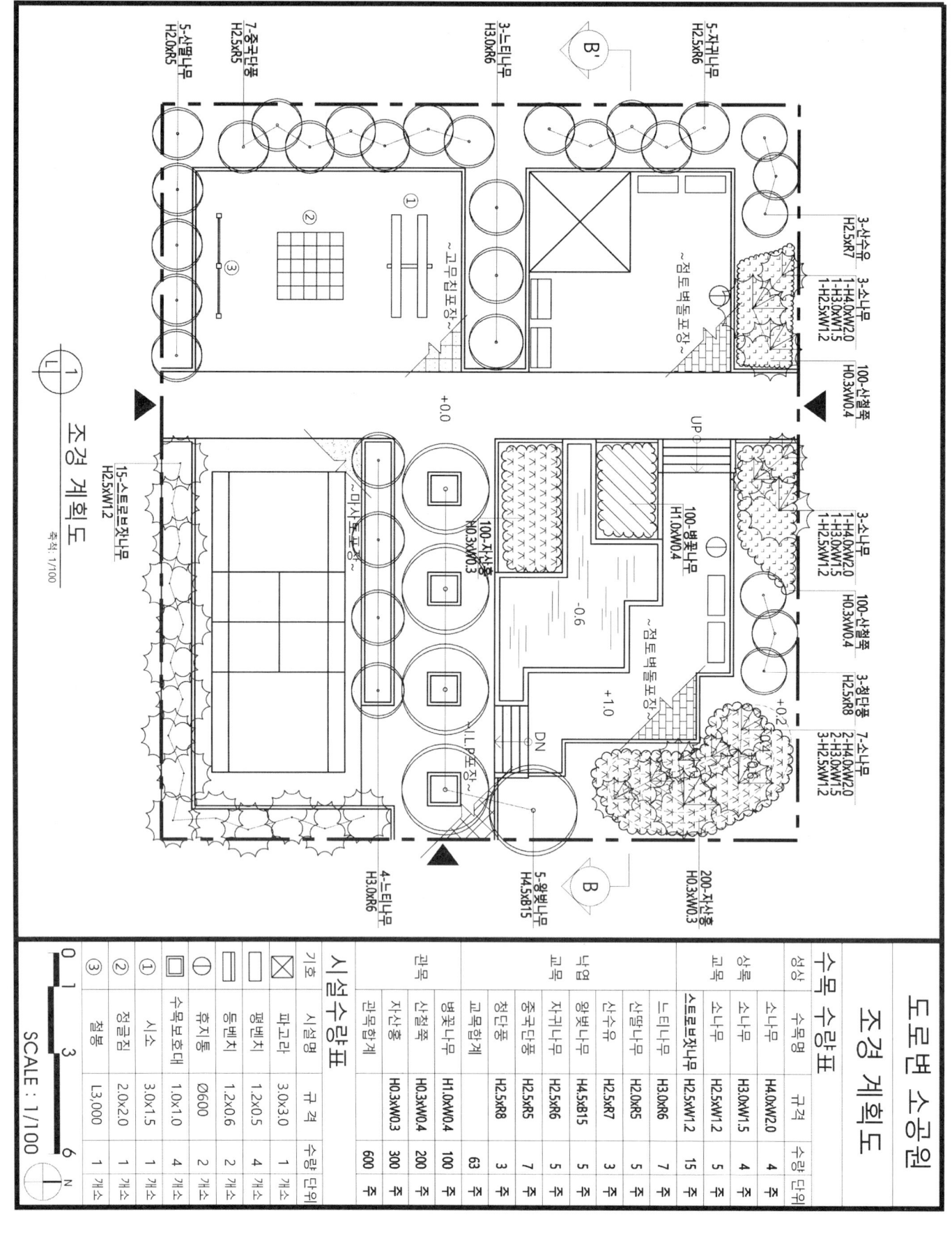

국가기술자격검정 실기시험 답안지

자격종목명	수험번호
조경기능사	
	성　명
	감독자확인

*수험번호와 성명은 반드시 흑색 또는 청색 필기구(연필류 제외) 중 동일한 색의 필기구만을 사용하고, 도면의 내용은 제도용 연필 및 샤프등을 사용하여 작성합니다.

*우측의 점선은 편철하여 접히는 부분이므로 이점을 고려하여 제도시 테두리선은 포함되어도 관련이 없으나 도면 및 인출선 등의 내용이 포함되지 않도록 주의합니다.

0 1 3 6
SCALE : 1/100

도로변 소공원
단 면 도

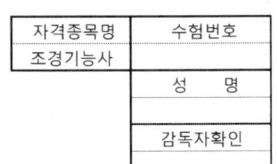

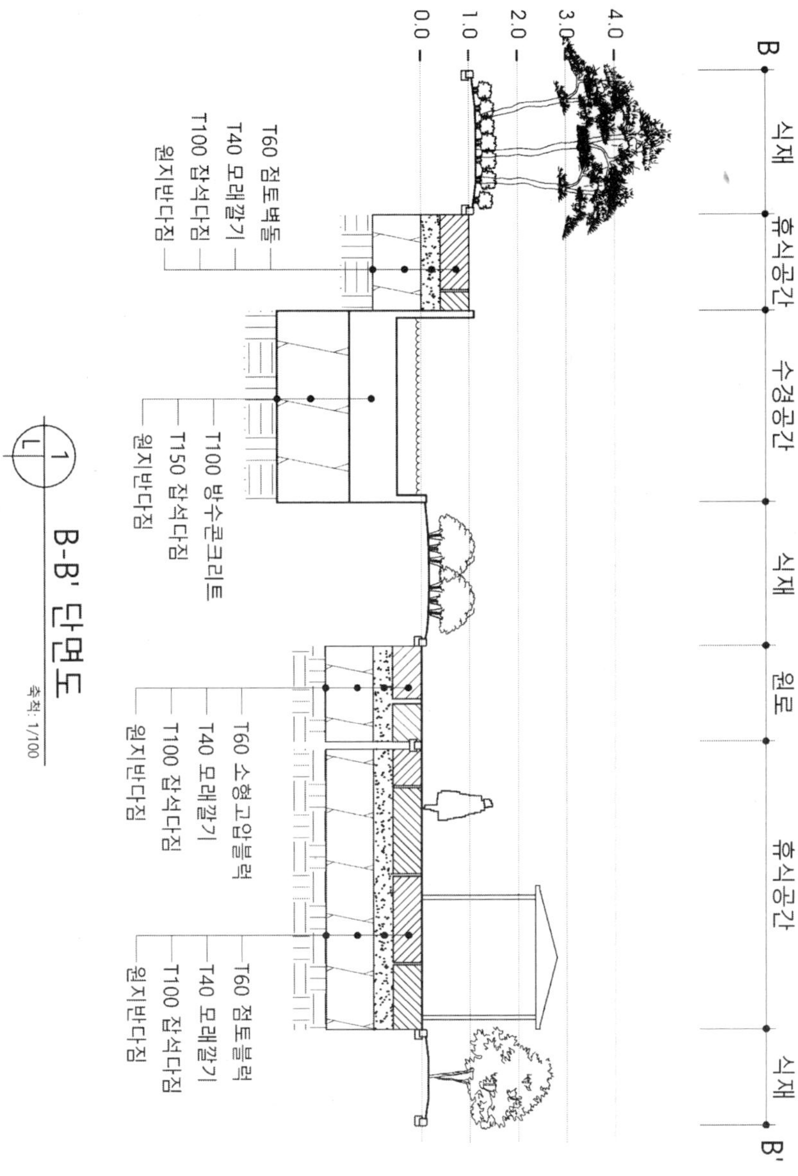

2023년 : 어린이공원

1. 설계 문제

우리나라 중부지역에 위치한 어린이공원에 대한 조경설계를 하고자 한다.
주어진 현황도 및 아래 사항을 참조하여 설계 조건에 따라 조경계획도를 작성하시오. (단, 일점쇄선 안 부분이 조경설계 대상지임, 격자 한 눈금이 1m임)

2. 요구 사항

① 식재평면도를 위주로 한 조경계획도를 축척 1/100을 작성하시오. (지급용지 1)
② 도면 오른쪽 위에 작업 명칭을 작성하시오.
③ 도면 오른쪽에는 "중요시설물 수량표와 식재(수목)수량표"를 작성하고, 수량표 아래쪽에 "방위표시와 막대축척"을 그려 넣으시오. (단, 전체 대상지의 길이를 고려하여 범례표의 폭을 조정할 수 있다.)
④ 도면의 전체적인 안정감을 위하여 "테두리선"을 넣으시오.
⑤ B-B′ 단면도를 축척 1/100으로 작성하시오. (지급용지 2)
⑥ 반드시 식재 평면도는 성상, 수목명, 규격, 단위, 수량을 명기하여 작성하시오.

3. 요구 조건

① 해당지역은 어린이공원으로 휴식공간과 어린이들이 즐길 수 있는 곳으로 조경계획도를 작성하시오.
② 포장지역을 제외한 곳에는 가능한 식재를 하시오. (녹지공간은 빗금친 부분)
③ 포장지역은 "소형고압블럭, 점토벽돌, 모래, 콘크리트, 고무칩, 마사토, 투수콘크리트" 중에서 적당한 위치에 선택하여 표시하고, 포장명을 기입하시오.
④ "가" 지역은 진입공간으로 1m 높게 하고 평벤치(1.2m×0.5m) 3개소, 조명등 3개소를 설치하시오.
⑤ "나" 지역은 휴식공간으로 "가" 지역보다 1m 높고 파고라(3.0m×3.0m) 1개소, 평벤치(1.2m×0.5m) 2개소, 휴지통 1개소를 설치하시오.
⑥ "다" 지역은 "가" 지역보다 1m 낮으며, 공간별 높이 차이는 식수대(plant box)로 처리하고 수목보호대 2개소, 놀이시설 3종을 설치하시오.
⑦ "라" 지역은 운동공간으로 윗몸일으키기 1개소, 허리돌리기 1개소를 설치하시오.
⑧ 대상지역은 진입구에 계단이 위치해 있으며, 대상지 외곽 부지보다 높이 차이가 1m 높은 것으로 보고 설계하시오.
⑨ 수목은 아래 주어진 수종 중에서 12가지를 선정하여 골고루 안정적인 배식이 될 수 있도록 계획하며, 인출선을 이용하여 수량, 수종명, 규격을 반드시 표기하시오.

> 소나무(H4.0×W2.0), 소나무(H3.0×W1.5), 소나무(H2.5×W1.2), 스트로브잣나무(H2.5×W1.2), 스트로브잣나무(H2.0×W1.0), 왕벚나무(H4.5×B15), 버즘나무(H3.5×B8), 느티나무(H3.0×R6), 청단풍(H2.5×R8), 다정큼나무(H1.0×W0.6), 동백나무(H2.5×R8), 중국단풍(H2.5×R5), 굴거리나무(H1.0×W0.5), 자귀나무(H2.5×R6), 태산목(H1.5×W0.5), 먼나무(H2.0×R5), 산딸나무(H2.0×R5), 산수유(H2.5×R7), 꽃사과(H2.5×R5), 수수꽃다리(H1.5×W0.6), 병꽃나무(H1.0×W0.4), 쥐똥나무(H1.0×W0.3), 명자나무(H0.6×W0.4), 산철쭉(H0.3×W0.4), 자산홍(H0.3×W0.3), 조릿대(H0.6×7가지), 잔디(0.3×0.3×0.03)

⑩ B-B′ 단면도는 경사, 포장재료, 경계선 및 기타 시설물의 기초, 주변의 수목, 중요시설물, 이용자 등을 단면도 상에 반드시 표기하시오.

> **문제해설**
>
> ① 요구 조건 3) : 휴게공간은 점토벽돌포장, 놀이공간은 고무칩포장, 동선에는 소형고압블럭포장(ILP), 운동공간에는 마사토 포장을 적용한다.
> ② 요구 조건 5) : "나" 지역 레벨은 +1.0으로 계단에는 화살표를 그리고, 올라갈 때는 UP, 내려갈 때는 DN을 표시한다. 휴게시설은 파고라, 평벤치, 휴지통을 설치한다.
> ③ 요구 조건 6) : "다" 지역 레벨은 -1.0으로 계단에는 화살표를 그리고, 올라갈 때는 UP, 내려갈 때는 DN을 표시한다. 놀이시설은 시소, 회전무대를 설치하고, 운동시설은 철봉을 설치한다.
> ④ 요구 조건 7) : "라" 지역은 운동공간으로 윗몸일으키기, 허리돌리기를 설치한다.
> ⑤ 요구 조건 8) : "가", "라" 지역은 공원의 중심 공간으로 레벨을 +0.0으로 정하고, 대상지 외곽 부지는 -1.0으로 본다.
> ⑥ 요구 조건 9) : 대상지는 중부지방으로 남부수종(다정큼나무, 동백나무, 굴거리나무, 태산목, 먼나무)은 식재하지 않는다.
> ⑦ 요구 조건 10) : 단면도 작성 시 단차의 변화가 심하므로 주의하여 레벨을 체크한다.

| 자격종목 | 조경기능사 | 작품명 | 어린이공원 |

< 현황도 >

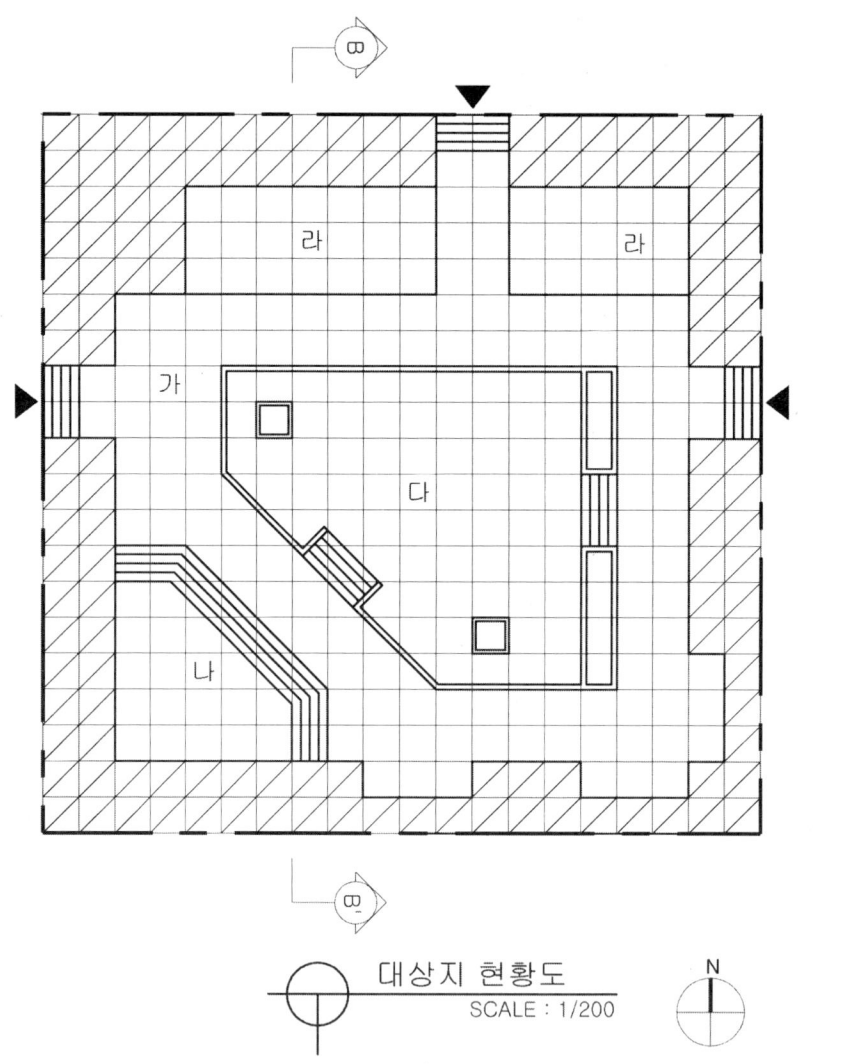

대상지 현황도
SCALE : 1/200

N

* 참조 : 격자 한 눈금은 1m

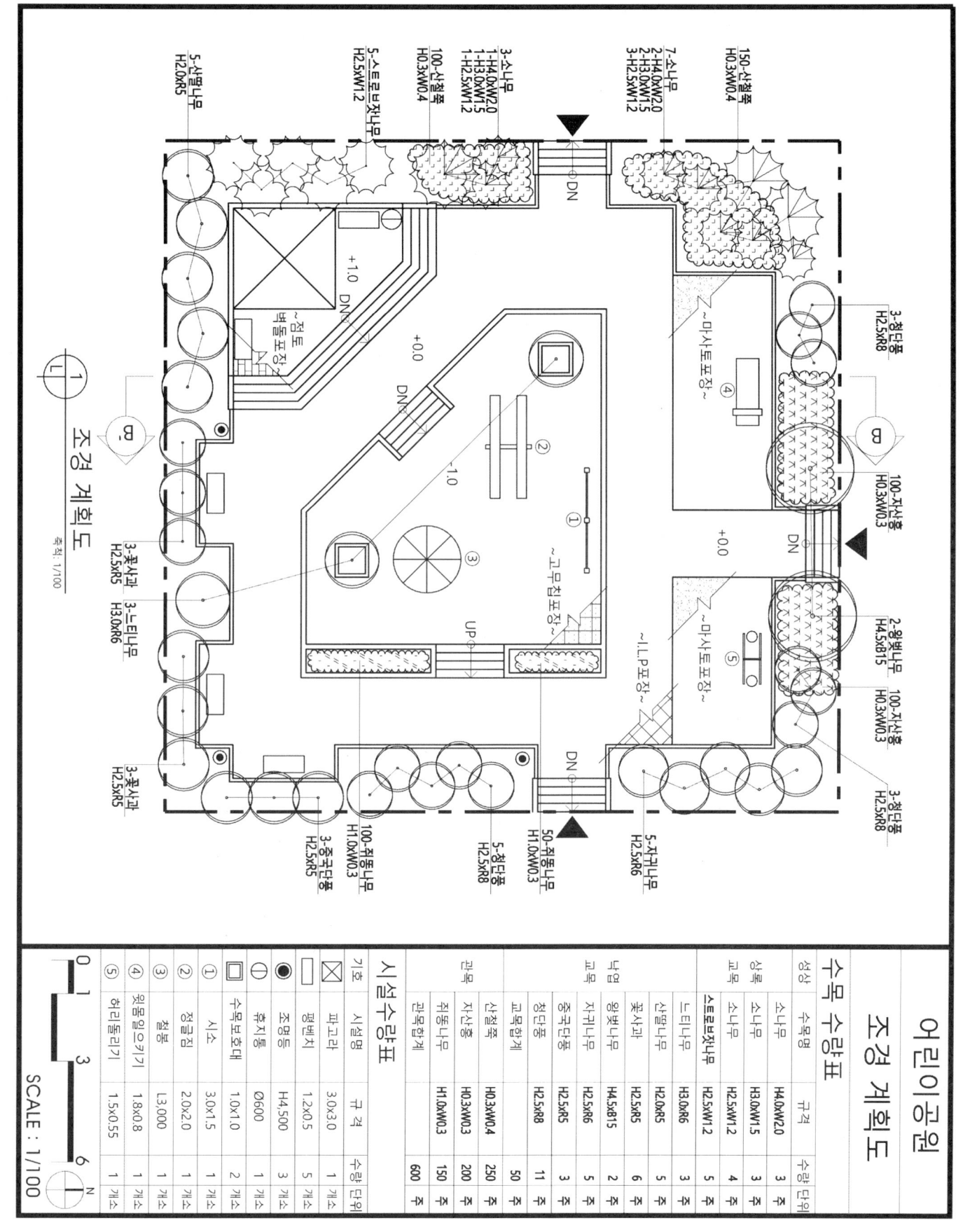

국가기술자격검정 실기시험 답안지

*수험번호와 성명은 반드시 흑색 또는 청색 필기구(연필류 제외) 중 동일한 색의 필기구만을 사용하고, 도면의 내용은 제도용 연필 및 샤프등을 사용하여 작성합니다.
*우측의 점선은 편철하여 접히는 부분이므로 이점을 고려하여 제도시 테두리선은 포함되어도 관련이 없으나 도면 및 인출선 등의 내용이 포함되지 않도록 주의합니다.

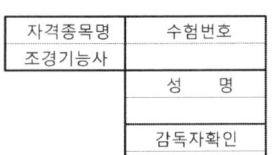

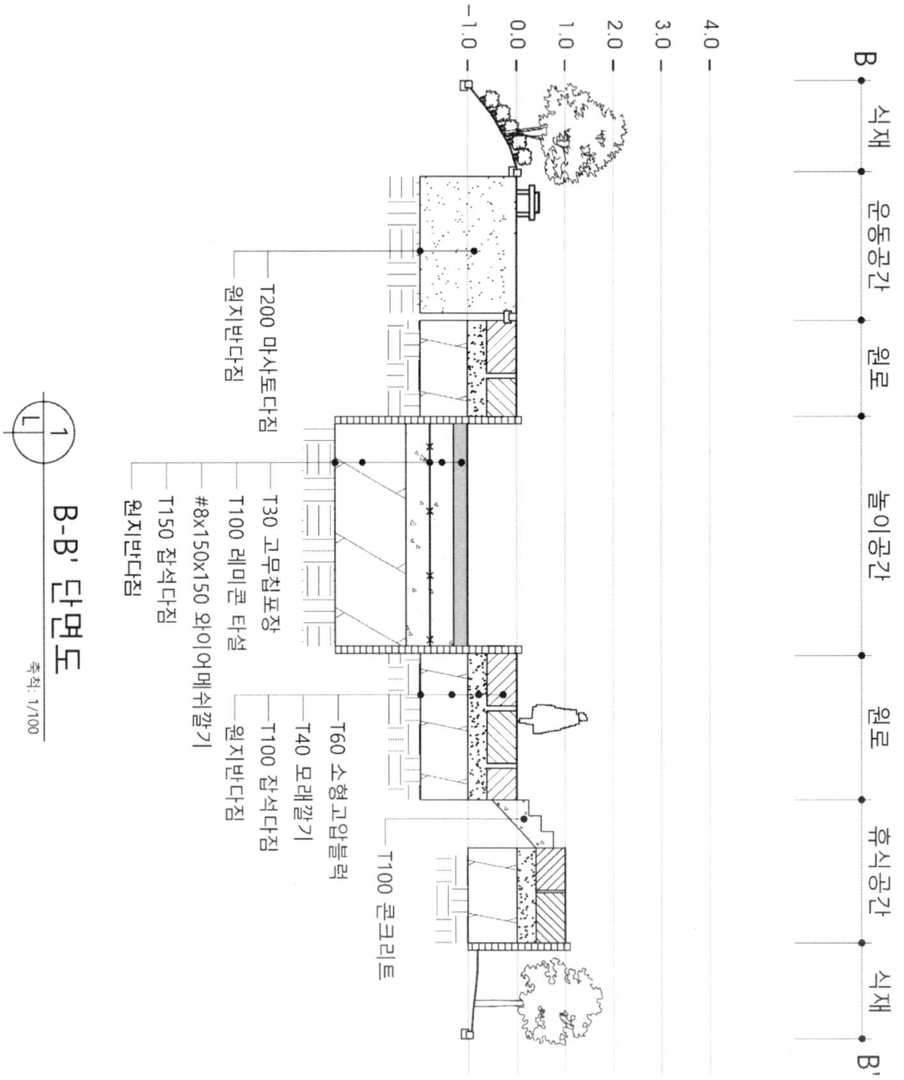

B-B' 단면도
축척: 1/100

어린이공원 단면도

SCALE : 1/100

PART III

조경기능사 실기

수목감별

Part 3 수목감별

chapter 1

시험 개요

1. 시험 수행 방법

1) 시험 수행 방법

① 실제 수험 장소에서 수험자는 프로그램을 제어할 수 없습니다.
② 20개 수종을 질문합니다. (변경 가능)
③ 한 수종당 2~6개의 사진이 제공됩니다. (변경 가능)
④ 사진당 5초 정도를 보여주게 됩니다.
⑤ 해당 시험은 빔 프로젝트로 시행됩니다. 그러므로 수험자는 제공 되어지는 화면을 보고 수종의 이름을 제공 되어지는 시험지에 검은색 볼펜으로 작성합니다.
⑥ 시험 시간은 20분입니다. (변경 가능)
⑦ 홍보용 영상에서 사용되는 사진은 실 시험 사진과 연관이 없습니다.
⑧ 홍보용 영상

⑨ 그림 ① : 문제번호와 수종에 대한 설명입니다.
⑩ 그림 ② : 수종을 판단하기 위해 제공되는 수험 자료입니다. 슬라이드 방식으로 넘어갑니다.
⑪ 그림 ③ : 문제번호 버튼입니다.
⑫ 그림 ④ : 남은 시간을 표시합니다.
⑬ 그림 ⑤ : 수험 시작 버튼입니다.

2) 표준수종 목록

순서	수목명	순서	수목명	순서	수목명	순서	수목명
1	가막살나무	31	돈나무	61	산벚나무	91	졸참나무
2	가시나무	32	동백나무	62	산사나무	92	주목
3	갈참나무	33	등	63	산수유	93	중국단풍
4	감나무	34	때죽나무	64	산철쭉	94	쥐똥나무
5	감탕나무	35	떡갈나무	65	살구나무	95	진달래
6	개나리	36	마가목	66	상수리나무	96	쪽동백나무
7	개비자나무	37	말채나무	67	생강나무	97	참느릅나무
8	개오동	38	매화(실)나무	68	서어나무	98	철쭉
9	계수나무	39	먼나무	69	석류나무	99	측백나무
10	골담초	40	메타세쿼이아	70	소나무	100	층층나무
11	곰솔	41	모감주나무	71	수국	101	칠엽수
12	광나무	42	모과나무	72	수수꽃다리	102	태산목
13	구상나무	43	무궁화	73	쉬땅나무	103	탱자나무
14	금목서	44	물푸레나무	74	스트로브잣나무	104	백합나무
15	금송	45	미선나무	75	신갈나무	105	팔손이
16	금식나무	46	박태기나무	76	신나무	106	팥배나무
17	꽝꽝나무	47	반송	77	아까시나무	107	팽나무
18	낙상홍	48	배롱나무	78	앵도나무	108	풍년화
19	남천	49	백당나무	79	오동나무	109	피나무
20	노각나무	50	백목련	80	왕벚나무	110	피라칸타
21	노랑말채나무	51	백송	81	은행나무	111	해당화
22	녹나무	52	버드나무	82	이팝나무	112	향나무
23	눈향나무	53	벽오동	83	인동덩굴	113	호두나무
24	느티나무	54	병꽃나무	84	일본목련	114	호랑가시나무
25	능소화	55	보리수나무	85	자귀나무	115	화살나무
26	단풍나무	56	복사나무	86	자작나무	116	회양목
27	담쟁이덩굴	57	복자기	87	작살나무	117	회화나무
28	당매자나무	58	붉가시나무	88	잣나무	118	후박나무
29	대추나무	59	사철나무	89	전나무	119	흰말채나무
30	독일가문비	60	산딸나무	90	조릿대	120	히어리

※ 주의사항 : 표준수종 목록에 있는 명칭만 답으로 인정한다.
  곰솔(○), 해송(×), 아까시나무(○), 아카시아(×)

chapter 2 수목의 분류

1. 조경수목

1) 조경수목의 성상별 분류

① 식물의 성상에 따른 분류

㉠ 나무 고유의 모양

ⓐ 교목 : 곧은 줄기가 있고 줄기와 가지의 구별이 명확하며 줄기의 길이 생장이 현저하여 키가 큰 나무

ⓑ 관목 : 뿌리 부근에서 여러 줄기가 나와 줄기와 가지의 구별이 뚜렷하지 않은 키가 작은 나무

ⓒ 덩굴성 수목 : 스스로 서지 못하고 다른 물체를 감아 올라가는 수목(만경목)

㉡ 잎의 모양

ⓐ 침엽수 : 겉씨식물. 나자식물에 속하는 나무들로 일반적으로 잎이 좁다.

ⓑ 활엽수 : 속씨식물. 피자식물에 속하는 나무들로 일반적으로 잎이 넓다.

구 분	주요 수종
침엽수	소나무, 곰솔, 잣나무, 주목, 전나무, 구상나무, 백송, 편백, 낙우송, 메타세쿼이아, 측백나무, 향나무, 독일가문비, 눈향나무 등
활엽수	태산목, 먼나무, 사철나무, 동백나무, 버드나무, 회양목, 단풍나무, 층층나무, 굴거리나무, 호두나무, 서어나무, 살구나무, 상수리나무, 느티나무, 칠엽수, 벽오동, 버즘나무, 자작나무, 왕벚나무, 팔손이, 해당화, 산철쭉, 무궁화, 수수꽃다리, 박태기나무 등

※ 은행나무는 침엽수이면서도 활엽수처럼 잎이 넓고, 위성류는 활엽수이면서도 침엽수처럼 잎이 좁다.

㉢ 잎의 생태

ⓐ 상록수 : 항상 푸른 잎을 가지고 있는 나무

ⓑ 낙엽수 : 가을철 생리현상으로 잎이 모두 떨어지거나 고엽이 일부 붙어 있는 나무

ⓒ 반상록수 : 영산홍, 남천, 댕강나무 등과 같이 가을에 잎의 일부만 떨어짐

구분	주요 수종	구분	주요 수종
상록 침엽 교목	소나무, 곰솔, 반송, 전나무, 주목, 잣나무, 섬잣나무, 서양측백, 향나무, 개잎갈나무(히말라야시다), 스트로브잣나무, 섬잣나무 등	상록 침엽 관목	개비자나무, 눈주목, 눈향나무, 옥향, 둥근측백나무 등
상록 활엽 교목	가시나무, 녹나무, 참가시나무, 후박나무, 굴거리나무, 감탕나무, 먼나무, 동백나무, 아왜나무, 담팔수 등	상록 활엽 관목	광나무, 피라칸타, 자금우, 회양목, 사철나무, 호랑가시나무, 꽝꽝나무, 금식나무, 돈나무, 금목서, 치자나무, 팔손이 등
낙엽 침엽 교목	메타세쿼이아, 은행나무, 낙우송, 일본잎갈나무(낙엽송)	낙엽 침엽 관목	-
낙엽 활엽 교목	느티나무, 자작나무, 모과나무, 이팝나무, 꽃사과나무, 매화나무, 마가목, 복자기, 층층나무, 말채나무, 산수유 등	낙엽 활엽 관목	생강나무, 나무수국, 황매화, 앵도나무, 화살나무, 흰말채나무, 미선나무, 개나리, 쥐똥나무, 좀작살나무, 장미, 해당화, 병꽃나무 등

[여러 가지 잎의 형태]

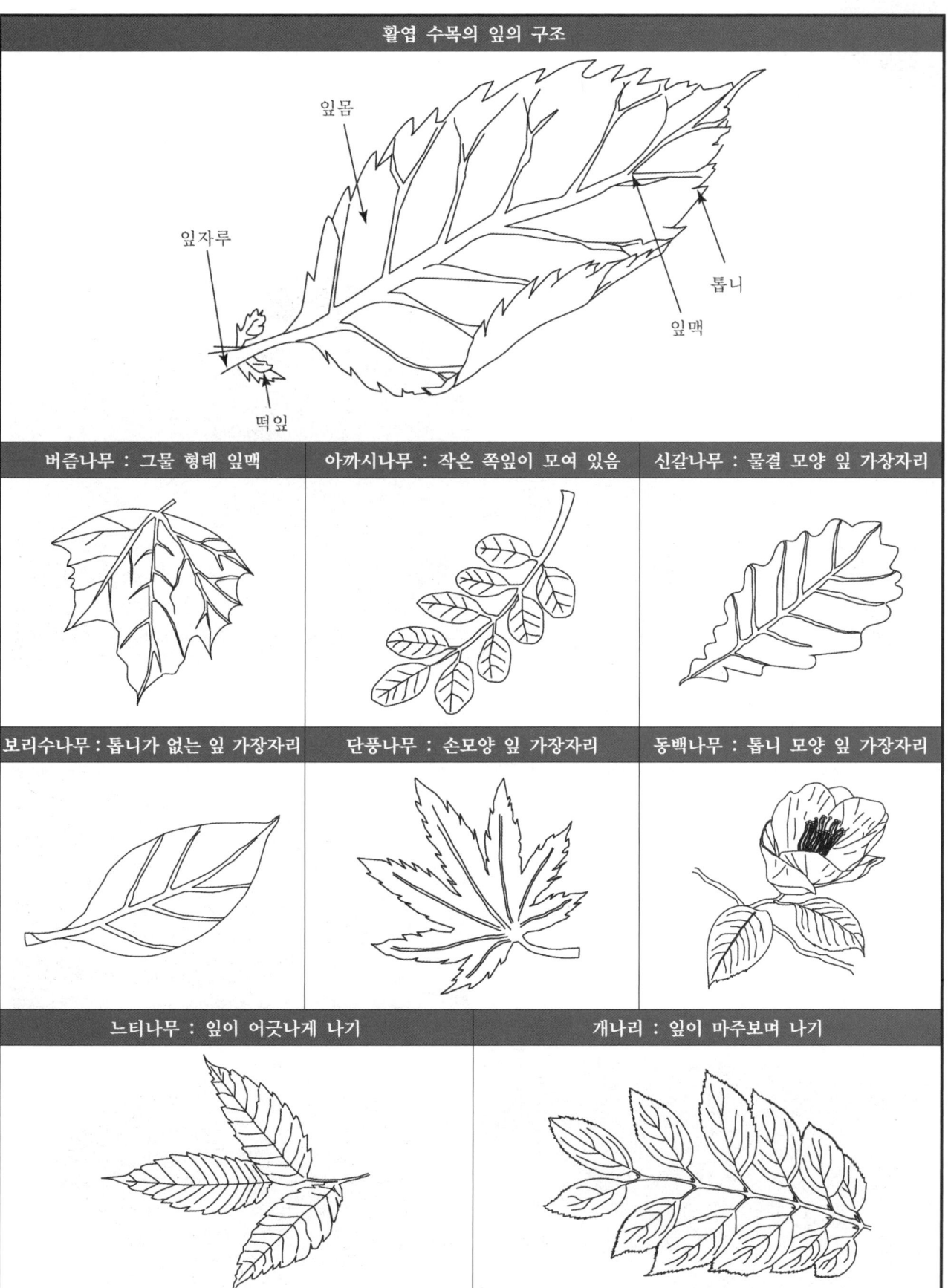

Part 3 수목감별

chapter 3 상록침엽교목

1. 소나무

- 학명 : *Pinus densiflora* (소나무과)
- 성상 : 상록침엽교목
- 수고 : 35m
- 분포 : 한국, 중국, 러시아
- 용도 : 지표식재
- 특성 : 수피가 적색이고 여성적인 이미지 잎 2개가 한 묶음으로 끝이 뾰족하다. 잎 길이는 8~12cm

2. 반송

- 학명 : *Pinus densiflora* for. *multicaulis* (소나무과)
- 성상 : 상록침엽교목
- 수고 : 2~5m
- 분포 : 한국, 중국, 러시아
- 용도 : 요점식재
- 특성 : 수피가 적색이고 여성적인 이미지 잎 2개가 한 묶음으로 끝이 뾰족하다. 잎 길이는 8~12cm. 줄기가 여러 개로 자란다.

chapter 3. 상록침엽교목

3. 곰솔

- 학명 : *Pinus thunbergii* (소나무과)
- 성상 : 상록침엽교목　　　• 수고 : 20m
- 수형 : 성목부터 원추형　• 분포 : 한국, 중국, 일본
- 용도 : 경관식재, 방풍용
- 특성 : 중용수, 내건성, 내공해성이 강하고, 이식 용이, 수피가 검고 남성적인 이미지.
  잎 2개가 한 묶음으로 끝이 뾰족하고 단단하며, 길이 9~14cm이다. 해풍에 잘 견디는 내염성 수종으로, 해안의 조경용으로 적합하다.

4. 백송

- 학명 : *Pinus bungeana* (소나무과)
- 성상 : 상록침엽교목　　　• 수고 : 15m
- 분포 : 중국　　　　　　　• 용도 : 요점식재, 완충식재
- 특성 : 수피가 큰 비늘처럼 벗겨지고 흰빛이 돈다.
  잎 3개가 한 묶음으로 끝이 뾰족하고 단단하다.

5. 잣나무

- 학명 : *Pinus koraiensis* (소나무과)
- 성상 : 상록침엽교목   • 수고 : 20~30m
- 분포 : 한국, 일본, 중국
- 용도 : 완충식재, 차폐식재
- 특성 : 수피가 흑갈색이고 얇은 조각이 떨어지며 잎은 5개가 한 묶음으로 짧은 가지 끝에 달린다. 잎 길이는 8~12cm이고, 흰빛을 띤다. 잣 열매가 열린다.

6. 스트로브잣나무

- 학명 : *Pinus strobus* L. (소나무과)
- 성상 : 상록침엽교목   • 수고 : 25~30m
- 분포 : 북아메리카 원산지, 한국, 일본, 중국
- 용도 : 완충식재, 차폐식재
- 특성 : 수피가 녹갈색이고 밋밋하지만 늙으면 세로로 깊이 갈라진다.
  잎은 5개가 한 묶음으로 짧은 가지 끝에 달리며, 잎 길이는 6~14cm이고, 뒷면에 흰 숨구멍줄이 있다.
  잎 끝은 뾰족하지만 부드러우며, 2~3년간 달려 있다.

7. 구상나무

- 학명 : *Abies koreana* (소나무과)
- 성상 : 상록침엽교목　　• 수고 : 15m
- 수형 : 원추형
- 분포 : 한국 특산수종으로 덕유산, 지리산
- 용도 : 요점식재, 완충식재, 차폐식재
- 특성 : 음수, 적윤지, 내공해성 약함. 이식 보통.
  높은 산에서 자라는 고산수종으로 해발고가
  낮은 지역에서는 생장이 나쁘다. 가지에 돌아
  가며 잎이 난다.
  잎끝이 둥글고, 뒷면에 2줄로 흰색 숨구멍줄
  이 있다.

8. 독일가문비

- 학명 : *Picea abies* (소나무과)
- 성상 : 상록침엽교목　　• 수고 : 50m
- 수형 : 원추형　　• 분포 : 유럽
- 용도 : 완충식재
- 특성 : 양수, 적윤지, 내공해성 중간.
  이식 잘됨. 잎이 가지에 입체적으로 난다.
  잎 끝이 뾰족하고, 찔리면 아프다.

9. 전나무

- 학명 : *Pinus holophylla* Maxim(소나무과)
- 성상 : 상록침엽교목　　• 수고 : 30~40m
- 분포 : 한국, 중국, 러시아
- 용도 : 완충식재, 차폐식재
- 특성 : 회갈색 수피에 비늘처럼 잘게 갈라진다. 길이 4cm 정도의 잎이 가지를 빙 둘러 어긋나게 달린다. 잎 끝이 뾰족하고, 납작한 바늘 모양으로 뒷면에 2줄의 흰 숨구멍 줄이 있다.

10. 주목

- 학명 : *Taxus cuspidata* (주목과)
- 성상 : 상록침엽교목　　• 수고 : 15m
- 분포 : 한국, 일본, 중국, 러시아
- 용도 : 요점식재
- 특성 : 수피와 심재의 색깔이 적색이라서 주목이라 부름. 곁가지에 잎이 2줄로 나란히 난다. 잎이 부드러워 찔려도 아프지 않다. 잎 뒷면에는 2개의 황록색 줄이 있다.

11. 측백나무

- 학명 : *Platycladus orientalis* (측백나무과)
- 성상 : 상록침엽교목　　●수고 : 25m
- 분포 : 한국, 중국
- 용도 : 지표식재, 차폐식재
- 특성 : 수피가 흑갈색, 비늘 모양의 잎이 뾰족하며 앞 뒤 구별이 없음.
  서양측백은 가지가 사방으로 퍼지고 향기가 있고 잎이 넓다.

12. 향나무

- 학명 : *Juniperus chinensis* (측백나무과)
- 성상 : 상록침엽교목　　●수고 : 20m
- 분포 : 한국, 중국, 일본
- 용도 : 지표식재
- 특성 : 나무에서 향이 나기 때문에 붙여진 이름이다.
  잎 끝과 단면이 둥글고 앞뒤의 구분이 없다.
  어린 가지나 강전정을 한 가지에는 바늘잎이 난다.
  수피는 회갈색으로 세로로 갈라져 얇게 벗겨진다. 적성병의 중간기주로 장미과 식물에게 피해를 준다.

13. 금송

- 학명 : *Sciadopitys verticillata* (낙우송과)
- 성상 : 상록침엽교목   • 수고 : 30m
- 분포 : 일본 특산   • 수형 : 원추형
- 용도 : 요점식재
- 특성 : 강음수, 비옥지, 내공해성이 약함.
  이식 보통잎이 가지끝에 우산살처럼 돌려난다.
  잎이 탄력이 있고 부드럽다.

상록활엽교목

1. 가시나무

- 학명 : *Quercus myrsinaefolia* (참나무과)
- 성상 : 상록활엽교목　　　● 수고 : 15~20m
- 분포 : 한국(남부), 일본, 중국
- 용도 : 녹음식재, 가로수식재
- 특성 : 바람에 흔들린다는 뜻의 가서목에서 유래. 종가시나무의 잎에 비에 잎 폭이 길고 가늘고, 잎 상단부 2/3 이상까지 둥근 톱니가 있다. 잎 길이는 6~12cm. 열매 깍지에 둥글게 나이테 모양이 있다.
　　　난대성 수종으로 수형이 크고, 내조성이 좋다.

2. 붉가시나무

- 학명 : *Quercus acuta* (참나무과)
- 성상 : 상록활엽교목　　　● 수고 : 20m
- 분포 : 한국(남부), 일본, 중국
- 용도 : 녹음식재
- 특성 : 수피가 붉은 빛을 띠고, 가시나무와 비슷하기 때문에 붙여진 이름이다.
　　　잎 끝이 길게 뾰족하며, 광택이 있고 두껍다. 잎 가장자리는 톱니가 없고, 잎 길이는 7~13cm. 남해안 섬 지역에서 자생하며 재질이 매우 단단하다.

3. 감탕나무

- 학명 : *Ilex integra* (감탕나무과)
- 성상 : 상록활엽소교목   • 수고 : 10m
- 분포 : 한국(남부, 바닷가), 일본, 대만
- 용도 : 지표식재
- 특성 : 잎 양면 모두 잎맥이 거의 보이지 않으며, 톱니가 없다. 잎 길이는 5~8cm.
  3~5월 황록색 꽃이 피고, 10~12월 붉은 열매가 아름답다. 암수딴몸이다.

4. 먼나무

- 학명 : *Ilex rotunda* (감탕나무과)
- 성상 : 상록활엽교목   • 수고 : 10m
- 분포 : 한국(제주), 일본, 중국
- 용도 : 지표식재
- 특성 : 수형이 좋은 나무로 멋나무에서 먼나무가 유래됨. 잎 자루와 가지는 보라색을 띠며, 잎이 가죽질이고 광택이 강하다.
  6월경 흰색꽃이 피며, 늦가을부터 겨우내내 붉은색 열매가 달려 있다.

5. 금목서

- 학명 : *Osmanthus fragrans* var. aurantiacus
  (물푸레나무과)
- 성상 : 상록활엽소교목   • 수고 : 3~4m
- 분포 : 한국(남부), 일본, 중국
- 용도 : 녹음식재
- 특성 : 잎 표면은 짙은 녹색이고 뒷면은 연한 녹색. 잎은 마주나고, 긴 타원상의 넓은 피침 모양. 9~10월에 주황색 잔꽃이 피고, 향기가 짙고, 녹색의 콩 같은 열매를 맺는다.
- 참고 : 은목서는 흰색 꽃이 피고, 금목서에 비해 향기가 약하다.

6. 녹나무

- 학명 : *Cinnamomum camphora* (녹나무과)
- 성상 : 상록활엽교목   • 수고 : 15~20m
- 분포 : 한국(제주), 일본, 중국
- 용도 : 녹음식재, 가로수
- 특성 : 잎맥이 밑부분에서 3개로 갈라지며, 타원형으로 길이 6~10cm이다. 잎 가장자리에 톱니가 없고 광택이 난다. 잎을 찢으면 장뇌향이 난다. 5~6월경 황백색 꽃이 피고, 10~11월경 흑색 열매가 성숙한다.

7. 후박나무

- 학명 : *Machilus thunbergii* (녹나무과)
- 성상 : 상록활엽교목　　　• 수고 : 20m
- 분포 : 한국(남부 도서), 대만, 일본
- 용도 : 녹음식재
- 특성 : 수피가 회색이고 갈라지지 않으며 매끈하다.
  　　잎은 가지 끝에 모여 나며 긴 타원형으로, 잎 길이는 7~15cm. 5~6월경 황록색 꽃이 핀다. 세계적 희귀종으로 풍해, 임해에 강하다.

8. 동백나무

- 학명 : *Camellia japonica* (차나무과)
- 성상 : 상록활엽교목　　　• 수고 : 7m
- 분포 : 한국(남부), 대만, 일본
- 용도 : 녹음식재, 요점식재
- 특성 : 잎이 두껍고 딱딱하며, 광택이 있다. 잎 가장자리에 물결모양 잔톱니가 있다.
  　　잎 길이는 5~10cm.
  　　추운 겨울 동백꽃의 수분을 돕는 동박새와 공생관계이다.

9. 태산목

- 학명 : *Magnolia grandiflora* (목련과)
- 성상 : 상록활엽교목　　　• 수고 : 20m
- 분포 : 북아메리카 원산지, 한국(남부)
- 용도 : 녹음식재
- 특성 : 목련과 중에 꽃과 잎이 크기 때문에 태산목이다. 잎몸은 긴 타원형이며 앞면은 짙은 녹색이고, 뒷면은 갈색빛이 난다.
  잎 길이는 12~23cm.
  5~6월경 큰 흰색 꽃이 피고, 향기가 좋다.
  열매는 10월경 붉게 맺는다.

Part 3 수목감별

chapter 5 낙엽침엽교목

1. 메타세쿼이아

- 학명 : *Metasequoia glyptostroboides* (낙우송과)
- 성상 : 낙엽침엽교목　　• 수고 : 35m
- 분포 : 한국, 중국 원산
- 용도 : 녹음식재, 가로식재
- 특성 : 가는 잎은 2장씩 마주나기를 하고, 곁가지도 2개씩 마주난다. 습기 많은 계곡을 좋아하고, 침엽수이지만 가을에 적갈색으로 단풍이 들고 낙엽이 진다.
- 참고 : 낙우송 - 어긋나기

2. 은행나무

- 학명 : *Ginkgo biloba* (은행나무과)
- 성상 : 낙엽침엽교목　　• 수고 : 10~20m
- 분포 : 한국, 중국
- 용도 : 녹음식재, 가로식재
- 특성 : 은행은 은빛의 살구씨라는 뜻이다. 잎이 부채모양으로 2갈래로 갈라진다. 잎몸의 너비는 5~7cm임. 수피가 세로로 깊게 갈라지면 코르크질이 발달. 대기오염에 강하고 노란색 단풍이 아름답다. 암수딴몸이다.

낙엽활엽교목

1. 감나무

- 학명 : *Diospyros kaki* (감나무과)
- 성상 : 낙엽활엽교목   • 수고 : 5m
- 분포 : 한국, 중국 원산
- 용도 : 녹음식재, 유실수
- 특성 : 수피가 그물망처럼 갈라진다. 잎몸은 두껍고 광택이 있다. 톱니가 없으며 어긋나기 한다. 5~6월에 연노랑색 꽃이 피고, 9~10월 경에 감이 달린다.

2. 갈참나무

- 학명 : *Quercus aliena* (참나무과)
- 성상 : 낙엽활엽교목   • 수고 : 20~25m   • 분포 : 한국, 일본, 중국
- 용도 : 녹음식재, 경관식재
- 특성 : 갈잎이 오래 매달려 있어 갈참나무라고 한다. 물결모양의 톱니가 있는 긴 타원형의 잎이 있다. 잎 길이는 8~12cm. 떡갈나무, 신갈나무에 비해 잎자루가 길고, 잎 뒷면은 회백색이다. 도토리 열매는 1.5~2cm이며, 9~10월경 익는다.

3. 떡갈나무

- 학명 : *Quercus dentata* (참나무과)
- 성상 : 낙엽활엽교목   • 수고 : 15~20m   • 분포 : 한국, 일본, 중국
- 용도 : 녹음식재, 경관식재
- 특성 : 떡을 싸서 먹는데 사용한 것에서 유래됨.
  둥그스름한 물결모양의 큰 톱니가 있다. 잎 길이 12~23cm.
  잎자루가 매우 짧고, 잎 뒷면에 갈색 털이 있다. 도토리 열매 껍질에 털이 많다.

4. 상수리나무

- 학명 : *Quercus acutissima* (참나무과)
- 성상 : 낙엽활엽교목   • 수고 : 20~25m   • 분포 : 한국, 일본, 중국
- 용도 : 녹음식재, 경관식재
- 특성 : 수피가 암회색으로 세로로 깊게 갈라져 있다.
  잎 가장자리에 바늘처럼 뾰족한 흰색 침이 있다.
  잎몸은 긴 타원형의 길이 8~15cm.
  참나무 중에 가장 흔히 볼 수 있는 나무이다.

5. 신갈나무

- 학명 : *Quercus mongolica* (참나무과)
- 성상 : 낙엽활엽교목   • 수고 : 20~30m
- 분포 : 한국, 극동 러시아, 중국
- 용도 : 녹음식재, 경관식재
- 특성 : 짚신 안에 잎을 깔았기 때문에 얻은 이름이다.
  잎 가장자리에 물결 모양의 톱니가 있고, 잎 길이는 7~20cm이다. 잎자루가 거의 없다.

6. 졸참나무

- 학명 : *Quercus serrata* (참나무과)
- 성상 : 낙엽활엽교목   • 수고 : 20m
- 분포 : 한국, 일본, 중국
- 용도 : 녹음식재
- 특성 : 수피가 적색이고, 여성적인 이미지가 있다.
  잎 2개가 한 묶음으로 끝이 뾰족하다.
  잎 길이는 8~12cm

7. 개오동

- 학명 : *Catalpa ovata* (능소화과)
- 성상 : 낙엽활엽교목　　• 수고 : 5~10m
- 분포 : 중국 원산지, 한국
- 용도 : 녹음식재
- 특성 : 큰 잎이 오동나무와 비슷하여 붙여진 이름이다.
　　　　잎몸이 넓고 3~5갈래로 갈라진다.
　　　　잎 길이는 10~25cm.
　　　　6~7월 가지 끝에 백색 꽃이 피고, 향기가 좋다.
　　　　수피는 회갈색이며 얇게 벗겨진다.
　　　　열매가 실모양으로 재실이라는 한약재이다.
　　　　예로부터 궁궐, 사찰 조경에 사용되었다.

8. 오동나무

- 학명 : *Paulownia coreana* (현삼과)
- 성상 : 낙엽활엽교목　　• 수고 : 15~20m
- 분포 : 한국 원산지
- 용도 : 녹음식재
- 특성 : 잎은 마주나기 하며 오각형으로 길이 15~23cm,
　　　　폭 12~29cm로 가장자리에 톱니가 없다.
　　　　5~6월 가지 끝에 원뿔 모양의 자주색 꽃이 핀다.
　　　　수피는 담갈색이며 거친줄이 세로로 나 있다.
　　　　토심이 깊고 배수가 잘 되는 비옥 적윤한 곳을
　　　　좋아하고, 중부 이남의 따뜻한 곳에 자생한다.

9. 벽오동

- 학명 : *Firmiana simplex* (벽오동과)
- 성상 : 낙엽활엽교목　　• 수고 : 10~15m
- 분포 : 중국 원산지, 한국, 일본
- 용도 : 녹음식재, 경관식재
- 특성 : 오동나무 잎과 비슷하고 줄기가 녹색이기에 벽오동이라는 이름이 붙여졌다.
  3~5갈래로 갈라진 잎의 길이는 15~30cm이다.
  잎자루는 잎몸의 길이와 비슷하다.
  열매는 10월에 갈색으로 익는다.

10. 계수나무

- 학명 : *Cercidiphyllum japonicum* (계수나무과)
- 성상 : 낙엽활엽교목　　• 수고 : 20~30m
- 분포 : 일본 원산, 한국, 중국
- 용도 : 녹음식재, 가로수
- 특성 : 잎몸은 하트 모양이고, 둥그스름한 톱니가 있다. 잎 길이는 4~8cm이며, 가지에 잎이 마주난다.
  잎자루는 붉은색이고, 가을에 노란색 단풍이 아름답다.
  분홍색 꽃이 5월경 개화하고 향이 좋다.

11. 노각나무

- 학명 : *Stewartia koreana* (차나무과)
- 성상 : 낙엽활엽교목　　• 수고 : 7~15m
- 분포 : 한국 원산지(남부), 일본
- 용도 : 녹음식재, 경관식재
- 특성 : 사슴뿔(녹각) 같은 수피에서 이름이 유래되었다. 타원형 잎으로 톱니가 얕고 둔하다.
  잎의 길이는 4~10cm이다.
  6~7월경 흰색 꽃이 핀다.
  이식이 어렵고, 생장속도가 매우 느리다.
  충북 이남 산지에 자생한다.

12. 느티나무

- 학명 : *Zelkova serrata* (느릅나무과)
- 성상 : 낙엽활엽교목　　• 수고 : 25m
- 분포 : 한국, 일본, 중국
- 용도 : 녹음식재, 가로수
- 특성 : 커갈수록 티(멋)가 나는 나무라는 뜻이다.
  잎몸은 좁은 달걀형으로 잎의 길이는 3~7cm.
  잎 가장자리에 커브 모양의 톱니가 있다.
  수피는 회갈색으로 밋밋하다.
  예로부터 정자목으로 많이 이용됨

13. 참느릅나무

- 학명 : *Ulmus parvifolia* Jacq. (느릅나무과)
- 성상 : 낙엽활엽교목　　• 수고 : 8~10m
- 분포 : 한국, 일본, 중국
- 용도 : 녹음식재, 경관식재
- 특성 : 그물 모양 수피가 얇게 벗겨진다.
　잎몸은 긴타원형으로, 길이는 2.5~5cm이다.
　느릅나무 중에서 잎이 가장 작고, 잎의 좌우
　가 비대칭이다.
　잎 가장자리에 산(山)자 모양의 톱니가 있다.

14. 팽나무

- 학명 : *Celtis sinensis* (느릅나무과)
- 성상 : 낙엽활엽교목　　• 수고 : 15~20m
- 분포 : 한국, 일본, 중국
- 용도 : 녹음식재, 경관식재, 가로수
- 특성 : 열매를 대나무 총에 총알로 사용하였다 하여
　붙여진 이름이다.
　잎몸은 넓은 타원형으로 길이는 4~9cm. 잎
　앞면에는 광택이 있고, 가장자리에는 반만 톱
　니가 있다.

15. 단풍나무

- 학명 : *Acer palmatum* (단풍나무과)
- 성상 : 낙엽활엽교목   • 수고 : 10~15m
- 분포 : 한국, 일본
- 용도 : 녹음식재, 경관식재
- 특성 : 수피가 회갈색으로 매끈하다.
  잎몸이 5~7갈래로 갈라진 손바닥 모양이다.
  두 장의 날개가 있는 열매가 열리고, 바람에 멀리 날아간다.
  붉은색 단풍이 매우 아름답다.

16. 복자기

- 학명 : *Acer triflorum* (단풍나무과)
- 성상 : 낙엽활엽교목   • 수고 : 15~20m
- 분포 : 한국, 중국
- 용도 : 녹음식재, 경관식재
- 특성 : 잎자루에 3개의 잎이 붙어 있다.
  잎 가장자리에 2~3개의 굵은 톱니가 있다.
  붉은색 단풍이 매우 아름다우며, 수피가 얇은 조각으로 벗겨진다.

chapter 5. 낙엽활엽교목

17. 신나무

- 학명 : *Acer ginnala* (단풍나무과)
- 성상 : 낙엽활엽소교목　　• 수고 : 6~8m
- 분포 : 한국, 일본, 중국
- 용도 : 녹음식재, 경관식재
- 특성 : 수피가 회갈색이며, 세로로 갈라진다.
　　　　잎몸이 중국단풍처럼 3갈래로 갈라진다.
　　　　잎 가장자리에 잔톱니가 있으며, 가을에 붉은색 단풍이 매우 아름답다.

18. 중국단풍

- 학명 : *Acer buergerianum* Miq. (단풍나무과)
- 성상 : 낙엽활엽교목　　• 수고 : 12~15m
- 분포 : 중국 원산지, 한국, 일본
- 용도 : 녹음식재, 가로수
- 특성 : 잎 모양이 세 갈래로 갈라져서 삼각단풍이라
　　　　고도 한다. 잎 가장자리에 톱니가 없다.
　　　　수피는 회갈색으로 얇게 벗겨진다.
　　　　가을에 붉은색 단풍이 매우 아름답다.

19. 대추나무

- 학명 : *Zizyphus jujuba* (갈매나무과)
- 성상 : 낙엽활엽교목　　• 수고 : 5~8m
- 분포 : 한국, 중국
- 용도 : 유실수, 경관식재
- 특성 : 수피가 회갈색이며, 그물 모양으로 갈라진다. 재질이 매우 단단하여 도장재로 사용한다. 잎몸은 달걀형으로 길이 2~4cm이고, 광택이 있다. 3개의 뚜렷한 잎맥이 있고, 가시가 있다. 9~10월에 지름 2~3cm의 녹색, 적색 열매가 열린다.

20. 때죽나무

- 학명 : *Styrax japonica* (때죽나무과)
- 성상 : 낙엽활엽소교목　　• 수고 : 10m
- 분포 : 한국, 일본, 중국
- 용도 : 녹음식재, 경관식재
- 특성 : 수피는 회갈색으로, 세로로 갈라지며 매끈하다. 잎몸은 달걀형으로 길이는 4~8cm. 가장자리에 톱니가 있거나 없는 것도 있다. 5~6월 종모양의 흰색 꽃이 아래를 향하여 핀다. 9월에 회백색 열매가 열리고 독성이 있다.

chapter 5. 낙엽활엽교목

21. 쪽동백나무

- 학명 : *Styrax obassia* (때죽나무과)
- 성상 : 낙엽활엽교목　　● 수고 : 6~10m
- 분포 : 한국, 일본, 중국
- 용도 : 녹음식재, 경관식재
- 특성 : 잎몸이 부채처럼 큼지막한 원형이다.
　　　　길이는 10~20cm이며, 큰 잎 밑에 작은 잎이 2장 달려 있다.
　　　　5~6월 흰색 꽃이 피며, 9월에 지름 2cm 정도의 열매가 익는다.

22. 말채나무

- 학명 : *Cornus walteri* (층층나무과)
- 성상 : 낙엽활엽교목　　● 수고 : 8~10m
- 분포 : 한국, 일본, 중국
- 용도 : 녹음식재, 경관식재
- 특성 : 가지를 말채찍으로 사용한다는 데서 유래한다.
　　　　잎끝이 뾰족하고, 길이는 5~10cm이다.
　　　　잎 가장자리에 톱니가 없으며 잎이 마주난다.
　　　　잎맥이 둥글게 위로 뻗어 있다.
　　　　6월경 흰색 꽃이 나무 전체를 뒤덮으며, 밀원
　　　　식물이다. 열매는 9~10월 검은색으로 익는다.
　　　　수피가 회갈색이고 그물 모양으로 갈라진다.
　　　　예로부터 궁궐 조경에 사용되었다.

23. 산딸나무

- 학명 : *Cornus kousa* (층층나무과)
- 성상 : 낙엽활엽교목   • 수고 : 7~10m
- 분포 : 한국, 일본
- 용도 : 녹음식재, 경관식재, 가로수
- 특성 : 열매가 딸기와 비슷하여 붙여진 이름이다.
  잎끝이 뾰족하고 길이 5~12cm이다.
  잎 가장자리에 톱니가 없으며 잎이 마주난다.
  잎맥이 둥글게 위로 뻗어 있다.

24. 산수유

- 학명 : *Cornus officinalis* (층층나무과)
- 성상 : 낙엽활엽소교목   • 수고 : 5~7m
- 분포 : 중국 원산지, 한국
- 용도 : 녹음식재, 유실수
- 특성 : 산에서 먹을 수 있는 붉은색 열매라는 의미로
  붙여진 이름이다.
  잎끝이 뾰족하고 길이 4~12cm이다. 잎 가장자리에 톱니가 없으며 잎이 마주난다. 잎맥이 둥글게 위로 뻗어 있다.
  3~4월 잎보다 먼저 노란색 꽃이 피며, 9~10월 붉게 익는 열매는 약용으로 사용한다.
  수피는 회갈색으로 비늘조각처럼 벗겨진다.

25. 층층나무

- 학명 : *Cornus controversa* (층층나무과)
- 성상 : 낙엽활엽교목　　• 수고 : 20m
- 분포 : 한국, 일본, 중국
- 용도 : 녹음식재, 경관식재
- 특성 : 줄기에서 가지가 바퀴살 모양으로 돌려나서 층을 이루기 때문에 붙여진 이름이다.
  잎 끝이 뾰족하고 길이 5~12cm이다. 잎 가장자리에 톱니가 없으며 잎이 어긋난다. 잎맥이 둥글게 위로 뻗어 있다.
  5월에 흰색 꽃이 피고 밀원식물이다. 8~9월에 흑자색 열매가 열린다.
  생장 속도가 빠르고 크게 자란다.

26. 마가목

- 학명 : *Sorbus commixta* (장미과)
- 성상 : 낙엽활엽소교목　　• 수고 : 6~8m
- 분포 : 한국, 일본
- 용도 : 녹음식재, 경관식재
- 특성 : 잎의 모양이 말의 이빨 모양처럼 가지런하여 붙여진 이름이다.
  작은 잎이 4~6쌍인 홀수깃꼴겹잎이며, 잎 가장자리에 가늘고 날카로운 톱니가 있다.
  9~10월경 적색의 열매가 익으며 새의 먹이가 된다.

27. 매화나무(매실나무)

- 학명 : *Prunus mume* (장미과)
- 성상 : 낙엽활엽소교목　●수고 : 4~6m
- 분포 : 중국 원산지, 한국, 일본
- 용도 : 유실수, 경관식재
- 특성 : 야매계, 홍매계, 풍후계, 행계 등 여러 품종이 있다.
  잎은 벚나무에 비해 약간 작고, 잎의 앞부분이 길고 뾰족하다. 잎 길이는 4~9cm
  2~4월경 잎보다 먼저 흰색 또는 분홍색 꽃이 피고, 향기가 좋다. 6월경 녹색 열매가 열린다.

28. 모과나무

- 학명 : *Chaenomeles sinensis* (장미과)
- 성상 : 낙엽활엽교목　●수고 : 7~10m
- 분포 : 중국 원산지, 한국, 일본
- 용도 : 유실수, 경관식재
- 특성 : 나무에서 참외 같은 열매(목과)가 열려서 붙여진 이름.
  잎몸은 달걀형이고, 길이 4~8cm, 가장자리에 잔톱니가 있다.
  4~5월 잎과 함께 분홍색 꽃이 핀다.
  얼룩무늬 수피가 매끄럽고 매우 특이하다.
  10월에 황색 열매가 열린다.

29. 복사나무

- 학명 : *Prunus persica* (L) Batsch (장미과)
- 성상 : 낙엽활엽소교목 • 수고 : 4~6m
- 분포 : 중국 원산지, 한국, 일본
- 용도 : 유실수, 경관식재
- 특성 : 잎 모양이 가늘고 긴 피침형으로 길이 7~16cm 이다.
  4월경 연분홍색 잎보다 먼저 꽃이 피며, 7월경 열매가 익으며, 털이 많이 난다.
  병충해에 약하다.

30. 산벚나무

- 학명 : *Prunus sargentii* Rehder (장미과)
- 성상 : 낙엽활엽교목 • 수고 : 20~25m
- 분포 : 한국, 일본
- 용도 : 녹음식재, 경관식재
- 특성 : 잎몸은 타원형으로 길이 8~12cm이다.
  잎 가장자리에 잔톱니가 있고, 잎자루 끝에는 1쌍의 꿀샘이 있다.
  4월 잎과 같이 분홍색 꽃이 피며, 8월경 1cm 정도의 붉은색 열매가 열리고 흑자색으로 익는다.

31. 왕벚나무

- 학명 : *Prunus yedoensis* (장미과)
- 성상 : 낙엽활엽교목   • 수고 : 10~15m
- 분포 : 제주도 원산지
- 용도 : 녹음식재, 가로수
- 특성 : 벚나무 중에 꽃이 크고 많이 피기 때문에 붙여진 이름이다. 한라산에 자생지가 있는 특산수종이다.
  잎몸은 타원형으로 길이 8~12cm이며, 잎 가장자리에 예리한 톱니가 있고 잎자루 끝에 1쌍의 꿀샘이 있다.
  4월 초순 잎보다 먼저 분홍색 꽃이 피며, 6월경 흑자색 열매가 열린다.
  30년생이 가장 아름답고, 그 후 노쇠한다.

32. 산사나무

- 학명 : *Crataegus pinnatifida* (장미과)
- 성상 : 낙엽활엽교목   • 수고 : 5~6m
- 분포 : 한국, 중국
- 용도 : 녹음식재, 경관식재
- 특성 : 산에서 자라는 아침의 나무라는 뜻에서 유래한 이름이다.
  잎몸이 5~7갈래로 갈라지며, 좌우가 비대칭이다. 잎 길이는 5~10cm
  5월경 가지 끝에 흰색 꽃이 피고, 9~10월 1.5cm 정도 크기의 붉은색 열매가 익는다.

33. 살구나무

- 학명 : *Prunus armeniaca* (장미과)
- 성상 : 낙엽활엽교목   • 수고 : 5~12m
- 분포 : 중국 원산지, 한국
- 용도 : 녹음식재, 유실수
- 특성 : 잎 모양이 넓은 달걀형으로, 잎 길이는 6~9cm이다.
  잎자루에 2~5개의 꿀샘이 있다.
  4월에 잎보다 먼저 홍자색 꽃이 피고, 7월에 황색 열매가 익는다.
  수피에 코르크질이 발달하지 않는다.

34. 팥배나무

- 학명 : *Sorbus alnifolia* (장미과)
- 성상 : 낙엽활엽교목   • 수고 : 10~15m
- 분포 : 한국, 일본, 중국
- 용도 : 녹음식재
- 특성 : 배꽃을 닮은 꽃과 팥 모양의 붉은 열매가 열리기 때문에 붙여진 이름이다.
  잎몸은 타원형으로 길이 5~10cm이며, 잎 가장자리에 불규칙한 겹톱니가 있다.
  5월 흰색 꽃이 피고, 9월 적색 열매가 익는다.
  공해에 약하다.

35. 모감주나무

- 학명 : *Koelreuteria paniculata* (무환자나무과)
- 성상 : 낙엽활엽교목   수고 : 8~10m
- 분포 : 한국(해안가), 일본, 중국
- 용도 : 녹음식재, 경관식재
- 특성 : 3~7쌍인 홀수깃꼴겹잎. 작은 잎은 깊게 갈라진다.
  6월경 노란색 꽃이 피며, 10월경 꽈리모양의 열매가 익으며 그 안에 단단한 씨앗이 들어 있어 염주를 만드는데 사용한다.

36. 물푸레나무

- 학명 : *Fraxinus rhynchophylla* (물푸레나무과)
- 성상 : 낙엽활엽교목   수고 : 7~10m
- 분포 : 한국, 중국, 일본
- 용도 : 녹음식재, 경관식재
- 특성 : 가지를 물에 담가놓으면 푸른빛이 난다 하여 붙여진 이름이다.
  3~4쌍인 홀수깃꼴겹잎이다.
  수피는 회백색으로 세로로 얕게 갈라진다.
  8~9월경 2~4cm의 장타원형 열매가 열린다.

37. 이팝나무

- 학명 : *Chionanthus retusa* (물푸레나무과)
- 성상 : 낙엽활엽교목   • 수고 : 20~25m
- 분포 : 한국, 일본, 중국
- 용도 : 녹음식재
- 특성 : 개화기에 수형이 밥그릇과 비슷하여 이밥나무라 불려진데서 유래한 이름이다.
  수피는 회갈색으로 세로로 불규칙하게 갈라진다. 잎몸은 타원형으로 길이는 4~10cm이고, 5~6월 흰색 꽃이 핀다.
  잎 가장자리에 톱니가 없다.

38. 배롱나무

- 학명 : *Lagerstroemia indica* (부처꽃과)
- 성상 : 낙엽활엽소교목   • 수고 : 5~6m
- 분포 : 중국 원산지, 한국, 일본
- 용도 : 요점식재, 경관식재
- 특성 : 개화기간이 100일 정도라고 해서 목백일홍이라 한다. 얼룩무늬의 매끈한 수피가 아름답다.
  타원형 잎몸으로 길이 3~7cm이고, 잎 가장자리에 톱니가 없고 어긋나기 한다.
  7~10월 붉은색, 분홍색, 흰색 꽃이 오랫동안 핀다.

39. 백목련

- 학명 : *Magnolia denudata* (목련과)
- 성상 : 낙엽활엽교목　　● 수고 : 10~15m
- 분포 : 중국 원산지, 한국
- 용도 : 지표식재, 녹음식재
- 특성 : 잎몸은 도란형으로 잎끝이 갑자기 뾰족해진다.
　　　　잎 길이는 10~15cm이며, 3~4월경 잎보다 흰색 꽃이 먼저 핀다.
　　　　목련에 비해 잎이 크다.

40. 일본목련

- 학명 : *Magnolia obovata* (목련과)
- 성상 : 낙엽활엽교목　　● 수고 : 20m
- 분포 : 일본 원산지, 한국
- 용도 : 녹음식재, 경관식재
- 특성 : 수피는 회색을 띠며, 평활하다.
　　　　목련과 중에서 잎이 가장 크다.
　　　　잎 길이는 30~40cm이며, 5~6월경 가지끝에 큰 꽃이 피는데 향기가 좋아 향목련이라고 한다.

41. 백합나무

- 학명 : *Liriodendron tulipifera* (목련과)
- 성상 : 낙엽활엽교목　　● 수고 : 20~30m
- 분포 : 북아메리카 원산, 한국
- 용도 : 녹음식재, 가로수
- 특성 : 꽃이 백합과 비슷하여 붙여진 이름이다.
　　　　잎이 T자 모양으로, 잎 가장자리에 톱니가 없고 길이는 10~15cm이다.
　　　　5~6월경 연노랑색 꽃이 핀다.
　　　　노란색 단풍이 아름답다.

42. 버드나무

- 학명 : *Salix koreensis* Anderss (목련과)
- 성상 : 낙엽활엽교목　　● 수고 : 15~20m
- 분포 : 한국, 중국, 일본
- 용도 : 녹음식재, 경관식재
- 특성 : 물을 좋아하는 나무로, 강가, 연못가 등 물가에 심는다.
　　　　잎몸은 피침형으로 잎 길이는 5~12cm이다.
　　　　수피는 암갈색으로 세로로 얕게 갈라진다.

43. 서어나무

- 학명 : *Carpinus laxiflora* (자작나무과)
- 성상 : 낙엽활엽교목　　• 수고 : 10~15m
- 분포 : 한국, 중국, 일본
- 용도 : 녹음식재, 경관식재
- 특성 : 서쪽에 있는 나무라는 뜻에서 이름이 유래되었다. 근육질의 울퉁불퉁한 수피가 특이하다.
잎몸은 타원형으로 잎 길이는 3~7cm이며, 잎끝이 길며 뾰족하다.
잎맥이 10~12쌍으로 가지런히 뻗어 있다.

44. 자작나무

- 학명 : *Betula platyphylla* var. *japonica* (자작나무과)
- 성상 : 낙엽활엽교목　　• 수고 : 20~25m
- 분포 : 한국, 러시아, 일본
- 용도 : 녹음식재, 경관식재
- 특성 : 얇게 벗겨지는 수피가 불에 탈 때 '자작자작' 하는 소리가 난다하여 이름이 붙여졌다.
잎몸은 삼각형의 넓은 달걀형으로 길이 5~8cm 이다.
잎 가장자리에 겹톱니가 있으며, 흰색 수피가 매우 아름답다.

chapter 5. 낙엽활엽교목

45. 석류나무

- 학명 : *Punica granatum* (석류나무과)
- 성상 : 낙엽활엽소교목　• 수고 : 4~8m
- 분포 : 한국, 지중해 연안
- 용도 : 유실수, 경관식재
- 특성 : 혹처럼 열매가 주렁주렁 열린다 하여 붙여진 이름이다.
  잎몸은 긴 타원형으로 잎 길이는 2~8cm이다.
  잎 가장자리에 톱니가 없고, 가지 끝에 가시가 있다.
  5~6월에 붉은색 꽃이 피고, 11월경에 붉은색 열매가 열린다.

46. 아까시나무

- 학명 : *Robinia pseudoacacia* (콩과)
- 성상 : 낙엽활엽교목　• 수고 : 20~25m
- 분포 : 북아메리카 원산지, 한국
- 용도 : 녹음식재
- 특성 : 작은 잎이 4~9쌍인 홀수깃꼴겹잎이다.
  길이는 15~25cm이며, 작은 잎의 잎끝이 오목하게 들어갔다.
  5~6월에 흰색 꽃이 피며, 향기가 좋고, 이는 중요한 밀원식물이다.
  9~10월 콩꼬투리 모양의 열매가 열린다.
  연료림, 황폐지 복구용 수목이다.

47. 자귀나무

- 학명 : *Albizia julibrissin* Durazz. (콩과)
- 성상 : 낙엽활엽소교목   • 수고 : 3~5m
- 분포 : 한국, 일본, 중국
- 용도 : 녹음식재, 경관식재
- 특성 : 합환수, 합혼수, 귀신나무, 야합수 등 여러 가지 이름이 있다. 수피는 회갈색으로 밋밋하다. 잎몸은 작은 잎이 15~30쌍, 2회 짝수깃꼴겹잎이며, 잎 길이는 20~30cm. 6~7월 분홍색 꽃이 피고, 향기가 좋다. 10월 콩꼬투리 모양의 열매가 열린다.

48. 회화나무

- 학명 : *Sophora japonica* (콩과)
- 성상 : 낙엽활엽교목   • 수고 : 10~30m
- 분포 : 중국 원산지, 한국
- 용도 : 녹음식재, 가로수
- 특성 : 괴나무 → 홰나무 → 회화나무로 변함.
  수피는 진한 회갈색으로 세로로 얕게 갈라진다. 작은 잎이 4~8쌍인 홀수깃꼴겹잎으로 길이 15~25cm이다. 잎은 아카시나무와 비슷하지만 잎끝이 뾰족하고 가시가 없다.
  7~8월 황백색 꽃이 피며, 열매는 10~11월 녹색으로 익는다.
  수형이 단정하고, 녹음효과가 좋아 예로부터 서원, 사당 주변 학자수로 사용되었다.

49. 칠엽수

- 학명 : *Aesculus turbinata* (칠엽수과)
- 성상 : 낙엽활엽교목 • 수고 : 20~30m
- 분포 : 일본 원산지, 한국, 중국
- 용도 : 녹음식재, 가로식재
- 특성 : 작은 잎이 7장이라 붙여진 이름이지만, 5장이나 6장 잎도 있다.
  4~5월 흰색 또는 연한 황색의 꽃이 피며, 9~10월 5cm의 갈색 열매가 열린다.
  마로니에는 칠엽수와 달리 열매에 가시가 있다. 열매는 기근에 대체식량으로 사용되었다. 이식은 어렵지만 매우 크게 자란다.

50. 피나무

- 학명 : *Tilia amurensis* (피나무과)
- 성상 : 낙엽활엽교목 • 수고 : 15~20m
- 분포 : 한국, 중국, 극동 러시아
- 용도 : 녹음식재, 경관식재
- 특성 : 속껍질을 섬유자원으로 활용하여 붙여진 이름이다.
  수피는 회색으로 세로로 갈라진다. 잎몸은 하트 모양으로 길이 3~9cm이며, 잎 가장자리에는 잔톱니가 있으며 잎끝이 뾰족하다.
  6~7월 담황색 꽃이 피는데, 꽃향기가 좋고, 이는 중요한 밀원식물이 된다. 9월경 황갈색 열매가 열린다.

Part 3 수목감별

51. 호두나무

- 학명 : *Juglans sinensis* (가래나무과)
- 성상 : 낙엽활엽교목   • 수고 : 15~20m
- 분포 : 중국 원산지, 한국
- 용도 : 녹음식재, 경관식재
- 특성 : 중국 이름 호도에서 이름이 유래되었다. '오랑캐 나라에서 들어온 복숭아'란 뜻이다.
  작은 잎이 2~3쌍인 홀수깃꼴겹잎으로 길이는 25~30cm이다.
  앞부분 잎이 크고, 뒤로 갈수록 작아진다.
  9~10월에 4~5cm 가량의 녹색 열매가 1~3개씩 모여 달린다.

상록 관목

1. 개비자나무

- 학명 : *Cephalotaxus koreana* (개비자나무과)
- 성상 : 상록침엽관목　　• 수고 : 2~3m
- 수형 : 부채꼴형　　• 용도 : 정원수
- 분포 : 한국 원산지, 중국, 일본
- 특성 : 음수, 적윤지, 내공해성 약함. 이식 곤란.
  잎이 선형으로 끝이 뾰족하나 찌르지 않고 어긋난다. 뒷면에 2줄의 흰색 숨구멍줄이 있다.
  암수 딴몸으로 열매가 단맛이 난다.
  독립수 또는 군식용으로 이용

2. 금식나무

- 학명 : *Aucuba japonica* for. *variegata* (층층나무과)
- 성상 : 상록침엽관목　　• 수고 : 3m
- 분포 : 한국(남부), 중국, 일본
- 용도 : 완충식재, 차폐식재
- 특성 : 잎몸은 긴 타원형이며, 길이는 5~20cm이다.
  잎은 두껍고 거친 톱니가 있으며, 가지는 녹색이다.
  3월에 자주색 꽃이 피고, 11~12월 붉은색 열매가 열리고 겨우내 달려 있다.
- 참고 : 식나무 - 잎에 노란식 반점이 없음

3. 광나무

- 학명 : *Ligustrum japonicum* (물푸레나무과)
- 성상 : 상록활엽관목   • 수고 : 3~5m
- 분포 : 한국(남부), 일본
- 용도 : 완충식재, 차폐식재
- 특성 : 잎에서 광이 나서 붙여진 이름이다.
  잎몸은 타원형으로 길이 4~8cm이고, 잎 가장자리에 톱니가 없으며 두껍고 광택이 있다.
  6~7월 흰색 꽃이 피고 밀원식물이다. 10~11월 검은색 열매가 열린다.

4. 사철나무

- 학명 : *Euonymus japonicus* (노박덩굴과)
- 성상 : 상록활엽관목   • 수고 : 3~5m
- 분포 : 한국, 일본
- 용도 : 완충식재, 차폐식재, 울타리식재
- 특성 : 사철 푸르다 하여 붙여진 이름이다.
  잎이 가지 끝에 모여나며, 타원형으로 길이 3~6cm이다. 잎 가장자리에는 얕은 톱니가 있다.
  어린가지는 녹색이다.
  6~7월 황록색 꽃이 피고, 10~11월에 적색 열매가 열린다.
  맹아력이 좋아 울타리용으로 적합하고 내염성이 강해 해안조경에 활용이 가능하다.

5. 꽝꽝나무

- 학명 : *Ilex crenata* (감탕나무과)
- 성상 : 상록활엽관목　　• 수고 : 1~3m
- 분포 : 한국(남부), 대만, 일본
- 용도 : 요점식재, 울타리식재
- 특성 : 잎이 타면서 '꽝꽝' 소리가 난다하여 이름이 붙여졌다.
  잎이 두껍고, 광택이 나며, 어긋나기 한다.
  5~6월에 황록색 꽃이 피고, 9~10월 검정색 열매가 열린다.
  맹아력이 강해 토피아리용으로 활용된다.

6. 회양목

- 학명 : *Buxus microphylla* var. koreana Nakal (회양목과)
- 성상 : 상록활엽관목　　• 수고 : 1~3m
- 분포 : 한국 원산지
- 용도 : 완충식재, 울타리식재
- 특성 : 강원도 회양 지역에 자생하는 나무라는 뜻에서 유래되었다.
  잎몸이 두껍고 광택이 있다.
  잎 길이는 1~3cm이고, 잎끝이 오목하게 들어갔다.
  3~4월 연한 노란색 꽃이 피고, 6월 황갈색 열매가 익는다.
  꽝꽝나무와 달리 잎이 마주난다.

7. 호랑가시나무

- 학명 : *Ilex cornuta* (감탕나무과)
- 성상 : 상록활엽관목 • 수고 : 2~3m
- 분포 : 한국(남부), 중국
- 용도 : 요점식재, 완충식재
- 특성 : 잎끝이 호랑이 발톱 같이 날카롭다 하여 유래 되었다.
  잎몸은 두껍고 광택이 있으며, 길이 4~10cm 이다.
  5~6월 황록색 꽃이 피고 향기가 좋으며, 9~10월 붉은색 열매가 열린다.

8. 남천

- 학명 : *Nandina domestica* (매자나무과)
- 성상 : 상록활엽관목 • 수고 : 1~3m
- 분포 : 한국(남부), 중국, 일본
- 용도 : 완충식재, 차폐식재
- 특성 : 열매가 불타는 촛불같다 하여 남천촉이라고도 한다.
  3회 깃꼴겹잎이고, 반상록성이며, 붉은색 단풍이 매우 아름답다.
  6~7월 흰색 꽃이 피고, 10~12월 지름 6~7mm 의 붉은색 열매가 익는다.
  장소에 따라 중부지방에서도 월동 가능하다.

9. 눈향나무

- 학명 : *Juniperus chinensis* var. *sargentii* (측백나무과)
- 성상 : 상록침엽관목   • 수고 : 1m
- 분포 : 한국, 일본, 중국
- 용도 : 완충식재, 차폐식재
- 특성 : 잎끝과 단면이 둥글고 앞뒤의 구분이 없다.
  낮게 깔리며 옆으로 가지가 퍼진다.
  어린 가지나 강전정을 한 가지에는 바늘잎이 난다. 절개지의 경관조성에 좋다.

10. 돈나무

- 학명 : *Pittosporum tobira* (돈나무과)
- 성상 : 상록활엽관목   • 수고 : 2~3m
- 분포 : 한국(남부), 일본, 중국
- 용도 : 완충식재, 차폐식재
- 특성 : 꽃에 벌레가 꼬이는 똥나무에서 유래한 이름이 돈나무로 변하였다.
  잎이 가지 끝에 모여 나며, 잎 가장자리에 톱니가 없고, 거꿀달걀형으로 길이 4~10cm이다.
  4~5월 흰색 꽃이 피고 점차 황색으로 변한다.
  향기가 좋으며, 11월 황색 열매가 열린다.
  한국의 특산수종이다.

11. 팔손이

- 학명 : *Fatsia japonica* (두릅나무과)
- 성상 : 상록침엽관목　　• 수고 : 2~4m
- 분포 : 한국(남부), 일본
- 용도 : 완충식재, 차폐식재
- 특성 : 잎몸이 7~9갈래로 갈라져서 붙여진 이름이다.
  잎이 두껍고 광택이 있다.
  길이는 20~40cm이다.
  11~12월 흰색 꽃이 피고, 이듬해 4~5월에 공 모양의 열매가 검정색으로 열린다.

12. 피라칸다

- 학명 : *Pyracantha angustifolia* C. K. Schneid. (장미과)
- 성상 : 상록침엽관목　　• 수고 : 1~2m
- 분포 : 중국 원산지, 한국, 일본
- 용도 : 완충식재, 울타리식재
- 특성 : 피라칸다는 그리스어로 불꽃과 가시의 합성어이다.
  잎몸은 좁고 긴 타원형으로 길이 5~6m이며, 가지 끝에는 가시가 있다.
  5~6월 흰색 꽃이 피고, 10~12월 적색, 등황색 열매가 열린다.
  수형이 불규칙하므로 전정을 하여 다듬어 주어야 한다.
  장소에 따라 중부지방에서도 월동이 가능하다.

13. 조릿대

- 학명 : *Sasa borealis* (벼과)
- 성상 : 상록침엽관목　　• 수고 : 1~2m
- 분포 : 한국, 일본
- 용도 : 완충식재
- 특성 : 조리를 만드는 재료로 사용하였다.
　　　　대나무보다 키가 작고 줄기가 가늘다.
　　　　잎몸은 좁은 피침형으로 길이는 10~25cm이다.

Part 3 수목감별

chapter 8 낙엽관목

1. 가막살나무

- 학명 : *Viburnum dilatatum* (인동과)
- 성상 : 낙엽활엽관목   • 수고 : 2~3m
- 분포 : 한국(남부), 일본, 중국
- 용도 : 완충식재, 울타리식재
- 특성 : 까마귀가 먹는 쌀이라는 데서 유래한 이름이다.
  잎 모양이 둥그스름하며 가장자리에 물결모양 톱니가 있다. 잎맥은 깊게 패였으며 잎끝이 갑자기 뾰족해진다.
  잎 길이는 6~11cm이며, 5~6월 흰색 꽃이 피고, 9~10월 붉은색 열매가 열린다.

2. 백당나무

- 학명 : *Viburnum sargentii* (인동과)
- 성상 : 낙엽활엽관목   • 수고 : 2~3m
- 분포 : 한국, 일본, 중국
- 용도 : 완충식재
- 특성 : 잎몸이 3갈래로 갈라지기도 하고, 갈라지지 않기도 한다.
  잎 길이는 4~12cm이며, 5~6월 접시 모양의 꽃이 피는데 가장자리에는 장식꽃이 빙 둘러 있다.

3. 병꽃나무

- 학명 : *Weigela subsessilis* (인동과)
- 성상 : 낙엽활엽관목   • 수고 : 2~3m
- 분포 : 한국 원산지, 일본, 중국
- 용도 : 완충식재, 울타리식재
- 특성 : 꽃봉오리가 술병을 매달아 놓은 것 같다 하여 붙여진 이름이다. 잎몸은 달걀형으로 잎끝이 길고 뾰족하다.
  잎 길이는 3~7cm이고, 잎 양면에 털이 많다.
  4~5월 황록색 꽃이 피고 점차 붉은색으로 변한다.

4. 개나리

- 학명 : *Forsythia koreana* (물푸레나무과)
- 성상 : 낙엽활엽관목   • 수고 : 2~3m
- 분포 : 한국 원산지
- 용도 : 완충식재, 울타리식재
- 특성 : 참나리와 비슷하지만 이보다 덜 이쁘다 하여 붙여진 이름이다.
  잎몸은 긴타원형으로 길이는 3~12cm이다.
  잎 가장자리 상단부에 날카로운 톱니가 있고 마주나기 한다.
  3~4월 노란색 꽃이 잎보다 먼저 핀다.

5. 미선나무

- 학명 : *Abeliophyllum distichum* (물푸레나무과)
- 성상 : 낙엽활엽관목 • 수고 : 1m
- 분포 : 한국 원산지(괴산, 부안)
- 용도 : 완충식재
- 특성 : 열매 모양이 부채와 같다 하여 미선이라 이름을 얻었다.
  잎몸이 달걀형으로 잎끝이 뾰족하다.
  잎 길이는 3~8cm이고, 잎 가장자리에 톱니가 없고 마주나기 한다.
  3~4월에 흰색 꽃이 피고, 9~10월 부채모양의 열매를 맺는다. 우리나라 특산수종이다.

6. 수수꽃다리

- 학명 : *Syringa dilatata* (물푸레나무과)
- 성상 : 낙엽활엽관목 • 수고 : 2~4m
- 분포 : 한국 원산지
- 용도 : 완충식재, 경관식재
- 특성 : 잎몸이 하트형으로 길이 4~10cm이다.
  잎 가장자리에 톱니가 없고 마주나기 한다.
  4~5월 보라색 꽃이 피는데 향기가 매우 좋다.

7. 쥐똥나무

- 학명 : *Ligustrum obtusifolium* (물푸레나무과)
- 성상 : 낙엽활엽관목　　● 수고 : 2~4m
- 분포 : 한국, 일본
- 용도 : 완충식재, 울타리식재
- 특성 : 열매 모양이 쥐똥을 닮은 데서 유래한 이름이다.
　　　　잎몸은 긴 타원형으로 길이 2~7cm, 잎 가장자리에 톱니가 없고, 마주나기 한다.
　　　　5~6월 흰색 꽃이 피고, 10~11월 검정색 열매가 열린다.

8. 골담초

- 학명 : *Caragana sinica* (콩과)
- 성상 : 낙엽활엽관목　　● 수고 : 2~3m
- 분포 : 중국 원산지, 한국
- 용도 : 완충식재
- 특성 : 뼈 관련 질환의 치료에 약효가 있다 하여 골담초라 한다.
　　　　작은 잎이 2쌍인 짝수깃꼴겹잎이다.
　　　　잎몸은 타원형이고, 길이는 1~3cm이다.
　　　　4~5월 노란색 꽃이 피고 밀원식물이다.
　　　　턱잎이 변한 날카로운 가시가 있다.

9. 박태기나무

- 학명 : *Cercis chinensis* (콩과)
- 성상 : 낙엽활엽관목   • 수고 : 3~5m
- 분포 : 중국 원산지, 한국
- 용도 : 완충식재, 울타리식재
- 특성 : 꽃봉오리가 튀긴 쌀(밥티기)과 같다 하여 붙여진 이름이다.
  잎몸은 하트 모양으로 길이는 6~10cm이다.
  4월에 잎보다 먼저 홍자색 꽃이 핀다.

10. 낙상홍

- 학명 : *Ilex serrata* (감탕나무과)
- 성상 : 낙엽활엽관목   • 수고 : 2~3m
- 분포 : 일본 원산지, 한국, 중국
- 용도 : 완충식재
- 특성 : 붉은 열매가 서리 내릴 때까지 달려있다 라는 뜻의 중국 이름을 그대로 가져왔다.
  잎몸은 타원형이고, 길이는 3~8cm이다.
  잎 가장자리에 톱니가 있고 앞면에 가는 털이 나있다.
  5~6월 연한 자색 꽃이 피고, 9~10월 붉은색 열매가 열린다.

11. 노랑말채나무

- 학명 : *Cornus alba* L. (층층나무과)
- 성상 : 낙엽활엽관목   • 수고 : 3m
- 분포 : 한국, 일본, 중국
- 용도 : 완충식재, 울타리식재
- 특성 : 말채찍으로 사용된 것에서 유래되었다.
  줄기가 노란색이다.
  잎몸은 타원형으로 길이 7~15cm이다.
  잎 가장자리에는 톱니가 없고 마주나기 한다.
  6~7월 황백색의 꽃이 피고, 8~9월 흰색 열매가 열린다.

12. 흰말채나무

- 학명 : *Cornus alba* (층층나무과)
- 성상 : 낙엽활엽관목   • 수고 : 3m
- 분포 : 한국, 중국
- 용도 : 완충식재, 울타리식재
- 특성 : 말채찍으로 사용된 것에서 유래되었다.
  줄기가 적색이고 겨울에는 더 붉어진다.
  잎몸은 타원형으로 길이 7~15cm이다.
  잎 가장자리에는 톱니가 없고 마주나기 한다.
  6~7월 황백색의 꽃이 피고, 8~9월 흰색 열매가 열린다.

13. 당매자나무

- 학명 : *Berberis poiretii* (매자나무과)
- 성상 : 낙엽활엽관목　●수고 : 2m
- 분포 : 한국 원산지
- 용도 : 완충식재, 울타리식재
- 특성 : 줄기 마디마다 잎이 모여 나며, 길이 6~12mm의 날카로운 가시가 있다. 5월 노란색의 꽃이 피고, 9~10월 달걀 모양의 붉은색 열매가 열린다.

14. 무궁화

- 학명 : *Hibiscus syriacus* (아욱과)
- 성상 : 낙엽활엽관목　●수고 : 3~4m
- 분포 : 중국 원산지, 한국
- 용도 : 완충식재, 경관식재
- 특성 : 잎몸은 마름모꼴이고, 3갈래로 갈라진다. 길이 4~10cm이고, 잎 가장자리에 거친 톱니가 있다.
  7~10월 여러 가지 색의 꽃이 핀다.

15. 보리수나무

- 학명 : *Elaeagnus umbellata* (보리수나무과)
- 성상 : 낙엽활엽관목   • 수고 : 3~4m
- 분포 : 한국, 일본
- 용도 : 완충식재
- 특성 : 열매가 보리를 수확하는 시기와 같다 하여 유래되었다.
  잎몸은 긴 타원형으로 길이 3~7cm이다.
  잎 뒷면에 은백색 털로 덮여 있다.
  톱니가 없고 어긋나기 하며, 짧은 가지는 가시로 변한다.
  4~5월 황백색 꽃이 피고 향기가 있으며, 6월에 붉은색 열매가 익는다.

16. 진달래

- 학명 : *Rhododendron mucronulatum* (진달래과)
- 성상 : 낙엽활엽관목   • 수고 : 2~3m
- 분포 : 한국, 일본, 중국
- 용도 : 완충식재, 하부식재
- 특성 : 잎 가장자리는 밋밋하고 끝이 뾰족하다.
  잎 뒷면에 작은 점이 산재되어 있다.
  잎몸 길이는 3~7cm이다.
  이른 봄 3월에 잎이 나기 전에 분홍색 꽃이 먼저 핀다.

17. 산철쭉

- 학명 : *Rhododendron yedoense* var. *poukhanense* (진달래과)
- 성상 : 낙엽활엽관목   • 수고 : 1~2m
- 분포 : 한국, 일본
- 용도 : 완충식재, 하부식재
- 특성 : 가지 끝에 잎이 4~5개씩 모여난다.
  어린 가지나 잎 뒷면에 털이 난다.
  잎몸은 타원형으로 길이는 5~8cm이다.
  진달래가 질 때 4~5월 홍자색 꽃이 핀다.

18. 철쭉

- 학명 : *Rhododendron schlippenbachii* (진달래과)
- 성상 : 낙엽활엽관목   • 수고 : 2~5m
- 분포 : 한국, 중국, 극동 러시아
- 용도 : 하부식재, 경관식재
- 특성 : 가지 끝에 잎이 4~5개씩 모여난다.
  어린 가지나 잎 뒷면에 털이 난다.
  잎몸 길이는 5~8cm이다.
  진달래가 질 때 4~5월 연분홍색 꽃이 핀다.

chapter 7. 낙엽관목

19. 생강나무

- 학명 : *Lindera obtusiloba* (녹나무과)
- 성상 : 낙엽활엽관목　　• 수고 : 3~6m
- 분포 : 한국, 일본, 중국
- 용도 : 완충식재
- 특성 : 잎과 가지에서 생강 냄새가 난다 하여 붙여진 이름이다.
  잎몸이 3갈래로 갈라지기도 하고, 그렇지 않은 것도 있다.
  노란색 단풍이 아름답다.
  3~4월 잎이 나기 전에 노란색 꽃이 핀다.

20. 수국

- 학명 : *Hydrangea macrophylla* (범위귀과)
- 성상 : 낙엽활엽관목　　• 수고 : 1~2m
- 분포 : 일본 원산지, 한국
- 용도 : 완충식재
- 특성 : 둥근 공과 같은 꽃을 수놓았다는 뜻에서 유래된 이름이다.
  잎몸이 두껍고, 넓은 달걀형으로 잎 길이는 7~15cm이다.
  잎 가장자리에는 거친 톱니가 있다.

21. 쉬땅나무

- 학명 : *Sorbaria sorbifolia* var. stellipila (장미과)
- 성상 : 낙엽활엽관목   • 수고 : 2m
- 분포 : 한국, 일본
- 용도 : 완충식재
- 특성 : 꽃 모양이 수수이삭을 닮아서 쉬땅이란 이름을 얻었다.
  작은 잎이 6~11쌍 홀수깃꼴겹잎으로 피침형이며, 잎맥이 뚜렷하다.
  잎 가장자리에 겹톱니가 있다.
  7~8월 흰색 꽃이 핀다.

22. 앵도나무

- 학명 : *Prunus tomentosa* (장미과)
- 성상 : 낙엽활엽관목   • 수고 : 2~3m
- 분포 : 중국 원산지, 한국
- 용도 : 완충식재, 유실수
- 특성 : 열매 모양이 복숭아와 비슷하여 이름이 앵도라 불려졌다.
  잎에 깊은 주름이 많고, 앞면과 뒷면에 잔털이 많다.
  4월에 잎보다 먼저 연분홍색 꽃이 피고, 6월에 적색 열매가 열린다.
  꽃향기가 좋다.

23. 해당화

- 학명 : *Rosa rugosa* (장미과)
- 성상 : 낙엽활엽관목　　● 수고 : 2m
- 분포 : 한국, 일본, 중국
- 용도 : 완충식재, 울타리식재, 해안
- 특성 : 2~4쌍의 홀수우상복엽이다.
　　　잎이 두껍고 주름이 많으며, 잔가시가 많다.
　　　5~7월 홍자색 꽃이 피고, 8~9월 붉은 열매를 맺는다.
　　　꽃향기가 매우 좋다.

24. 작살나무

- 학명 : *Callicarpa japonica* Thunb. (마편초과)
- 성상 : 낙엽활엽관목　　● 수고 : 2~3m
- 분포 : 한국, 일본
- 용도 : 완충식재, 울타리식재
- 특성 : 가지가 작살 같다 하여 붙여진 이름이다.
　　　잎몸은 긴타원형으로 길이 6~13cm이다.
　　　잎 가장자리에 톱니가 있고, 마주나기 한다.
　　　9~10월에 지름 2~3mm의 보라색 열매가 열린다.

25. 탱자나무

- 학명 : *Poncirus trifoliata* (운향과)
- 성상 : 낙엽활엽관목   • 수고 : 3m
- 분포 : 한국, 중국 원산지
- 용도 : 완충식재, 울타리식재
- 특성 : 3장의 작은 잎이 모여서 달리는 세겹잎이다.
  잎자루에 날개가 달려 있고, 날카로운 가시가 있다.
  4~5월 잎보다 먼저 흰색 꽃이 피고, 9~10월에 노란 열매가 맺는다.

26. 풍년화

- 학명 : *Hamamelis japonica* (조록나무과)
- 성상 : 낙엽활엽관목   • 수고 : 3~6m
- 분포 : 일본 원산지, 한국 중부 이남
- 용도 : 하부식재, 울타리식재
- 특성 : 봄에 일찍 꽃이 소담스럽게 피면 풍년이 든다 하여 붙여진 이름이다.
  잎이 어긋나기로 찌그러진 마름모꼴 모양이다.
  잎의 길이는 4~12cm, 폭은 3~8cm이다.
  잎의 가장자리에 물결 모양의 톱니가 있다.
  3~4월 잎보다 먼저 노란색 꽃이 핀다.

27. 화살나무

- 학명 : *Euonymus alatus* (노박덩굴과)
- 성상 : 낙엽활엽관목　　• 수고 : 2~3m
- 분포 : 한국, 일본, 중국
- 용도 : 하부식재, 울타리식재
- 특성 : 긴 타원형 잎이 마주나며, 가지나 줄기에 2~4줄의 코르크질 날개가 붙어 있다.
  붉은 색 단풍이 매우 아름답다.
  9~10월 붉은 열매를 맺는다.

28. 히어리

- 학명 : *Corylopsis coreana* Uyeki (조록나무과)
- 성상 : 낙엽활엽관목　　• 수고 : 1~2m
- 분포 : 한국(지리산) 원산지, 일본, 중국
- 용도 : 완충식재
- 특성 : 잎몸이 작은 손부채 모양으로, 잎 길이는 5~9cm이다.
  잎맥이 뚜렷하고, 가장자리에 물결 모양의 톱니가 있다.
  가을에 노란색 단풍이 매우 아름답다.
  3~4월 잎보다 먼저 노란색 꽃이 핀다.

Part 3 수목감별

chapter 9 덩굴식물

1. 능소화

- 학명 : *Campsis grandiflora* (능소화과)
- 성상 : 만경류
- 수고 : 10m
- 분포 : 중국 원산지, 한국
- 용도 : 벽면녹화, 요점식재
- 특성 : 작은 잎이 2~5쌍인 홀수깃꼴겹잎이며, 길이는 20~30cm이다.
  잎 가장자리에 거친 톱니가 있다.
  7~9월 큼직한 주황색 꽃이 핀다.

2. 담쟁이덩굴

- 학명 : *Parthenocissus tricuspidata* (포도과)
- 성상 : 만경류
- 수고 : 10m
- 분포 : 한국, 일본, 중국
- 용도 : 벽면녹화
- 특성 : 줄기가 담장을 차곡차곡 쟁이듯이 올라간다 하여 유래된 이름이다.
  잎몸은 3갈래로 갈라지기도 하고, 그렇지 않은 것도 있다. 잎보다 잎자루가 길고, 가을에 붉은색 단풍이 아름답다.
  6~7월 황록색 꽃이 피고, 8~9월 검은색 공 모양의 열매가 열린다.

3. 등

- 학명 : *Wisteria floribunda* (콩과)
- 성상 : 만경류　　　　● 수고 : 10m
- 분포 : 한국, 일본, 중국
- 용도 : 녹음식재
- 특성 : 작은 잎이 6~9쌍인 홀수깃꼴겹잎이며, 길이는 20~30cm이다.
  잎 가장자리는 밋밋하지만 굴곡이 있다.
  5월 연보라색 꽃이 아까시나무와 비슷한 모양으로 핀다. 꽃 향기가 좋고, 밀원식물이다.

4. 인동덩굴

- 학명 : *Lonicera japonica* Thunb. (인동과)
- 성상 : 만경류　　　　● 수고 : 2~4m
- 분포 : 한국, 대만, 일본
- 용도 : 벽면녹화
- 특성 : 인동이란 한겨울에도 추위에 잘 견딘다는 뜻이다.
  잎몸은 긴 타원형으로 길이 3~6cm이고, 잎 가장자리에 톱니가 없다.
  5~6월 흰색 꽃이 피었다가 점차 노란색으로 변하며, 10월에 검은색 열매가 익는다.
  꽃 향기가 매우 좋고, 반상록형이다.

MEMO

PART IV

조경기능사 실기

작업형 실기 시험

Part 4 조경기능사 실기 작업형 실기 시험

시험 개요

1. 시험 수행 방법

① 조경 시공 작업형 실기 시험은 10가지 중에서 2가지를 수행하게 된다.
　각 공종당 20~30분이 소요되며, 시간이 충분하므로 서두르지 말고 차근차근 순서에 맞게 작업을 수행한다.
② 작업형 실기 과목은 조경기능사 합격률에 많은 비중을 차지하고 있다.
③ 모든 작업형 실기 공종은 시공 순서에 맞게 정확하게 시행해야 한다.
④ 시공형 실기는 작업 수행능력 뿐만 아니라 감독관의 구술형 질문에 정확한 답변을 요구하고 있다.
⑤ 수험자는 남녀노소 예외 없이 모든 시험 조건이 동일하게 적용되니, 각종 도구의 사용 방법을 몸으로 익히면서 연습한다.

[조경 시공 작업형 실기 시험 범위]

구 분			내 용	비 고
식재공사	1	교목 식재	H2.0m 내외 잣나무 식재	
	2	관목식재(군식)	H0.5m 내외 철쭉류 식재	
	3	관목식재(열식)	H1.0m 내외 사철나무 식재	
	4	잔디 식재	2.5m×1.6m 평떼, 줄떼 식재	
	5	잔디 파종	2.0m×2.0m 잔디 파종	
지주목	6	삼발이 지주목 설치	1.8m 지주목 3개 설치	
	7	삼각 지주목 설치	1.5m 지주목 3개, 0.4m 각재 4개 설치	
포장공사	8	판석 깔기	1.0m×1.0m 자연석 판석 10개 깔기	
	9	벽돌 깔기	1.0m×1.0m 벽돌 10~20개 깔기	
관리공사	10	수간 주사	충전식 드릴, 수간주사 2개 설치	

chapter 2 조경 시공

1. 교목 식재

1) 작업지시서

① 주어진 재료로 수목 식재 및 수목 보호를 실시한다. (제한 시간 20분)
② 심는 방법은 죽쑤기로 한다.
③ 지주목은 설치하지 않는다.
④ 조경시공 현장에서 실제 식재하는 것으로 가정한다.
⑤ 지급된 잣나무를 소나무로 가정하여 진흙 바르기를 실시한다.

2) 작업 내용

① 뿌리분 크기의 1.5~3배로 구덩이의 크기를 표시한다.
② 지표면의 흙(표토)을 주변에 따로 모아둔다.
③ 구덩이의 깊이는 뿌리분이 덮힐 수 있는 깊이 이상을 판다.
④ 유기질 비료를 구덩이에 봉긋하게 넣는다.
⑤ 거름 위에 표토를 5~6cm 정도의 두께로 덮는다.
⑥ 수목을 앉히고 지엽이 치밀한 쪽을 남쪽으로 방향을 정한다.
⑦ 표토를 먼저 넣고, 전체 구덩이의 70% 정도 속흙을 넣는다.
⑧ 물을 주면서 삽이나 막대기로 죽쑤기를 실시한다. 작업 시 뿌리분이 손상되지 않도록 주의한다.
⑨ 나머지 흙을 뿌리분 높이까지 채운다.
⑩ 수관 크기로 물집을 만들고, 충분히 관수한다.
⑪ 짚이나 바크, 나뭇잎 등으로 멀칭한다.

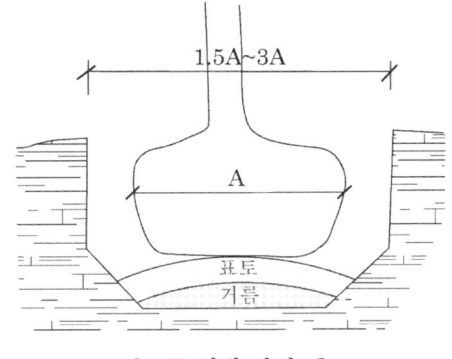

[교목 식재 단면도]

[물집, 멀칭]

3) 구술형 질문 내용

① 흙죔(건축쑤기)을 하여야 할 나무는?
　소나무

② 식재 후 마지막 작업은 무엇인가?
　전정이나 가지를 솎아 준다.

③ 전정의 목적은?
　T/R률을 맞추고, 증산 억제를 하기 위해 실시한다.

④ T/R률이란?
　지하부 체적분에 지상부 체적으로 이식한 직후는 T/R률 값이 크다. 그러므로 증산 억제를 하기 위해 지상부를 솎아 주어야 한다.

⑤ 수피 감기를 하는 목적은?
　소나무일 경우 소나무좀 방지, 수분증산 억제, 동해 방지, 피소 방지, 병해충 방지의 목적이 있다.

⑥ 죽쑤기의 목적은?
　뿌리 활착이 잘 되도록 토양 속 공극을 없애준다.

⑦ 전정해야 할 가지는?
　죽은 가지(고사지), 병든 가지(병약지), 안으로 향한 가지(내향지), 웃자란 가지(도장지), 뿌리 및 줄기에서 움튼 가지(맹아지), 처진 가지, 바퀴살 가지(윤생지) 등

⑧ 멀칭의 목적은?
　토양수분 유지, 토양 비옥도 증진, 토양의 굳어짐 방지, 유기질 비료의 제공, 토양 침식 및 수분 손실 방지, 토양 구조 개선, 잡초 발생 방지 등

⑨ 수종별 이식 적기는?
　㉠ 낙엽수(낙엽침엽수 포함) : 10~11월, 해토(解土) 직후부터 4월 상순까지
　㉡ 침엽수류 : 9월 하순~10월 하순. 해토(解土) 직후부터 4월 상순까지
　㉢ 상록활엽수 : 3월 하순~4월 중순, 6~7월의 장마철

2. 관목 식재(군식, 열식)

1) 작업지시서

① 주어진 재료로 그림과 같은 기능을 위한 수목 식재를 실시한다. (제한 시간 20분)
② 차폐를 위한 목적으로 식재한다.
③ 열식의 길이는 3m 정도로 한다.
④ 전정은 하지 말고, 전정 부위와 방법을 시험위원에게 말한다.
⑤ 완성하여 시험위원 점검을 받은 후 해체하여 원위치시킨다.

2) 작업 내용

① 뿌리분에 마르거나 삐져나온 잔뿌리를 전정한다.
② 식재지 가운데 가장 큰 나무를 심는다.
③ 30cm 간격으로 주변부 식재를 한다.
④ 생울타리일 경우 두 줄로 교호식재(지그재그) 한다.
⑤ 삽을 짧게 잡고 흙을 채운다.
⑥ 관목을 약간 들어올리면서 밟아주어 흙과 뿌리를 밀착 시켜준다.
⑦ 관수하고 멀칭한다.

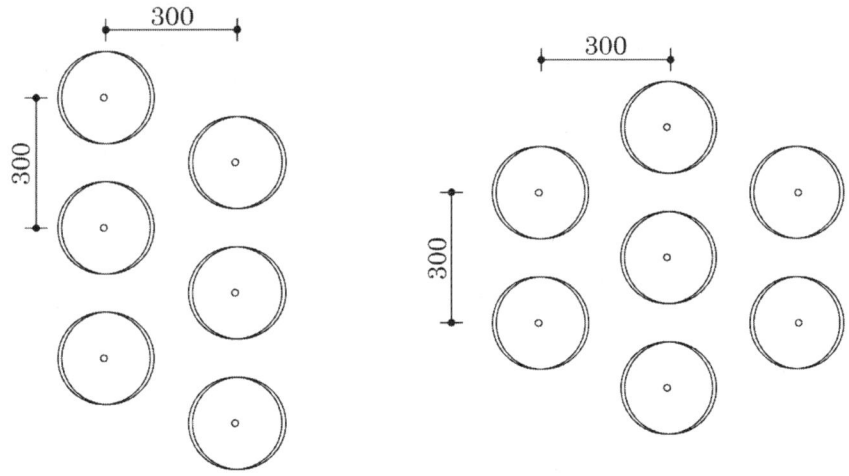

[관목 열식 식재 평면도]　　　　[관목 군식 식재 평면도]

3) 구술형 질문 내용

① 관목의 전정 방법은?
　생울타리 위는 강하게, 밑은 약하게 전정을 하고, 일반적인 화단은 중앙부가 봉긋하게 전정한다.
② 관수는 어떻게 실시하였는가?
　물집을 만들고 충분히 관수하였다. 관수량은 $1m^2$당 8리터 정도이다.

3. 잔디 식재

1) 작업지시서

① 주어진 재료로 잔디붙이기를 실시한다. (제한 시간 20분)
② 면적 : 가로 250cm×세로 160cm
③ 시공방법은 어긋나게 붙이기로 한다.
④ 완성하여 시험위원 점검을 받은 후 해체하여 원위치시킨다.

2) 작업 내용

① 작업지시서 상의 주어진 면적을 구획하고, 표토를 흙으로 걷어 놓는다.
② 식재할 곳을 20cm 정도 깊이로 갈아엎는다.
③ 자갈이나 돌, 잡초 뿌리 등 이물질을 제거한다.
④ m^2당 20g의 질소 비료를 주며 레이크로 정지작업을 한다.
⑤ 주어진 지시에 따라 잔디를 놓는다. (평떼 전면붙이기, 평떼 어긋나게 붙이기, 줄떼 붙이기)
⑥ 잔디 줄눈 사이에 걷어 놓은 표토를 뗏밥 대용으로 사용하여 뿌려준다. 이때 잔디 위에도 뗏밥을 뿌린다.
⑦ 잔디 위를 삽으로 두들겨 준다. (원래는 로울러로 다져야 하나 시험에서는 삽으로 두들긴다.)
⑧ $1m^2$당 6~7L의 물을 준다.

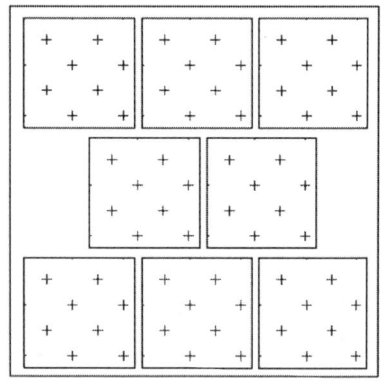 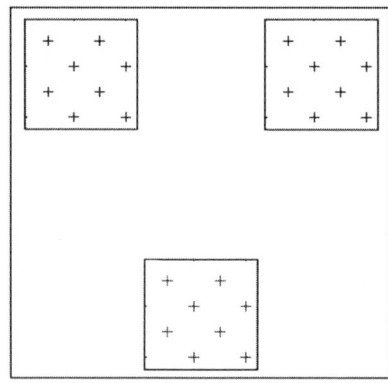 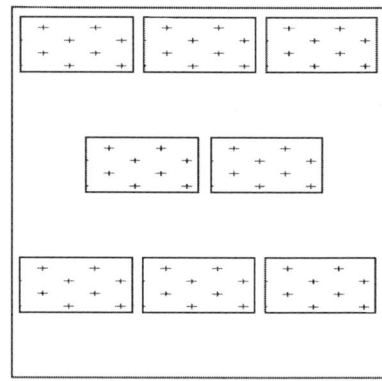

[평떼 전면 붙이기]　　　　[평떼 어긋나게 붙이기]　　　　[줄떼 붙이기]

3) 구술형 질문 내용

① 잔디밭의 구배는?
　　2~4%
② 뗏밥을 주는 시기는?
　　6~7월(여름)
③ 잔디의 생육 적지는?
　　햇빛이 하루 5시간 이상 드는 사질양토

4. 잔디 파종

1) 작업지시서

① 주어진 재료로 잔디 파종을 실시한다. (제한 시간 20분)

② 면적 : 가로 200cm×세로 200cm

③ 잔디종자는 서양잔디인 벤트그라스로 가정한다.

④ 완성하여 시험위원 점검을 받은 후 해체하여 원위치시킨다.

2) 작업 내용

① 작업지시서 상의 주어진 면적을 구획한다.

② 땅을 20cm 깊이로 갈아엎으며 이물질을 제거한다.

③ 비료를 $1m^2$당 20g을 주고 레이크로 잘 긁어준다.

④ 지급된 바가지에 종자와 모래를 1 : 20의 비율로 섞는다.

⑤ $1m^2$당 10g(들잔디), $1m^2$당 20~40g(양잔디)

⑥ 모래와 섞어놓은 씨앗을 동서방향으로 한번 파종하고 남북방향으로 다시 파종한다.

⑦ 레이크로 긁어서 씨앗이 살짝 묻히도록 한다.

⑧ 로울러로 다져준다. (원래는 로울러로 다져야 하나 시험에서는 삽으로 두들긴다.)

⑨ 짚 등으로 멀칭한다.

⑩ $1m^2$당 6~7L의 물을 준다.

3) 구술형 질문 내용

① 잔디 파종 후 마지막 작업은?

미세종자라서 안개식 관수 혹은 저면식 관수를 $1m^2$당 6~7L를 준다.

② 잔디 파종 시 녹색(빨간색) 착색제를 씨앗과 섞는 이유는?

뿌린 자리를 확인하기 위해서 섞어준다.

5. 삼발이 지주목

1) 작업지시서

① 주어진 재료로 삼발이 지주목 설치를 실시한다. (제한 시간 30분)
② 지주목의 형태는 삼발이형 지주 설치 방법으로 설치하시오. (삼각지주 내용 동일함)
③ 결속 부위는 새끼를 사용한다.
④ 수목은 시험 위원이 지정하여 준다.
⑤ 완성하여 시험위원 점검을 받은 후 해체하여 원위치시킨다. (단, 해체하여 정리 정돈한 것까지 제한 시간에 포함된다.)

2) 작업 내용

① 지주목과 맞닿는 나무의 수간 부위에 새끼줄, 녹화테이프, 녹화마대 등을 감는다.
② 수간을 중심으로 지주목 묻을 곳을 세 군데 30cm 가량 삽으로 판다. (지주목 사이 간에 120°, 지주목 세우는 각도 60°이다.)
③ 하나의 지주목에 고무바(녹화끈)을 묶는 후, 세 개의 지주목을 서로 엇갈리게 하여 X자 형태로 고무바를 묶는다.
④ 지주목이 흔들리지 않도록 지주목을 단단히 땅 속에 묻고 발로 밟아 고정한다.

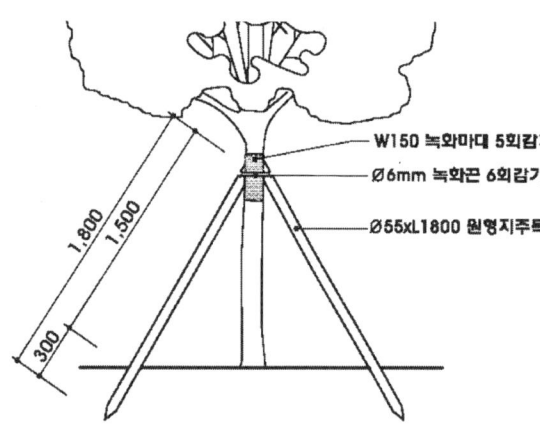

[삼발이 지주목 단면도]

[삼발이 지주목 사례 사진]

3) 구술형 질문 내용

① 지주목을 세우는 각도는?
   60°
② 땅속에 묻히는 지주목 목재 방부처리 방법은?
   탄화 처리법, 페인트 도장법, 방부목 사용

6. 삼각 지주목

1) 작업지시서

① 주어진 재료로 삼각 지주목 설치를 실시한다. (제한 시간 30분)
② 지주목의 형태는 삼발이형 지주 설치방법으로 설치하시오. (삼각지주 내용 동일함)
③ 결속 부위는 새끼를 사용한다.
④ 수목은 시험 위원이 지정하여 준다.
⑤ 완성하여 시험위원 점검을 받은 후 해체하여 원위치시킨다. (단, 해체하여 정리 정돈한 것까지 제한 시간에 포함된다.)

2) 작업 내용

① L=1.5m 각재 3개, L=0.4m 각재 4개, 새끼줄, 고무바, 못이 지급된다.
② 수간을 중심으로 지주목 묻을 곳을 30cm 정도 세 군데 삽으로 판다.
③ 긴 각재를 기둥으로 세우고, 지주목과 맞닿는 나무의 수간 부위에 새끼줄, 녹화테이프, 녹화마대 등을 감는다.
④ 긴 각재와 짧은 각재에 못을 박아 고정시킨다.
⑤ 고무바(녹화끈)으로 수목과 지주목을 결속한다.
⑥ 지주목이 흔들리지 않도록 지주목을 단단히 땅 속에 묻고 발로 밟아 고정한다.

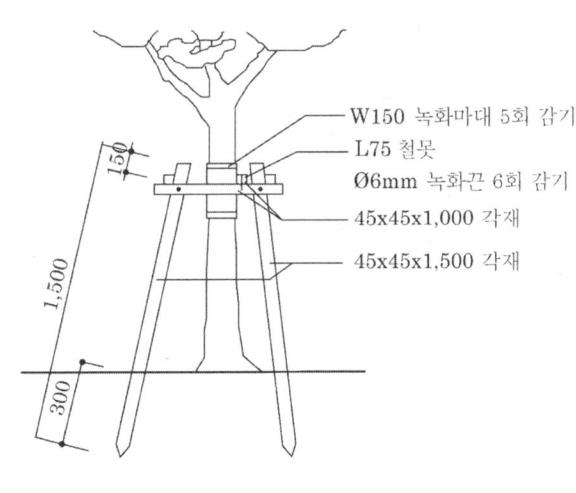

[삼각 지주목 단면도]

[삼각 지주목 사례 사진]

3) 구술형 질문내용

① 지주목 설치 목적은?
  수목이 바람에 흔들리는 것을 방지하여 뿌리 활착을 돕는다.
② 통행량이 많은 곳에 설치하기 좋은 지주목은?
  삼각 지주목, 사각 지주목

7. 판석 깔기

1) 작업지시서

① 주어진 재료로 판석 깔기를 실시한다. (제한 시간 20분)

② 면적 : 가로 100cm×세로 100cm

③ 완성하여 시험위원 점검을 받은 후 해체하여 원위치시킨다.

2) 작업 내용

① 가로/세로 1미터, 깊이 10cm 정도 땅을 판다.

　※ 실제로는 이렇게 깊게 파지 않으며 바로 주어진 판석을 포장한다.

② 판석은 잡석, 모르타르 위에 포장하는 것이 원칙이나 잡석과 모르타르는 주어지지 않으며 파낸 흙을 이용하여 작업을 진행한다.

③ 판석은 "Y"자 줄눈이 되도록 시공하며, 줄눈 간격은 1~2cm 정도로 하고, 줄눈의 깊이는 1cm 이내로 하며 판석보다 높아서는 안 된다.

④ 판석이 놓이지 않는 빈 곳을 흙으로 메운다.

⑤ 포장된 표면높이가 일정하게 하고, 흙을 쓸어내려 깨끗이 정리한다.

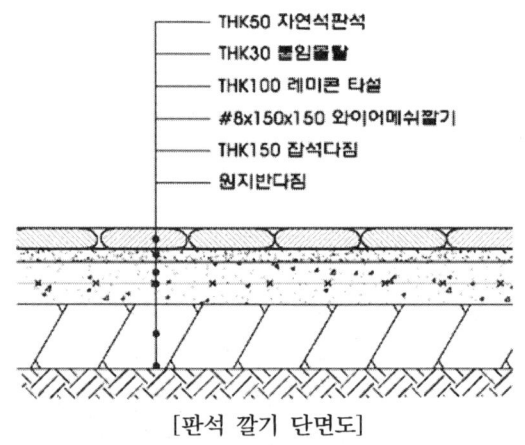

[판석 깔기 단면도]

[판석 깔기 사례 사진]

3) 구술형 질문 내용

① 판석 깔기의 단면구조는?

　원지반다짐-잡석(150mm)-콘크리트(100mm)-모르타르(30mm)-판석(30~50mm)

② 판석 깔기의 구배는?

　2~4%

8. 벽돌 깔기(모로세워깔기, 평깔기)

1) 작업지시서

① 주어진 재료로 벽돌 깔기를 실시한다. (제한 시간 20분)

② 면적 : 가로 100cm×세로 100cm

③ 완성하여 시험위원 점검을 받은 후 해체하여 원위치시킨다.

2) 작업 내용

① 가로/세로 1미터, 깊이 10cm 정도 땅을 판다.

② 4cm 정도 모래를 채운다.

※ 실제로는 모래를 주지 않는다. 흙으로 대체한다.

③ 주어진 문제지의 패턴대로 한쪽 구석부터 벽돌을 깔아 나간다. 줄눈은 1cm로 한다.

④ 줄눈 사이에 흙을 넣어서 줄눈을 채워준다.

⑤ 벽돌이 깔리지 않은 자리는 평탄하게 정지하며 벽돌이 밀리지 않도록 주변을 흙으로 다져준다.

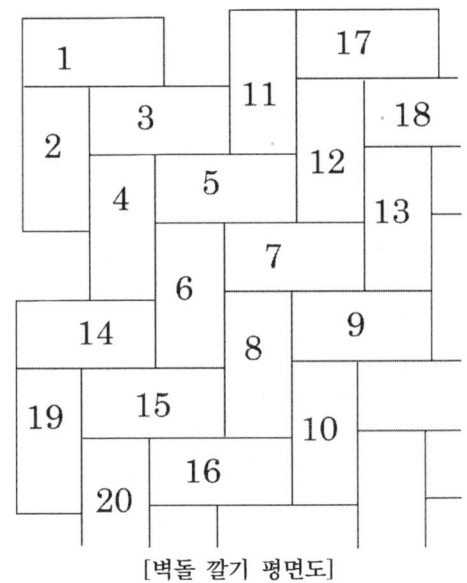
[벽돌 깔기 평면도]

[벽돌 깔기 사례 사진]

3) 구술형 질문 내용

① 벽돌 깔기의 단면 구조는?

원지반다짐-잡석(100mm)-모래(40mm)-벽돌(60mm)

② 벽돌 깔기의 줄눈 간격은?

1cm

9. 수간 주사

1) 작업지시서

① 주어진 재료로 수간주사를 실시한다. (제한 시간 20분)
② 전동 드릴이 전진 위치에 있는지 확인한다.
③ 구멍을 뚫을 때는 정방향(시계방향), 드릴을 빼낼 때는 역방향으로 위치하여 작동시킨다.
④ 완성하여 시험위원 점검을 받은 후 해체하여 원위치시킨다.

2) 작업 내용

① 나무 밑에서부터 높이 5~10cm의 부위에 드릴로 지름 5mm, 깊이 3~4cm의 구멍을 20~30°로 비스듬히 뚫고, 주입 구멍 안의 톱밥 부스러기를 깨끗이 제거한다.
② 같은 방법으로 먼저 뚫은 구멍의 반대쪽에 지상 10~15cm 위에 주입 구멍 1개를 더 뚫는다.
③ 수간 주입기를 사람의 키높이 정도인 지상 1.5~1.8m 되는 곳에 끈으로 매단다.
④ 주입관을 완전히 다 넣지 않고 나무 안쪽에 1cm 정도의 공간을 주어야 약액이 나무에 흡수된다.
⑤ 약통 속의 약액이 다 없어지면 나무에서 수간 주입기를 걸어 내고, 주입 구멍을 코르크 마개로 메워준다.

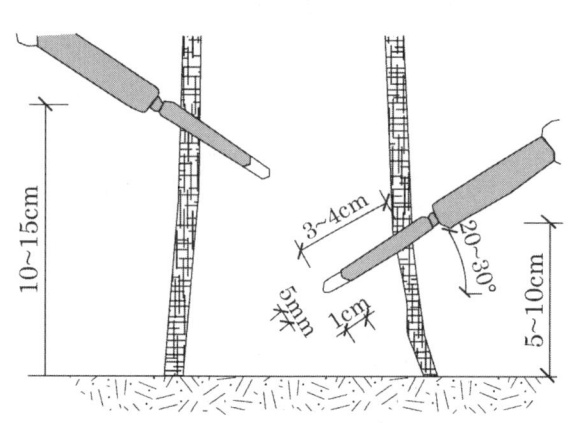

[수간주사 단면도]

[수간주사 사례 사진]

3) 구술형 질문 내용

① 수간주사를 놓는 적정한 시기는?
　4~9월 증산작용이 왕성한 맑은 날
② 수간주사용 약제의 예는?
　대추나무 빗자루병 방제 : 옥시테트라싸이클린 1g당 1,000ml, 1 : 1,000으로 희석
③ 대추나무 빗자루병을 일으키는 병원균과 매개충은?
　파이토플라즈마, 모무늬매미충

[참 고 문 헌]

- 한국조경학회, 1994, 문운당, 조경계획론
- 한국조경학회, 1993, 문운당, 조경수목학
- 한국조경학회, 2020, 문운당, 조경시공학
- 한국조경학회, 1998, 문운당, 조경관리학
- 강태호, 1994, 도서출판 국제, 조경시공적산
- 강태호, 정운수, 2014, 기문당, 조경재료적산학
- 최기수, 1995, 일조각, 조경시공구조학
- (사)한국조경협회, 2020, ㈜한국조경신문, 조경공사 적산기준
- 차욱진 외, 2018, 문운당, 조경설계수목도감
- 교육부, 2019, 한국직업능력개발원, NCS 학습모듈(조경)

조경기능사 실기

1판 1쇄 발행   2026. 1. 05

지은이 김 진 성
펴낸이 김 주 성
펴낸곳 도서출판 엔플북스
주 소 경기도 남양주시 오남읍 진건오남로 797번길 31. 101동 203호(오남읍, 현대아파트)
전 화 (031)554-9334
F A X (031)554-9335

등 록 2009. 6. 16   제398-2009-000006호

정가 **28,000원**
ISBN 978 - 89 - 6813 - 424 - 1   13520

※ 파손된 책은 교환하여 드립니다.
  본 도서의 내용 문의 및 궁금한 점은 저희 카페에 오셔서 글을 남겨주시면 성의껏 답변해 드리겠습니다.
  http : // cafe.daum.net/enplebooks